适应气候变化与防范气候风险案例汇编

Climate Change Adaptation and Climate Risk Management Case Studies

中国气候风险与适应项目 编著

中国环境出版集团 · 北京

图书在版编目（CIP）数据

适应气候变化与防范气候风险案例汇编 / 中国气候风险与适应项目编著. -- 北京 : 中国环境出版集团, 2021.11
ISBN 978-7-5111-4906-0

Ⅰ. ①适… Ⅱ. ①中… Ⅲ. ①气候变化－对策－研究－中国 Ⅳ. ①P467

中国版本图书馆CIP数据核字(2021)第203983号

出 版 人 武德凯
策划编辑 丁莞歆 黄 颖
责任编辑 丁莞歆
责任校对 任 丽
装帧设计 金 山

出版发行 中国环境出版集团
（100062 北京市东城区广渠门内大街 16 号）
网 址：http：//www.cesp.com.cn
电子邮箱：bjgl@cesp.com.cn
联系电话：010-67112765（编辑管理部）
010-67147349（第四分社）
发行热线：010-67125803，010-67113405（传真）
印装质量热线：010-67113404

印 刷 北京建宏印刷有限公司
经 销 各地新华书店
版 次 2021 年 11 月第 1 版
印 次 2021 年 11 月第 1 次印刷
开 本 787×1092 1/16
印 张 17.5
字 数 270 千字
定 价 118.00 元

编著委员会

主 编

曹 颖 祁 岚

编 委

孙天印 杨 秀 刘家宏 梅 超 焦 洁 王 尧
Ing.Paul Sayers 慕尼黑气候保险倡议组织（MCII）
周泽宇 应雯雯 付朝臣 何秋杭 康春华 李晓翔
孟瑞明 赵乔彬 毕云青 祝 韵 吴 越 任映映

参 编

朱正康 尼婧瑶 章佩琳

序言（一）

当今地球正经历气候急剧变化。气候影响叠加自然灾害、快速城市化和治理不善，加剧了气候变化和自然灾害风险，如何适应气候变化引起国际社会越来越多的关注。伦敦、鹿特丹、纽约等大城市纷纷成立专门机构并注入大量资金，开展了一系列气候变化适应和韧性建设行动，取得了明显成效并积累了丰富经验。

作为经济快速增长和发展中的国家，中国的适应气候变化工作正发挥着越来越突出的作用。2016年2月，中国印发了《关于印发城市适应气候变化行动方案的通知》，2017年2月，又发布了《关于印发气候适应型城市建设试点工作的通知》，共选取28个城市开展国家气候适应型城市建设试点创建。在此过程中，各个城市积极探索和推行趋利避害的适应行动，在提升适应气候变化理念的同时，提升了监测预警能力，开展了适应气候变化行动，并且在适应气候变化的体制机制创新和国际合作交流等方面也取得了积极进展和显著成效。中国与其他国家不同，城市建设规模、人口规模、空闲布局、城市功能等方面差异较大，因此在开展适应气候变化建设工作时，既要研究借鉴其他国家的先进经验，更要从本国和本市的实际情况出发，在适应气候变化体制机制、气候影响监测预测、气候风险评估和管理、气候灾害风险防范等方面走发展创新之路，积极探索更适合中国城市特色的适应气候变化道路！

中国生态环境部
应对气候变化司副司长
蒋兆理
2021年10月

序言（二）

在过去的2020年，中国不仅经历了新冠肺炎疫情蔓延引发的一场前所未有的重大突发危机，同时又承受了极端自然灾害对经济社会的巨大负面冲击。中国是世界上自然灾害最严重的国家之一，深受洪水、干旱、台风、热浪、霜冻、雾霾、沙尘暴等灾害影响，且灾害种类多、分布地域广、发生频率高。近年来，全球气候变化的加剧导致自然灾害发生的频率与强度持续上升，城镇化进程的加速使经济社会与居民生命安全面临气候灾害的威胁。

中国政府已认识到适应气候变化、建立气候韧性的紧迫性，并提出了生态文明建设愿景，同时大力促进可持续、包容、低碳和韧性发展。面对气候变化导致的极端天气气候事件频发对经济社会的巨大影响，中国迫切需要探寻气候变化适应的政策选择以及韧性的战略规划，着眼于科学评估气候变化的趋势及其带来的灾害风险，制定综合气候风险管理框架，同时采取风险减缓、风险转移的措施，如气候保险。慕尼黑再保险（Munich Re）数据[1]显示，2020年全球自然灾害造成的经济损失高达2 100亿美元，其中参保率不足40%，损失最惨重的是中国夏季的洪涝灾害，约造成170亿美元的经济损失，其中参保率仅为2%。

在2015年《联合国气候变化框架公约》（UNFCCC）第21次缔约方会议上，气候保险被采纳为应对气候变化风险的重要举措之一[2]。德国对此非常重视，发起了“保障复原力全球伙伴关系”（InsuResilience Global Partnership），致力于到2025年实现气候保险覆盖全球5亿贫困弱势人口。气候保险通过缓和气候灾害影响及助力可持续经济增长，将有效帮助发展中国家和新兴国家适应气候变化。目前，尽管全球逐渐步入去碳化的进程，但与气候相关的自然灾害风险的发生频率和强度仍将持续上升。这越发凸显了将气候保险和气候变化适应与减缓措施相结合的必要

---

1 https://www.munichre.com/en/company/media-relations/media-information-and-corporate-news/media-information/2021/2020-natural-disasters-balance.html。

2 unfccc.int/files/meetings/paris_nov_2015/application/pdf/paris_agreement_english_.pdf。

性。此外，气候保险还可以推进私营部门与政府之间的政企合作。

如同2020年的新冠肺炎疫情将全球经济拖入泥淖一样，极端气候灾害的频繁发生也时刻提醒着我们人类社会的脆弱。然而，新冠肺炎疫情在给世界沉重一击的同时也带来一个绿色重建的机会。对于决策者和企业而言，将气候韧性融入基础设施建设和城市规划，利用绿色转型实现一个更可持续的未来，现在是一个不容错过的机遇。在此过程中，我们要加强综合气候风险管理，提升气候灾害风险的科学研究能力，充分利用金融工具和保险机制分担风险。

受德国联邦经济合作与发展部（BMZ）委托，由德国国际合作机构（GIZ）与瑞士再保险（Swiss Re）共同执行的“气候风险与适应”（CRR）这一政企合作项目，致力于在气候韧性规划、气候风险管理领域拓展公共部门与私营部门之间的创新性合作、协同性合作。非常荣幸这一项目得到了国家应对气候变化战略研究和国际合作中心的技术支持，并且与项目携手出版《适应气候变化与防范气候风险案例汇编》一书。本书的18个案例涵盖中国和国际上气候变化适应规划和战略部署、气候风险转移解决方案及气候变化适应的最佳实践，将有助于为气候变化适应及韧性规划领域提供能力建设与技术支持。我相信，通过前瞻性的规划、跨部门的协作、跨国和跨学科的交流，中国城市、地区及国家层面的气候变化适应能力定会得到进一步加强。

德国国际合作机构（GIZ）

中德气候变化合作领域主任

阿莱克斯 · 费舍尔博士

序言（三）

在全球气候变化的背景下，人类经济社会如何韧性地适应气候变化、防范与应对气候风险这一议题日益得到各国决策者与学术界的广泛关注。

全球气候变暖导致极端天气气候事件频发，近期全球范围内极寒、极暖、暴雨、暴雪天气纷拥而至。2019年，联合国政府间气候变化专门委员会（IPCC）发布的《全球升温1.5℃特别报告》表明，全球变暖导致极端天气气候事件发生的强度和频率增加，未来与气候相关的风险取决于升温的速度、峰值和持续时间。中国生态环境部应对气候变化司司长李高指出，中国的温升速率是全球同期的2倍，极端天气气候事件表现出发生频次明显增加、强度增强、气候事件影响和风险日益加大的特征[1]。根据中国应急管理部的统计数据，2020年7月1—16日仅仅16天的时间，洪涝灾害已经造成全国24个省（区、市）的2 027.2万人次受灾，直接经济损失达491.8亿元[2]。在由气候变化导致的经济损失方面，中国位于世界第一[3]。与此同时，近40年来中国经济的高速发展促进了快速城市化，使城镇化率从1978年的约18%增加到2020年的约64%[4]。目前，中国有9亿多人口居住于城市。与城镇化伴随而来的是一系列由人类活动造成的城市环境问题，如热岛效应、雨岛效应、城市内涝、城市水污染、生态退化等。城镇化的迅速扩张与气候脆弱性的叠加效应对中国的可持续发展提出了重大挑战。应对和解决全球变暖对城市造成的风险对中国来说迫在眉睫。

在此背景下，德国国际合作机构受德国联邦经济合作与发展部的委托，与瑞士再保险共同开展了气候风险与适应项目。这一公私合作伙伴关系项目，旨在通过与由中国生态环境部牵头的主管部委、地方气候环境相关部门、城市规划部门以及研

---

1 https://www.bjnews.com.cn/detail/156932565415035.html。
2 http://www.gov.cn/xinwen/2020-07/17/content_5527598.html。
3 SHI Peijun, et al. Mapping and ranking global mortality, affected population and GDP loss risks, 2016。
4 http://www.stats.gov.cn/tjsj/zxfb/202105/t20210510_1817183.html。

究机构合作，科学分析气候变化对城市社会、经济与生态的主要影响，识别并量化城市所面临的主要气候灾害风险及其直接与间接经济损失，加强城市气候脆弱性评估，提升政府应对气候变化以及综合管理气候风险的能力，开展城市适应气候变化能力建设与国际合作。

该项目自2020年年初启动至今，共委托国内外专家撰写或编写了18个案例，并在大家的共同努力下汇编成《适应气候变化与防范气候风险案例汇编》一书，希望与各界同仁分享国内外城市或地区在遭受台风、洪涝及高温等极端气候时的应对措施及经验。各案例深度解析了政府各个部门在应对相关气候风险的过程中制定的战略、采取的措施、事后的监测、融资的方案及灾后风险转移机制等，每个案例针对的气候风险都既有代表性又有当地的独特性，介绍的适应措施也因地制宜。通过这些案例分享，我们试图加强气候变化适应领域的知识共享，充分发挥私营部门在风险管理领域的先进经验，并促使公共和私人合作伙伴之间增进交流，从而为未来在区域、国家和国际层面的能力建设与实务操作积累最佳的实践案例。

在此，我们特别感谢中方及外方合作伙伴，包括国家应对气候变化战略研究和国际合作中心、中国水利水电科学研究院、清华大学气候变化与可持续发展研究院、清华大学绿色金融发展研究中心及慕尼黑气候保险倡议（MCII）等机构的各位专家。最后，特别感谢项目的合作伙伴——瑞士再保险。作为一家世界领先的全球性再保险公司，瑞士再保险以其在风险管理与风险转移解决方案方面的丰富经验享誉全球。在项目框架下，瑞士再保险在城市洪涝灾害分析及量化洪水风险方面给予项目各合作伙伴大量的技术支持及指导。

气候风险与适应项目寄望以本书为中国气候变化适应与韧性城市发展提供能力建设方面的技术支持！

德国国际合作机构（GIZ）

气候风险与适应项目主任

祁　岚

目录 >>

国内卷

国际卷

国内卷

Climate Change Adaptation and
Climate Risk Management
Case Studies

济南

建设适应气候变化的现代“泉城”

作　者：周泽宇　曹　颖（国家应对气候变化战略研究和国际合作中心）
关键词：气候风险，暴雨洪涝灾害，适应气候变化，海绵城市

案例介绍：

济南市位于山东省中部，南邻泰山、北依黄河，因泉水众多被誉为“泉城”。济南市季风明显、四季分明、冬冷夏热、雨量集中，全年60%的降水量集中在夏季。2015年4月，济南市入选国家首批海绵城市试点；2017年2月，济南市获批国家气候适应型城市建设试点。济南市全方位开展城市适应气候变化行动，提升城市适应气候变化能力，打造安全、韧性、宜居、品质的现代“泉城”，努力构建山、泉、湖、河、城相融合的城市水循环系统，着力解决泉水枯竭、洪涝多发、水源不足、水质污染等问题。济南市作为海绵城市及气候适应型城市建设试点成效显著。

一 气候变化影响下的水资源问题

（一）快速城镇化导致城市脆弱性增加

济南市是一个洪涝灾害频发的城市，是全国首批25个重点防洪城市之一。随着城市发展的不断加快，济南市的城区规模不断扩大，硬化路面大量增加，雨水渗入地下的量逐渐减少，由此带来的是地下水水位不断下降、泉水停喷的时间和次数逐渐增加，节水保泉的任务艰巨。济南市南部山区的地下水补给能力逐渐衰弱，非常规水源的利用较少，已经影响到城市居民用水。作为有“泉城”美誉的城市，济南市水资源的缺乏使其超量开采地下水，严重影响了区域内泉群喷涌。以趵突泉为例，自1972年起时常停涌，1999年3月至2001年9月还创下停喷长达926天的纪录。济南市未能实现雨污分流，合流制导致雨水和污水混合在一起，从而加重了水污染；同时，由于污水处理能力非常有限，未被处理的污水直接排入河道，使河道水体受到污染。河道周围配套的管道系统也不完善，河道两边甚至成为垃圾堆积场地，河道淤泥量大，不仅阻塞河道，还造成水质相对较差，破坏了生态环境，影响了城市泄洪。

济南市雨热同季，夏季暴雨密集、水量大、强度高，南部为山区、北部为平原地带，雨水可顺地势而下，给市民的生命健康和财产安全带来严重威胁[1]。随着最近几年城市化进程的加快，大规模的工程建设使济南市的硬化面积逐渐增大，全市共有24处强渗带，其中5处位于城市建成区的强渗带已经被建筑覆盖，8处强渗带有60%的面积被全部硬化。随着建设的加快，还有更多的强渗带将面临被覆盖的命运[1]。同时，建设过程中与绿地争地、与河道争地、与湖泊争地不可避免，严重影响了泄洪面积，增加了地表径流量，容易诱发洪涝灾害。济南市南北地形不同，高差在100 m以上，夏季降雨相对较多的时节，雨水淹没马路现象普遍存在。2015年年底，济南市评估了城市中心城区的防洪涝能力，评估结果显示其易涝点超过90个，容易发生内涝的高风险区近80 km^2，达到重现期两年一遇设计标准的管网不足四成，且随着城镇化进程的加快，渗水面积将不断缩小，节水保泉任务更加艰巨，解决城市内涝问题刻不容缓。

（二）“7·18”特大暴雨带来社会经济损失

新中国成立后，济南市共发生洪涝灾害27次，较为严重的3次暴雨洪灾分别发生在1962年、1987年和2007年。2007年7月18日下午至19日凌晨，受北方冷空气和强盛的西南暖湿气流共同影响，济南市出现强降雨过程，全市普降暴雨，市区降大暴雨至特大暴雨（图1）。由于雨急量大，市区1小时最大降水量达151 mm，2小时最大降水量达167.5 mm，3小时最大降水量达180 mm，重现期为百年一遇，为济南市有水文资料记录以来的最大值。高度城市化使济南市城区不透水面积越来越大，不透水面积比重约为73.6%。不透水面积的增加使城区原有蓄水能力减弱、降雨产流量增大、洪水总量增加、汇流速度加快、洪峰流量增加、峰现时间提前，南部山区暴雨形成的洪水急剧向市区各排洪河道及街巷汇聚，个别坡度较陡路段的最大流速达3 m/s以上，导致车

图1 “7·18”济南特大暴雨

辆、人员被冲走的情况发生。

本次暴雨前，济南市的排涝能力只有十年一遇，部分城区排水设施老化、排泄能力不够、排水标准偏低，部分老城区沿用的还是几十年前的管线系统。自1987年8月26日的暴雨后，济南市未发生过特大暴雨，因而在城建规划中设计新建排水系统时沿用了较低标准，大部分路段的管线直径在300 mm左右。然而事实上，即使为应付普通暴雨，要想使携带泥沙的水流顺利排走，管线直径也至少应在500 mm。此外，违章棚盖河道、填埋排水沟渠现象使济南市的防洪排水系统更加薄弱，兴济河、护城河等部分河道河水外漾，缺乏排洪通道的雨水在市区聚集造成马路行洪，使市区街道多处短时内严重积水，积水深度 1 m 以上的路段达51处，部分低洼地段最大积水深度达 4 m 以上[2]。另外，济南市的交通、电力、供水、通信、商业等基础设施的抗灾能力也不够，引发了次生灾害。暴雨发生时正值下班高峰，车流量大，暴雨造成车辆熄火、停运，使交通严重堵塞。

济南市因“7·18”特大暴雨造成37人死亡、170多人受伤、约33万群众受灾，倒塌房屋约1 800间，市区内受损车辆约800辆，损坏市区道路面积约1.4万m^2，冲失井盖500余套，20多条线路停电，140多家企业进水受淹，市内交通一度处于瘫痪状态[2]，全市直接经济损失约13亿元。此次暴雨给济南市造成重大人员伤亡和财产损失。

二 海绵城市建设的主要措施

（一）坚持适应气候变化理念

“7·18”特大暴雨以来，济南市高度重视当前面临的问题，把积极适应气候变化作为实现城市可持续发展、推进生态文明建设的重要途径，坚持适应理念引领，采取积极措施，稳步推进济南市适应气候变化现代“泉城”建设工作。

1. 坚持问题导向，加强城市气候变化风险评估

针对城市面临的气候风险，济南市开展了城市气候变化风险评估监测。一方面，

结合城市经济社会发展目标，评估城市不同领域、区域和人群的脆弱性，采集行业、社区等相关敏感性和脆弱性分布信息，建立城市气候变化影响监测与风险评估体系；另一方面，明确气候变化脆弱性评估目标任务、指标及原则，构建适应气候变化的指标体系及风险评估平台，确定4个方面、22个子项的气候变化监测项目，制定以暴雨为主的一系列气候风险评估任务及目标。针对重点领域气候风险，济南市分析了自1961年以来气温、降水、风速等基本气候变化事实，以及极端天气气候事件对城市脆弱性的影响。根据气候风险监测评估结果，济南市明确了城市面临的主要风险，着重梳理了应对暴雨等典型气候问题，重点开展了城市灾害发生规律和监测预警、城市水安全、"城市双修"（生态修复、城市修补）等系列专题研究，为政府决策和制定适应措施提供了依据。

2. 制定方案政策，保障城市适应气候变化行动

济南市印发了《济南市气候适应型城市建设试点实施方案》，编制了《济南市适应气候变化行动方案》。根据济南市面临的气候变化主要风险和问题，《济南市适应气候变化行动方案》以维护城市安全宜居为核心，从政策法规、体制机制、规划统筹、标准规范、建设管理等方面全方位地推进适应气候变化行动。济南市以建设安全、韧性、宜居、品质的现代"泉城"为总目标，提出到2020年基础设施设计和建设标准显著提高，生态安全屏障系统更加优化，水安全保障体系基本完善，建筑适应气候变化的能力大幅提高，城市适应气候变化体系基本建成等各项具体目标。为确保制定的目标能够实现，济南市先后印发并实施了《济南市低碳发展工作方案（2018—2020年）》《济南市南部山区生态补偿实施方案》《中共济南市委、济南市人民政府关于全面加强生态环境保护坚决打好污染防治攻坚战的实施意见》等一系列政策性文件，开展"三线一单"编制工作，为顺利开展适应气候变化行动提供了有力支撑。

3. 强化规划引领，推动适应理念融入城市建设

济南市将"应对气候变化、推进低碳循环发展"等内容列入《济南市国民经济和社会发展第十三个五年规划纲要》，坚持高点定位、转型升级、统筹融合、共建共享，努力实现更高质量、更有效率、更加公平、更可持续的发展。一是建立城市适应

性规划体系，强化适应气候变化理念，开展国土空间总体规划编制，综合分析城市空间形态和气候要素的关系，因地制宜地采取气候适应相应措施；二是制定“十三五”智慧城市、气象发展、防灾减灾、卫生事业等规划，完善城市适应气候变化领域专项规划；三是充分考虑建设用地土壤环境、水源涵养、气候风险等影响因素，合理规划土地使用性质，在市域范围内划定禁止建设区、限制建设区、适宜建设区；四是在城市片区规划中综合分析城市空间形态和城市气候要素关系，做出气候响应式设计，在城市基础设施项目规划设计中科学评判高温、内涝、干旱等气候变化的中长期影响。

（二）开展海绵城市建设行动

1. 坚持综合施策，开展适应气候变化重点行动

一是开展城市布局优化行动，按照“东拓、西进、南控、北跨、中优”的城市空间发展战略有序引导城市布局。济南市建立了“一主一副，五大次中心，十二个区域中心，加两个卫星城”的城市发展框架结构，引领城市空间有序拓展，全面提升城市韧性和抵御自然灾害的综合防范能力；进一步完善极端气候应急、城市防汛抗旱响应、突发事件应对等制度，完善城市风险、救灾资金等分担机制，加强防震减灾、气象现代化、疾病防控体系建设，构建完善的城市灾害风险综合管理系统，提升城市适应气候变化的综合能力。

二是开展城市水安全保障行动。为增强水环境韧性、推进海绵城市建设，济南市出台了海绵城市政策制度40余项，完成建设项目391项，累计投资72.33亿元，建成海绵城市面积52.91 km^2，有效涵养了城市水资源，使城市防涝能力极大增强，通过汛期降雨观测，7处道路积水问题基本消除，4条道路行洪问题得到极大缓解。为加强河水治理，全市主要河道基本消除水体黑臭现象，10个省控以上河流考核断面全部达标，城镇集中式饮用水水源地水质达标率为100%。为优化“泉城”水环境、完善城市和谐水系，济南市推进河道生态治理工程，在投资209亿元实施水系连通等300余项水生态建设工程的基础上，完成城区37处黑臭水体整治和5座小水库、20座塘坝除险加固

工作，完成面上水土流失治理面积108 km^2；同时，狠抓泉水保护工作，确保趵突泉等泉群16年持续喷涌。为落实严格水资源管理，济南市完成9处低压片区改造，开展分质供水试点，确保城市供水保障有力。

三是开展城市生态屏障提升行动。①强化重点生态区保护，实施见缝插绿、湿地保护等重大项目，印发《济南市生态保护与建设规划（2016—2020年）》，出台《济南市山体保护办法》，维护“山、泉、湖、河、城”生态通透格局；②完善“三环三横四纵、多楔多点多线”的绿地布局和“一环两湖四群多带”的泉系景观构架，彰显“泉城”特色风貌；③保护修复生态脆弱区，建成国家、省、市级湿地公园23处，白云湖国家湿地公园通过国家试点评估验收正式挂牌，“人水和谐”的生态治理模式在全国复制推广；④深入开展国土绿化行动，完成裸露土地绿化700余万m^2，完成464.63万亩[1]林地修复保护任务，建成森林生态廊道150.6 km，创建国家级森林乡村20个，省级森林乡镇、村居50个，提前完成47座山体（山体公园）绿化工程。截至2019年年底，全市建成区绿化覆盖率达41.38%、湿地保护率达71%。

四是开展示范工程和示范项目。济南市建立重点适应工程项目库，储备重点项目138个。其中，城市基础设施工程项目46个，低碳能源和低碳产业体系建设及改善空气质量项目56个，保障城市水安全项目17个，城市绿化、湿地工程项目11个，建筑节能产业化项目7个，城市灾害风险服务保障项目1个。截至2019年年底，已建设完工重点工程项目65个，投入资金1 250亿元。其中，建成示范项目12个，投入资金260亿元；在建项目43个，投入资金526亿元。这些示范工程和示范项目为增强城市适应气候变化能力打下了坚实基础。

2. 加强能力建设，夯实适应气候变化行动基础

一是完善适应气候变化工作管理体系。①加强组织领导，成立济南市应对气候变化工作领导小组，各部门成员单位在领导小组体制下开展相关工作；②制定气候适应型城市建设工作台账，通过开展工作联席会、交流会等强化部门协作，形成工作合

[1] 1亩=1/15公顷。

力；③强化监督考核，明确城市适应气候变化的目标、任务及责任主体，制定评价指标体系，建立高效评估跟踪机制和科学后评估制度；④强化能力建设培训，定期组织主要部门、业务机构人员学习交流；⑤建立部门数据共享机制，强调部门间协调配合，全面提升开展适应气候变化的工作能力；⑥广泛开展宣传教育，增强公民适应气候变化的意识，营造全民参与的良好氛围。

二是提升气象监测预警能力。①完善极端气候应急机制，建立监测联防机制，加强异常天气会商研判，不断提升灾害风险管理能力。②建成由全市144个观（监）测站组成的综合气象观测网，预报预警准确率不断提高。在2010—2019年的预报准确率中，晴雨由89.01%提高到90.76%，一般性降水由49.68%提高到52.52%，高温由71.91%提高到80.9%。预警信号准确率和提前量持续提高，2019年暴雨预警信号准确率达83.33%。③开展1994—2018年济南夏季城市热岛效应演变分析，建立格点预报制度，实施分灾种分区情况预警。④加强专业队伍建设，探索建立适应气候变化智库、专家团队和工作支撑团队，为城市规划、适应气候变化基础建设建言献策。⑤制定重点推广的适应气候变化技术目录，大力推进极端天气预警、城市生命线安全保障等方面的技术突破；完善适应气候变化技术支撑体系，开发推广关键性适应技术，增强城市适应气候变化的科技支撑能力。

三是提高人群健康领域的适应气候变化能力。一方面，以“健康济南”建设为引领，加大四类基层医疗卫生机构标准化建设，建立气候变化敏感疾病的监测预警、应急处置机制，组建全市卫生应急队伍101支共1 387人，开展各类卫生应急培训215期，培训1.4万余人次，应急演练170次，及时有效地处置了极端天气带来的健康风险。另一方面，扩大社会保障覆盖面，职工基本医疗保险参保人数达241.54万人，为人民群众健康安全提供了有效保障。

3. 海绵城市改造，缓解城市内涝，协同节水保泉

2015年10月16日，《国务院办公厅关于推进海绵城市建设的指导意见》（国办发〔2015〕75号）发布。同年12月20日，中共中央召开城市工作会议，将海绵城市作为未来城市建设的重点之一。2016年2月，《中共中央　国务院关于进一步加强城市规划建设管理工作的若干意见》（中发〔2016〕6号）印发，对推进海绵城市建设作出具体部署。作为国家首批16个试点城市之一，济南市选定大明湖兴隆片区作为试点区域（面积约为39 km^2），共安排试点项目43项，并迅速组织编制了《济南市海绵城市专项规划》，提出海绵城市建设总体目标，即：到2020年，济南市1/4以上的建成区内地表径流控制率达到75%，完成生态岸线恢复改造长度为90 km；到2030年，济南市4/5以上的建成区内地表径流控制率达到75%，完成生态岸线恢复改造长度为300 km。

2015年，济南市政府出台了《关于加快推进海绵城市建设工作的实施意见》，按照“节水优先、空间均衡、系统治理、两手发力”的治水思路和海绵城市“渗、滞、蓄、净、用、排”的功能要求，要求全市科学规划和统筹实施城市水系统、园林绿地系统、道路交通系统、建筑小区系统四大系统建设，增强城市防洪排涝减灾等综合能力，有效缓解城市洪涝灾害、泉水利用不足和雨污水混流三大问题，实现雨水资源化、泉水资源化、污水资源化，提高城市防洪排涝减灾能力，改善城市生态环境，建设生态美丽“泉城”。

截至2019年，济南市已完成250个“海绵化”工程，另有17个项目在建。其中，改造老旧小区200个，改造与建设道路9条、公园9个，整治和治理河道湖泊等13处，改造管网260 km，消除易涝点9个。济南市西部片区和兴济河流域片区的海绵城市连片效应已经逐渐显现。在改造过程中，济南市还创新性地采取“1+N”战略，同步实施了棚改、旧改及供水、供气、供热、供电、排污、排涝改造提升，如在海绵城市改造的同时兼顾了雨污分流、管网提标等工程。

针对道路的行洪问题，济南市制定了相应的排涝方案，每条道路的“海绵元素”各不相同：旅游路更换了透水沥青，凤凰路建设了雨水公园，二环南路加装了雨水桶等。此外，为保证雨水行泄通道安全，济南市还创新性地采用了“雨水簸箕”的方式连通道路及河道两条雨水行泄通道，使道路上的水通过竖向调整就近快速导入河道中，缓解了道路行洪问题，极大减轻了城市的防洪压力。通过老旧小区改造，雨水通过上游的截流沟被引入下凹式绿地，与植草沟中收集的雨水一起分级存储下渗，再汇入地下设置的蓄水模块中，并经过层层净化，最终成为清水用于绿地浇水、道路洒水。这些举措不仅充分体现了“渗、滞、蓄、净、用、排”的理念，有利于济南市节水保泉，也极大地改善了居民的生活品质和社区环境，实现了生态、社会效益的双丰收，使群众的获得感、幸福感得到了明显提升。

（三）典型案例[3]

千佛山景区（图2）位于济南市海绵城市建设试点区域东部居中的位置，占地169 hm^2，是市区内典型的山体类型绿地。该景区地处济南市单斜构造的北部，大气降水渗漏地下岩层后顺倾斜方向北流，至城区遇侵入岩体阻挡，并受千佛山断裂的影响，承压水出露地表，形成了济南四大泉群；同时，千佛山断裂的地质构造出露地表，形成了独特的地质景观，加之景区内较高的绿化覆盖率，使之成为济南市泉群水源的重要补给区和生态涵养区。

千佛山主峰位于景区偏南，海拔高度为279.1 m，景区最低点位于西北门附近，海

图2　千佛山景区

（图片来源：济南千佛山景区官网）

拔高度为56.7 m。千佛山整体地势南部较为陡峭，坡度为25°～30°；北部相对平缓，坡度分为3段，上层较大（40°～45°）、中部较为舒缓（10°～15°）、下层平缓（10°以下）。根据山体走势，千佛山景区分为4个汇水区域。雨水一部分以地表径流的方式沿山坡表面汇入山谷及周边各级园路中，再经园路两侧排水沟及路面地表径流向北、东两个方向排出景区。

千佛山景区海绵城市建设总体思路为增加渗透、部分“蓄、用”：利用道路、汇水沟等形式引导雨水汇集，通过多种方式减少雨水径流速度、增加雨水渗透量，利用场地地形、蓄水设施等措施对径流雨水进行积蓄，并采用绿化浇灌、景观用水等措施对积蓄雨水进行再利用。此外，在海绵城市建设中采用了“水系蓄水—地形整理—植物增渗—层层拦蓄—合理存蓄—末端收集”的设计理念，主要采取以下9类设施或措施。

●**绿化种植：**在西部区域缺少中层灌木及地被、部分道路边缘缺少绿化的空地上，增加落叶乔木的栽植，并通过灌木及地被的栽植丰富种植层次，增加植物对雨水的阻滞作用。此外，还在生物滞留设施周边栽植水生植物以对雨水进行净化。

●**地形整理：**对景区内坡度较平缓的区域进行地形整理，增加地形的起伏，以起到消减雨水地表径流峰值的作用；同时，通过地形整理形成的低洼绿地可积蓄部分雨水，增加雨水的渗透量。

●**下沉式绿地：**利用山体自然坡度及土坎，通过地形整理并结合水平阶的种植方式，使绿地成为下沉式绿地，以具有一定的蓄水功能。下沉式绿地的蓄水深度一般为0.1～0.15 m。

●**山谷拦蓄：**选取4处较深的山谷冲沟，沿冲沟设置拦水坝，形成叠水景观并满足蓄水功能。拦蓄设施平均蓄水深度为0.5 m。

●**生物滞留设施：**在地势较低的区域设置生物滞留设施，通过植物、土壤和微生物系统蓄渗、净化径流雨水。蓄水深度一般为0.2～0.3 m。

●**渗透沟：**利用山体南部现有沟渠，通过拆除原有围墙并进行拓宽、挖深处理，再在两侧进行绿化景观覆盖，可以将南部山坡的雨水引入沟中，以达到雨水积蓄的目的。

●**渗透塘：**山南坡底处有3处低洼地，为山南大部分雨水的最终汇集处，其中2处为自然深坑，选择这3处位置设计渗透塘可以达到蓄水、净水及削减峰值流量的目的。

●**蓄水池：**在山谷水系的末端及条件允许的山坡底处设计蓄水池，在起到雨水收集作用的同时，还保证了山谷景观水系的水源，达到雨水收集再利用的目的。

●**园路引导雨水：**通过对园区内主要道路增加阻水设施及泄水孔等改进措施，将原有山体上流入道路的雨水重新导入绿地中，并进行层层拦蓄，使整个园区内的主要道路系统变成了山体的截水及引水设施。

2016—2017年，千佛山景区通过一系列技术措施进行生态化改造，在兼顾景观效果、保护原有绿地生态系统的同时，完善了绿地对雨水的吸纳、蓄渗和缓释功能，形成了完善、可持续的雨水系统，提高了区域排水防涝标准，降低了内涝造成的损失，新增绿地约3万m^2，新建仿古建筑水榭1处，跌水瀑布4处，雨水花园5处，旱溪、渗透塘11处，水平阶砌垒约3 200 m^3，建设4处蓄水池，蓄水量约1 000 m^3，一年四季可以吸纳雨水约2万m^3。千佛山景区南门、慈云谷区域形成了跌水瀑布这一水景观，与木栈道、建筑小品相互融合，同时唐槐亭至兴国禅寺、历山院沿线主台阶路的径流雨水被有效收集利用，从而使千佛山因水而活，更加富有灵性。

三 投融资机制和运作方式

（一）应对措施的成本与投融资机制

海绵城市建设需要大量的资金支持，为加快建设步伐，济南市积极创新投融资模式，采用多种方式进行融资，如政府和社会资本合作（PPP）模式、政府补贴和采购等，吸引民间资本进入城市的地下管网系统、道路桥梁系统、居民区建设和改造、绿地生态系统等海绵城市建设。济南市在海绵城市建设的3年试点中计划投资约79亿元，其中，中央财政补贴加验收奖励共计18亿元。为解决海绵城市建设的资金缺口，济南市采用新型PPP融资模式解决海绵城市建设项目的融资和建设问题，打造具有地方特色、可操作性的融资模板，投资总额达52.9亿元[4]。济南市政府在海绵城市建设PPP项目中起着监督与合作的双重作用：一方面，确定济南市市政公用事业局为PPP项目的具体实施单位，管理全市的海绵城市建设项目，济南市市政公用资产管理运营有限公司作为公共部门与私营部门一起成立的项目公司；另一方面，为了吸引投资合伙人，向全社会公开招标，最终济南城建集团入围，中标总金额为46.87亿元。经过PPP项目融资，再加上中央财政补贴，济南市绝大部分建设资金缺口得以填平，既减轻了财政压力，又提高了社会资本的积极性。

（二）利益相关方的合作方式

济南市成立了专门的海绵城市建设工作领导小组，其办公室（以下简称海绵城市办公室）设在济南市市政公用事业局，组长由市委副书记、市长担任，副组长由分管市长等担任，采用矩阵式组织框架模式，成立8个项目部、6个职能组，项目部在横向上为主体推进工作，职能组在纵向上为主体进行重点突破。海绵城市办公室将人员集中起来进行办公，有利于实行集中管理。这种框架模式构成了决策部署、沟通协调、解决难题的领导协调与管理体系，能够对海绵城市建设起到巨大的推动作用。领导小组及其办公室调度海绵城市建设项目成为常态，各个系统、各部门各司其职，分为工程策划、工程立项、招投标、订立合同、建设、施工、验收、运行、绩效评估9个阶段，并密切关注工程进展、关键性节点及项目竣工验收，对工程工作进行全过程监督和指导。

海绵城市办公室的人员多为临时抽调，来自与海绵城市建设相关的各个政府机关事业单位以及国有企业等。海绵城市办公室的组织框架采用矩阵式结构，能够实现各种资源共享，使人力资源成本得到降低、效率得到增加。国内外多项研究表明，组织结构中应用矩阵式的管理模式比传统的组织结构模式可减少1/5的人员，因而在济南市的海绵城市规划建设管理中，基于任务繁重、人手相对较少的现实情况，采用矩阵式的组织模式有利于济南市海绵城市建设工作的顺利开展。此外，济南市用最短的时间完成了海绵城市建设团队的组建，把不同部门中具有不同专业特长的管理和技术性人才聚集在一起，充分发挥了人才的聚集效应，能够有效地解决海绵城市建设过程中遇到的“疑难杂症”，并能够在尽可能短的时间内使新人在经验丰富的职工带领下提升自己的知识和业务水平，大大提升了工作的效率。采用矩阵式的组织结构还可以通过增加项目组的方式快速扩充编制，增加人员数量。

（三）维护运作方式

在组织架构上，济南市形成了“统一指挥、整体联动、责任明确、部门协作”的工作机制，建立了横向推进以项目部为主、纵向突破以职能组为重点的矩阵式管理架构，形成决策指挥、重点调度、攻坚破难的管理体系，实现了阶段性与常态化的衔接。在此基础上，济南市还建立了“一总四分”的绩效考核体系和财政资金引导、社会资本参与的多元化投融资机制，以确保海绵泉城建设工作高效有序地运转。

此外，“创新产品、工艺和技术”也是海绵城市建设的一大亮点。济南市结合城市自身特点，积极寻找对策，探索研发适合本地的新技术、新材料、新工艺。截至目前，已授权国家专利5项，形成施工工法13项。

济南市还首创“1+N”战略，以海绵化改造为龙头，结合棚改、旧改同步实施供水、供气、供热、供电、排污、排涝改造提升等，为民众带来了诸多看得见、感受得到的民生福利。

四 主要成效及收益

经初步测算，济南市的海绵城市建设促进了历阳湖的下渗作用，由于下渗水的补给，趵突泉水位上涨了3 cm，发挥了重要的保泉作用；同时，形成了由2个水厂、5座水库、4条城区河道及8处沿线强渗漏带组成的水系连通网络格局，组成了济南北部的黄河水、南水北调的长江水、本地的地表水相互交织的水网络，每天最多可补水15万m^3，这些水为济南市的泉水提供了源源不断的动力。首先，城市内涝问题解决作用明显，建设和改造这2种工程建设有效地加快了城市内涝问题的解决。其次，在新建工程方面，济南市完成了二环西路的排水管网建设工程，在英雄山路建设了1.1 km的泄洪管道，在二环南路与兴济河之间建成了一条降水的泄洪通道，每年仅千佛山风景区就可以消化降水约2万m^3。地表水转地下水工程自2013年起开工建设，分为3条主线：①西线，鹊华水厂到崔马庄、复兴村的管线及泵站工程和玉符河流域地表水转地下水工程；②中线，兴济河、历阳湖补源工程和趵突泉泉水工程；③东线，大辛河、韩沧河等河道渗漏区工程和凤凰路补源管线及栗站工程。其中，西线的玉清水厂管线自建成后，每天有9万 t 黄河水从玉清水厂管线工程调入玉符河补源区的渗漏带渗入地下。再次，基本消除了黑臭水体问题。玉绣河、兴济河、历阳河等试点范围内的水体经过海绵城市改造后基本达到《地表水环境质量标准》（GB 3838—2002）中的Ⅳ类水质标准。最后，海绵城市建设的生态效应显著，如兴济河、凤凰湖等水体的水环境明显改观，水生态明显好转。目前，海绵城市试点范围内的植被等绿色生态效果显著，居住环境大为改观，城市内涝得到有效缓解，节水保泉成效显著[5]。

济南市统筹“海绵城市”“低碳城市”“国家森林城市”“卫生城市”“全国文明城市”等名片，集约通风廊道、地下管廊等适应工程和城市基础设施建设，确保投资效益发挥出最大价值。

此外，适应气候变化能力建设有效减少了济南市遭受极端天气气候事件时的经济损失。近年来，济南市应对台风“利奇马”等灾害性事件11次，累计抢助人员123人，抢救财物1 264件，直接挽救经济损失2.34亿元，有力地保护了人民群众的生命和财产安全。

五 亮点与启示

“泉城”治水，水润“泉城”，济南市的安全韧性得以增强。水是济南市的灵魂和命脉，但前些年却成了城市的“包袱”，每逢强降雨，市区多处路段积水严重，曾发生“7・18”特大淹亡事故；水质超标严重，居民意见较大；蓄水能力不足，自然水大量流失，无法有效涵养城市。为解决水患和水资源浪费的问题，济南市政府因城施策，打出治水“组合拳”：①坚持打造海绵城市，建设修复水生态，完成建设项目391个，累计投资72.33亿元，海绵城市建成面积52.91 km^2，有效涵养了城市水资源，极大地增强了城市的防涝能力；②加强水资源管理，实施重点水源四大工程，建成3个水厂，形成“十库联调、十厂联供”的供水保障格局，增加日供水能力50万m^3，促进了水资源整体的优化配置；③推进区域污染治理，优化水环境，以打赢黑臭水体治理等4场攻坚战为目标，强力推进流域污染防治工作，实施河流截污治理、清污分流、清淤疏浚、污水集中处理设施建设、生态修复、企业废水提标改造等综合治理工程，10个省控以上河流考核断面及16处省政府考核的城镇集中式饮用水水质全部达标，448个河湖清单问题全部清零，水环境质量得到彻底改善。现在的济南，清水长流、湿地广茂、空气清新，人、水、城相适应，安全、宜居、有韧性。济南市“人水和谐”的生态治理模式可以在全国复制推广。

参考文献

[1] 罗莎. 济南市城市水系统可持续性评价研究［D］. 济南：济南大学，2019.

[2] 张明泉，张曼志，张鑫，等. 济南“2007・7・18”暴雨洪水分析［J］. 中国水利，2009（17）：40-41，44.

[3] 段晓雁，郭大鹏，刘文静，等. 千佛山风景名胜区千佛山景区海绵城市建设工程［J］. 建设科技，2015（17）：66-68.

[4] 韩斌.海绵城市建设研究——以济南为例［D］. 济南：山东大学，2018.

[5] 陈敏鹏，林而达. 适应气候变化的成本分析：回顾和展望［J］. 中国人口・资源与环境，2011，21（S2）：280-285.

北京

气候变化下的城市洪涝灾害应对方案

作　者：刘家宏　梅　超（中国水利水电科学研究院）
付朝臣（北京市水务局）

关键词：城市洪涝风险，总体应对方案，极端降雨演变，工程措施

案例介绍：

北京市位于华北平原西北部、燕山山脉东侧，是我国的首都，也是我国北方最大的城市，城市总面积为16 410.54 km^2，常住人口为2 153万人，城镇化率约为86.6%。北京市属于典型的暖温带半湿润大陆性季风气候，多年平均年降水量约为626 mm，其中有60%以上集中在汛期（6—9月）。近年来，北京市多次遭受极端暴雨引发的严重洪涝灾害。2013年以来，北京市在城市洪涝灾害应对方面采取了一系列措施，也积累了一些成功的经验。

一 气候变化影响下的极端降雨与洪涝灾害

（一）北京市降雨演变事实

以全球升温为主要特征的气候变化改变了全球及区域水循环，在部分区域表现出水循环速度加快、降雨结构变化和极端降雨增加的趋势。近年来，北京市的降雨特征发生了较为显著的变化，在宏观上表现为汛期降雨量呈下降趋势，下降速率约为每10年8.2 mm[1]，但这并不意味着极端暴雨的直接减少。数据分析表明，北京市的降雨结构发生了较大变化，主要表现为短历时强降雨事件增加、降雨的不确定性加大，次降雨量超过或接近200 mm的特大暴雨时有发生，因而增加了城市暴雨的致灾性。

（二）北京市极端降雨引发的洪涝灾害

近20年来，北京市经常在汛期发生暴雨洪涝，其中部分洪涝事件造成了较大影响和损失。表1列举了其中的6次典型洪涝灾害事件。通过总结影响较大的洪涝灾害事件可以发现，造成严重洪涝灾害的降雨除了降雨量较大，另一重要特点是降雨强度大。短历时强降雨会导致城市积水，若难以及时排除，就会使交通中断（图1），从而进一步影响城市经济、社会的正常运转，并造成直接或间接的经济损失。

表1　北京市近20年来重要洪涝灾害事件[2]

时间	暴雨情况	受灾情况
2004年7月10日	暴雨超二十年一遇，最大10分钟降雨量为22 mm，最大1小时降雨量为90 mm	严重积水路段达41处，其中，立交桥8处，西环线交通中段、地下商场等进水90余处
2006年7月31日	首都国际机场地区 1小时降雨量达115 mm	机场高速迎宾桥下积水达80 cm，机场高速中断3小时

续表

时间	暴雨情况	受灾情况
2007年8月1日	北三环安华桥一带1小时降雨量达91 mm	城区最大积水深达2 m，北三环双向交通中断
2011年6月23日	城区平均降雨量达73 mm，最大降雨量为215 mm	全市29处立交桥下的道路积水中断，800余辆汽车被淹
2012年7月21日	全市平均降雨量达170 mm，城区平均降雨量为215 mm，最大降雨量达460 mm	共160万人受灾，63处道路因积水交通中断，10 660间房屋倒塌，直接经济损失116.4亿元
2016年7月20日	全市平均降雨量达210.7 mm，城区平均降雨量为274 mm	164条公交路线采取甩站、绕行、停驶等措施，首都机场取消航班212架次

图1　北京市暴雨洪涝积水现场情景

二 应对城市洪涝灾害的主要措施

（一）应对理念与原则

应对理念：最大限度地减少洪涝灾害对人民生命财产的损害。

基本原则：①预防为主，防灾抗灾救灾相结合的原则；②常态减灾与非常态救灾相结合的原则；③全面规划、流域统筹、突出重点、综合治理的原则；④工程措施与非工程措施并重的原则；⑤防涝减灾、生态文明建设和雨水资源利用相结合的原则。

（二）总体应对方案

1. 总体布局

北京市的整体地势为西北高、东南低，在中心城区（大致为五环以内）主要有4条河流通过，分别是清河、坝河、通惠河和凉水河。北京市中心城区以上述4条河的河道为主干排水通道，结合西郊雨水调蓄工程及城区地下排水管网、雨水泵站、调蓄池和深隧排水工程，规划形成了北京中心城区排水防涝系统，总体上构成“西蓄东排、南北分洪、两廊深滞”的防洪排涝总布局，其中西部和东部深隧尚未实施。在上述总布局下，结合对立交桥、涵洞和易涝点等重点部位的改造，以及城市洪涝预报预警等非工程措施，北京市中心城区的洪涝防治在总体上取得了较好的效果[3, 4]。

2. 雨水泵站升级改造

北京市城市洪涝防治的历史经验表明，低洼道路、立交桥和道路涵洞是城市洪涝中的易涝点，也是容易造成人员伤亡等损失的区域，防治的重要手段是采用泵站排水和调蓄池蓄滞雨水。北京市主城区有90座雨水泵站，多数设计重现期为两到三年一遇，随着气候变化和城市化的影响，城市极端暴雨发生的概率在增加，短历时强降雨引发的城市洪涝灾害显著增多，使城市排水系统面临严峻的挑战。

为保障城市安全，北京市于2013年启动了“北京市中心城区雨水泵站改造及雨水收集三年行动计划”。该计划对中心城区不符合要求的77座立交桥泵站进行升级改造，主要措施包括对雨水收集系统进行改造、扩建水泵抽排能力、新建60个调蓄池和部分排水管道。此外，中心城区还在绿地、公园、停车场的地下新建了配套调蓄池，以收集雨水进行循环利用[3, 4]。

3. 中小河流治理工程

北京市全市域（含中心城区和郊区）共有中小河流425条，总长度为6 448 km。这些河流是北京市排涝的“主动脉”，承担着主要的排涝功能，是城市洪涝排水的主要通道。然而，其中一些中小河流由于长期未得到有效管护，排水功能受损严重。为解决这一问题，北京市政府于2013年公布了《北京市水利工程实施与建设规划》，组织对1 460 km的洪涝风险较高、基础设施薄弱、人口和财产密度较高的中小河流进行疏浚整治，主要措施包括疏浚淤泥、拆除违法的阻水建筑、将河道与周围地下排水管道进行合理连接以及加固河道堤防等。

实施上述措施后，北京市中小河流的防洪标准由五年一遇提高到十年一遇或二十年一遇。中小河流可以通过渗透、贮存、截留和排水4种途径发挥防洪排涝作用，对于不同区域的河道，还需与当地具体情况相对接，如对于城区河道，要处理好排污和排涝的关系，避免由于降雨冲刷和排涝带走城区径流污染；对于山区河流，要重点保护沿河村庄和道路，在充分尊重当地自然景观的情况下疏导洪水[3]。此外，河道治理对于河道自身而言还有6项任务，即污染控制、水体连接、南水北调工程和地下水补给、蓄滞洪区建设、平原区水土保持和绿化、绿地建设与旅游开发。

4. 西郊雨水调蓄工程

北京市中心城区的洪水有很大一部分是从西部地势较高的山区产生并流入的。北京市防洪排涝总布局中提出的“西蓄东排、南北分洪”就是要在洪水进入城区之前，在西部蓄住一部分，再通过河道向南部和北部分别排掉一部分，剩余部分的洪水才进入中心城区，并通过4条主干河道向东部下游排走。在上述总体布局中，实施“西蓄”策略的具体措施就是建设西郊雨水调蓄工程。西郊雨水调蓄工程位于北京市西五环田村山南路北侧，占地约1 000亩，其前身系开采建筑砂石的场所，20世纪90年代砂石开采停止后废弃为倾倒建筑渣土和生活废品的区域，形成了西郊砂石坑。由于原西郊砂石坑为“砂石－坑塘”结构，透水性好、地势低洼，自2014年开始北京市将其规划建设为雨水调蓄工程，2017年建成。建成后的西郊调蓄工程可以收纳永引渠山区及西郊砂石坑周边27 km^2范围内的百年一遇降雨所产生的700万m^3洪水[3]。

西郊雨水调蓄工程除了具有调蓄暴雨洪水的功能，还具有可控回补地下水及生态、景观、休闲等功能，很好地改善了该地区的生态环境。工程园区内有8个湖区、6块梯田花海等景观，绿化景观占整个园区面积的83%，10万多株植物在园内营造出“三季有花、四季常青”的景象。2019年9月，该工程园区正式对公众免费开放，希望打造开放的便民水利工程与市民共享生态环境的新模式。

5. 城市洪涝灾害预警与应急管理制度

城市暴雨洪涝灾害给城市的正常运转造成了严重影响，带来了一些损失。防治城市洪涝灾害，除采取一定的工程措施外，非工程措施也非常重要。在多年经验积累的基础上，北京市总结建立了“1+7+5+16”的洪涝灾害预警与应急管理体系[3]。

- “1”是成立北京市防汛指挥部，统一指挥调度防汛排涝、抢险救灾的相关工作，由1名副市长担任总指挥。防汛指挥部由各部门提供人员支持，并建立了北京市防汛排涝决策支持系统，利用信息技术开展洪涝灾害预警预报、决策支持和数据管理等工作，以提升防汛的信息化和科学化水平。

- “7”是指在住建、交通、地下系统、地质灾害、旅游、新闻和综合保障这些具体领域设立7个分管单位，进行防洪管理和综合配套管理，在防汛指挥部统一调度下协同应对。

- “5”是指对5条城市外围的较大河流进行单独管理。北京市成立了永定河流域、潮白河流域、北运河流域、清河流域、济河流域5个防汛分指挥部，以流域为单元统筹防汛工作。

- “16”就是在北京市的16个区域实行防汛行政首长负责制，由区（县）级防汛指挥部组织、监督全区域范围内的各项防汛救灾工作，确保防汛救灾的各项指令和措施能够得到及时、有效的落实。

信息的发布和共享对于城市洪涝灾害防治极其重要。北京市非常注重这方面的工作：一方面，建立了涉水部门统一会商制度和洪涝灾害新闻发布制度；另一方面，由防汛指挥部统一协调，加强各区域、各流域、各行业在防汛救灾方面的合作与协调。

北京市完善了城市洪涝灾害的监督和责任追究制度，不履行职责的相关防汛人员将被追究相应的责任。在“统一指挥、统一调度、统一决策”的总原则指导下，加强监督，采取自查自纠等措施，检查责任制、计划、团队协作、应急物资、安全措施、宣传、培训、演练等落实情况。

在防汛救灾中，北京市加强了网络等新技术的应用，初步建立了城市排水基础设施建设自动化远程监测系统，并基于监测设施建设防汛决策支持系统，为城市洪涝灾害应急管理提供了一定的科学支撑。

（三）典型案例

莲花桥是北京市西三环中路上的立交桥，位于海淀区，是莲花池西（东）路与西三环中路的交会处，是通往北京西站的重要通道，其区域汇水总面积约为11.2万m^2。莲花桥在2004年、2007年、2011年和2012年等汛期暴雨中均遭受淹没积水，其中，2012年最深积水达2 m多，导致交通中断，对区域交通造成较大影响。莲花桥区域积水在北京市立交桥积水中具有一定的典型性。

莲花桥区域积水的主要原因在于此处地势较低，在极端暴雨时，周边莲花小区、莲花桥北部等区域的雨水全都流入该区域，但其泵站设计抽水能力仅为4.1 m^3/s，积水速度和积水量远超过泵站的抽排能力。在实施“北京市中心城区雨水泵站改造及雨水收集三年行动计划”时，北京市对莲花桥区域的泵站及其附属排水设施进行了整体改造，提高了该区域的洪涝应对能力，具体措施如下：

一是在莲花桥桥区南侧的绿地内新建4座调蓄水池。1#、2#调蓄池位于西南角绿地内，有效水深均为4.6 m，有效容积共6 079.3 m^3；3#、4#调蓄池位于东南角绿地内，有效水深均为3.0 m，有效容积共5 562.8 m^3。4座调蓄池总容积为11 642.1 m^3。

二是新建1座排涝泵站，流量为26 m^3/s。当下游河道水位超过二十年一遇洪水位高程、水不能自流排出时，将通过排涝泵站排入莲花池。

三是完善西三环路莲花桥桥区主路及辅路雨水口收水系统，将雨水口改为联合式雨水口，新建雨水口共计601座；同时，新建雨水口管，将附近的排水管道平均直径从500 mm增加到1 000 mm。

2016年7月20日，莲花桥区域站点监测降雨量为78.9 mm。为避免洪涝积水，“泵站＋调蓄池”系统及时开启运行，泵站累计抽水量为3 685.5 m^3，调蓄池蓄水量为2 204.0 m^3，共计排水量5 889.5 m^3。数据测算表明，2 204 m^3蓄水量相当于莲花池桥区积水80 cm深度的水量，也就是说，如果不经泵站排水和调蓄池调蓄，则本次降雨可能造成莲花桥区域平均80 cm深的积水，进而带来交通中断等严重后果。

三 投融资机制和运作方式

（一）应对措施的成本与投融资机制

由于市域内的防洪排涝投资是一个持续、动态的过程，因此很难准确地估算成本。此处以北京市中心城区防洪排涝规划的地上、地下方案对比的投资概算为例，粗略地说明有关应对措施的成本（表2）。

表2　北京市中心城区防洪排涝（滞蓄区建设）规划投资概算

滞蓄区数量/处	滞蓄水量/万m^3	地上调蓄方案/亿元			地下调蓄方案/亿元		
		工程投资	拆迁占地费	总投资	工程投资	拆迁占地费	总投资
41	1 639.62	24.60	354.00	378.60	114.77	70.80	185.57

同我国其他城市一样，城市洪涝防治是一项公益事业，主要由政府财政收入进行投资。北京市在防汛排涝中的工程建设费用全部由市级财政承担，而工程维护费由市级财政承担70%、属地政府财政承担30%。需要说明的是，过去政府的财政收入中，有一部分是向市场主体（企业）收取的“防洪费”，但该费用目前已停止征收。

汛期防洪排涝设施的维护是一项专业事务。北京市采用“政府购买服务”的方式向北京城市排水集团有限责任公司（以下简称北京排水集团）按年度购买，相关费用由政府财政全额支付。由于降雨年际变化较大，不同年份的费用差异可能较大。在实际支付中，北京市政府聘请第三方审计公司对北京排水集团上报费用的合理性和明细进行审计，以确保政府购买服务在经济上是划算的。目前，北京市还未针对洪涝灾害制定巨灾保险方案，也尚未采用PPP模式等多途径的融资方式。

（二）利益相关方的合作方式

在防汛排涝投资、建设和管理中，涉及的利益相关方主要是政府、企业和个人。作为一种公益性质的设施投资和建设，防洪排涝建设通常没有明确的直接受益人，受益者为包括政府、企业和个人在内的全体利益相关者。城市防洪排涝建设的利益相关方如表3所示。

表3 城市防洪排涝建设的利益相关方

利益相关方	具体单位/个人	职责或义务
政府（公共机构）	市发展改革委、财政局、水务局、住房和城乡建设局、气象局、规划和自然资源委员会、市政园林绿化局、生态环境局、自然资源局、民政局、新闻办公室及各区人民政府	防洪排涝相关规划建设、工程投资、应急抢险等，并在平时通过新闻宣传、属地化管理等方式提升社会对防汛排涝事务的关注
企业（法人）	规划设计类、工程建设类、投资运营类、建筑材料类、园林园艺类、水处理类、科学研究类等企业和单位，北京排水集团等特许经营企业	除缴纳一定的“防洪费”（已停收）外，还可以参与到工程建设、工程维护、设备购买等招标竞争中来，通过向政府提供服务赚取利润
公民	城市全体居民	在日常消费中缴纳的税费成为政府财政收入的部分来源，其中被政府划出一部分作为防汛排涝的投资，还有依法遵守暴雨、洪涝预警的义务

（三）维护运作方式

一是实施防洪排涝统一调度指挥。在应对洪涝灾害方面，北京市水务局实行对防洪排涝工程的统一管理职责，市政府还设置了北京市防汛指挥部，成员包括水务、城建、应急、气象等多个部门，实现对洪涝应对的统一指挥，行使预警发布、防汛会商、抢险调度等职能，确保调度指挥的统一。

二是对中小河流实施“一河一策”。在中心城区，对凉水河、坝河、通惠河和清河分别设置了相应的管理部门，各管理部门根据河流的不同特点制定相应的应对预案，并根据北京市水务局的授权实施对相应河流的全面管理。

三是对排水泵站实行“一泵一案”。对城区内的192座“泵站+调蓄池”系统进行统一规划，每一座“泵站+调蓄池”系统都单独制定建设、管理和调度方案，每一座泵站都制定了针对不同设计重现期暴雨的调度预案，以确保所有泵站发挥最大效益。

四是采用信息技术支持防汛决策。北京市建设了城市洪涝预警和决策支持系统，在其支持下北京市防汛指挥部可以实现对市域内洪涝的统一应对。该系统大大提升了应对效率，提高了决策的科学化水平。

五是打造设施维护的专业化企业。北京排水集团是由政府投资，按照市场化原则组建的专业化企业，北京市重点支持该企业的建设。政府通过向其购买服务，实现对泵站、闸坝、调蓄池和管网等排水基础设施的日常维护和汛期管理。

四 主要成效及收益

（一）主要成效：基于事件的对比

2012年7月21日，北京市突降暴雨，城区平均降雨量达到215 mm，市域内最大观测降雨量达到460 mm，1小时雨量普遍达到40～80 mm，持续时间达3～4小时。该次特大暴雨造成北京全市大面积受灾，交通几乎瘫痪，受灾总人口约为77.76万人，紧急转移安置9.59万人；倒塌房屋728间，严重损坏房屋4.4万间，一般损坏房屋12.19万间；农作物受灾面积为5.75万hm^2；直接经济损失为116.4亿元。

2016年7月20日，北京市出现强降雨天气，此次降雨持续时间长、总量大、范围广，降雨总量超过了2012年“7·21”特大暴雨。北京市平均降雨量为210.7 mm，城区降雨量为274 mm，形成水资源总量33亿m^3。尽管该次降雨总量比2012年“7·21”特大暴雨还要大，但是强降雨并没有造成较大的损失，特别是在立交桥积水方面，由于及时启动泵站和调蓄池调蓄雨水，中心城区的立交桥未见大面积积水，交通没有长时间中断。同时，由于积累了丰富的应对经验，气象部门准确地预报了降雨，防汛部门在降雨前就制定了严密的应对方案，本次极端暴雨洪涝灾害没有造成人员伤亡。

对比上述两场极端降雨事件可以发现，通过实施“北京市中心城区雨水泵站改造及雨水收集三年行动计划”和《北京市水利工程实施与建设规划》等计划并及时总结应对经验，北京市在城市洪涝灾害应对体制机制、防洪排涝预案、人员物资调配、水利工程调度等方面都有了较大的提升和进步；极端暴雨造成的城市洪涝灾害对城市经济、社会正常运转的影响在显著减弱，受灾范围、受灾人口显著减少，洪涝灾害造成的直接经济损失显著降低。

（二）雨水资源利用收益

以2016年7月20日降雨为例，在该次降雨过程中，北京排水集团的雨水泵站共运行70座，总抽水量为120 341.3 m^3，调蓄池总蓄水量为17 855 m^3，这些雨水大部分被用在补充生态用水、河道景观用水、市政绿化用水等方面。据初步估算，在平水年份，北京市中心城区的192座泵站及其调蓄池设施每年约可调蓄雨水30万m^3。这些雨水被调蓄池调蓄后用于补水，以原水（未经处理的天然水）水价为0.5元/m^3计算，每年约可节约15万元用于补水的费用。

（三）其他间接和综合收益

实施防汛排涝工程治理和管理还具有多种间接和综合收益，尽管它们不可一一具体量化，但也是收益的重要组成部分。例如，减少了人员伤亡，提升了城市居民的幸福感；减少了对社会经济活动的扰动，间接支持了经济发展；工程建设拉动了市场投资，促进了经济发展；提升了城市居民对政府的好感度，维护了社会的和谐稳定；提升了城市品质，增加了城市美誉度，提升了旅游吸引力。

五 亮点与启示

（一）北京市应对极端暴雨洪涝灾害的经验和亮点

一是从全局角度统筹应对城市洪涝。城市洪涝涉及城市的许多方面，需要统筹谋划，从全局的角度考虑城市洪涝应对布局。在空间布局上，北京市结合自身地势和洪水形成规律，制定了“西蓄东排、南北分洪、两廊深滞”的防洪排涝总布局，将洪水分散消纳，减少洪水“入城”，从而确保了中心城区的安全；在应对机制上，北京市以防汛指挥部为依托，整合多个行政部门的力量，实现对城市洪涝的全方位应对，而且制定了严密的预案、工作方案和责任追究体系。这些做法使城市洪涝的应对不再是某一个局部、某一个部门的事情，而是需要依靠各部门形成合力、共同分担、统筹应对的公共事务。城市自身的应对能力也在这个过程中得到了极大的增强。

二是针对问题制定个性化的应对方案。对于不同的主体，城市洪涝的表现形式不同。例如，对于河道，其主要问题是洪涝漫堤和决堤；对于立交桥，其主要问题是积水难以及时排除而导致道路中断。为此，北京市在认真梳理城市洪涝问题的基础上，针对不同类型的问题制定了个性化的应对方案。例如，针对中小河流洪水，制定“一河一策”，为中心城区4条主干河道分别设立相应的管理部门，授权其根据实际情况开展针对性管理；对于立交桥积水洪涝，采用“泵站+调蓄池”的策略，针对不同类型的立交桥，制定“一桥一案”，有针对性地实施改造、提升、管理和调度。上述针对性措施以问题为导向，力求逐个解决城市洪涝问题，起到了很好的实施效果。

三是充分依靠科学技术提升应对能力。城市洪涝应对是一项专业行动，必须依靠专业知识，各个环节都需要科学技术支撑，以提高城市洪涝应对能力。在城市洪涝防治规划方面，北京市通过对全部暴雨洪水资料的科学分析制定了科学的应对策略；在城市洪涝预报预警方面，开展了高性能的临近降雨数值预报，并应用大数据分析、物联网监测等新技术，以实现对城市洪涝更科学的预测；在城市洪涝调度指挥方面，建设了北京市防汛排涝决策支持系统，采用信息化手段实现对城市洪涝调度的科学决策。

（二）本案例对极端暴雨洪涝灾害应对的启示

一是城市极端暴雨洪涝灾害需要综合应对。极端暴雨造成的洪涝灾害对社会的影响是全方位的，应对城市极端暴雨洪涝灾害也需要整合多方面的力量。同时，城市洪涝灾害应对手段也是综合和多样化的，既可以采用工程措施，也可以采用非工程措施，还应注重不同措施实施后的综合效果，如采用生态措施应对洪涝，不仅可以减少洪涝灾害，还可以起到保护生态、增加市民舒适感等多方面的作用。

二是高度重视气候变化导致的降雨变化。全球气候变化、气温升高改变了水文循环，使降雨特性发生了显著变化。尽管这在有些地区可能表现为总降雨量减少，但同时其降雨结构也可能发生重要变化，如短历时极端暴雨频率增加，而这种变化可能会导致更加严重的城市洪涝灾害。此外，城市化和城市建设本身可能导致局部的、区域的、短时的气候变异，这种变异与大背景下的气候变化叠加，可能带来更加复杂的降雨结构性变化。因此，对于气候变化可能带来的降雨变化，应该充分重视并深入研究，以求在城市洪涝应对中占据主动。

三是提升全社会应对城市洪涝的风险意识。降雨具有极大的不确定性，因此城市洪涝灾害也具有极大的不确定性。在应对方面，巨大的投入不一定能带来巨额收益，可一旦投入不足就可能导致巨大的损失。面对城市洪涝灾害的不确定性，其应对理念需要从减少灾害损失向减轻灾害风险转变，并高度重视后者，切实采取综合防范措施，将常态减灾作为基础性工作，坚持防灾、抗灾、救灾过程的有机统一和前后衔接，未雨绸缪、常抓不懈，增强全社会抵御和应对灾害的能力。

四是未来可考虑将巨灾保险等风险转移手段纳入政府规划及考量。目前，北京市还未针对洪涝灾害制定巨灾保险方案，也尚未采用PPP模式等多途径的融资方式。巨灾保险可改变政府财政单一的灾害损失补偿模式，构建政府、市场、社会共同参与的公共救助体系新机制。同时，保险行业通过积累大灾理赔数据和服务经验，可为政府及其职能部门提供精准的防灾、减灾信息，提高全社会应对重大自然灾害的意识和能力。

参考文献

[1] 宋晓猛，张建云，刘九夫，等. 北京地区降水结构时空演变特征[J]. 水利学报，2015，46（5）：525-535.

[2] 宋晓猛，张建云，贺瑞敏，等. 北京城市洪涝问题与成因分析[J]. 水科学进展，2019，30（2）：3-15.

[3] HUANG G W，SHEN Z J. Urban Planning and Water-Related Disaster Management[M]. Switzerland：Springer Nature，2018.

[4] 北京市规划委员会，北京市水务局，北京市城市规划设计研究院，等. 北京市中心城排水防涝系统规划[R]. 北京：北京市规划委员会，2015.

北京大兴国际机场

建设“平安、绿色、智慧、人文”的海绵机场

作　者：刘家宏　梅　超（中国水利水电科学研究院）
孟瑞明　何秋杭（北京市市政工程设计研究总院有限公司）
康春华　李晓翔（北京大兴国际机场）

关键词：机场水安全，气候变化，适应性应对，四型机场，水系统韧性

案例介绍：

快速城市化的不断发展使城市用地被大量挤占，城市用地与新机场建设用地存在严重矛盾，因此新机场的选址通常难以获得理想的建设条件。机场建设使原有土地、植被等被飞行区、航站区等不透水下垫面所取代，雨水无法直接下渗，导致地表径流系数、降雨径流总量及峰值流量增大，雨水产汇流时间缩短，洪涝灾害风险提升。传统的雨水管理模式往往以“快速排干”为管控目标，通常会使排水管网等雨水基础设施难以负荷，而且存在水资源浪费等问题。目前，气候变化导致极端暴雨频发，不仅易引发机场内涝，而且可能引发航班延误、旅客行程受阻等问题，甚至威胁到旅客及工作人员的生命财产安全，因此亟待创新机场雨水管理模式，实现可持续发展。

2013年，我国开始推广海绵城市理念。2018年，《新时代民航强国建设行动纲要》提出要建设“平安、绿色、智慧、人文”的四型机场。在海绵城市理念和四型机场建设目标的驱动下，北京大兴国际机场创新雨水管理模式，取得了一定的成效，其海绵机场建设获得住房和城乡建设部2020年华夏建设科学技术奖。

一 气候变化影响下的机场水安全问题

（一）机场基本情况

北京大兴国际机场（以下简称大兴机场）是国家重大项目、首都重大标志性工程，也是国家发展的一个新动力源和展示我国国家形象的新国门。大兴机场坐落于北京市正南方，位于大兴区榆垡镇、礼贤镇和河北省廊坊市广阳区之间，地处京津冀核心腹地，可满足北京地区航空运输增长的需求，完善京津冀都市圈综合交通运输体系，保障民航事业持续高速安全发展，支撑京津冀一体化协同发展大战略的有效实施。大兴机场历经多年规划和建设，于2019年9月25日正式通航。大兴机场按照2025年机场旅客吞吐量达7 200万人次、货邮吞吐量达200万t的目标设计，近期用地面积约为28.8 km^2，建设4条跑道及130万m^2航站楼等设施，全场由飞行区、航站区、货运区、机务维修区、工作区等区域组成，项目总投资为799.8亿元[1]。

大兴机场现状场地地势总体呈现西高东低、北高南低的趋势，场地表层为人工填土层，岩性以粉土、黏性土及砂土为主，渗透性能良好。区域内多年平均降水量为542.6 mm，流经该地区的市级河道主要是永定河，主要区级河道有天堂河、永定河灌渠、大龙河、小龙河、旱河、岔河、田营排水沟、北野厂灌渠等[1]。

（二）机场面临的洪涝问题

大兴机场北临永兴河、南及永定河，处于永定河泛洪区，场址建设用地占用部分永兴河河道，整体地势低洼，因此机场运营区域面临严峻的防洪压力。

此外，机场地势整体低于周边区域，汇流面积大，雨水难以自流排泄，同时飞机跑道、航站区航站楼、进出场道路系统所需硬化路面占比高达75.4%，区域不透水铺装下垫面占比较高，对原有下垫面改变较大，致使场内径流系数大幅提升，进而导致出现雨水径流总量和径流峰值流量增大、径流峰值出现时间缩短等问题。为了提高机场外围防洪标准，永定河及永兴河修筑了更高标准的堤防，大兴机场形成了独立的内部排水系统，无法通过自流排入下游河道，场内滞水内涝风险大，属于典型的水风险敏感地区[2]。

（三）机场面临的水污染问题

大兴机场原有用地类型主要包括村庄、民房、村道等，无大型工矿企业及高大建筑群落分布，综合径流系数较低，污染源少，雨水径流可通过土壤、水系等自然消纳、净化，水环境自净能力好。机场建成后，出现了大量建筑群落、硬化道路等，因此控制径流污染形成的面源污染成为亟待解决的问题。

此外，冬季飞机需要使用除冰液进行除冰作业，由此产生的废水被称为飞机除冰废水，其中主要包含醇类化合物、表面活性剂、缓蚀剂、增稠剂、飞机燃油、沙子以及通过管道收集的部分垃圾等，污染物种类繁多、成分复杂，若处理不当则可能造成一定的水环境污染[2]。

（四）机场面临的水资源问题

大兴机场所在区域在机场建设前城市化率低，附近集镇主要通过集中供水厂和自备井供水，原有的供水设备对机场的供水能力不足，需要新建供水水厂。然而，北京市水资源极为紧缺。据预测，受地下水时空分布及水质影响，大兴机场本地的地下水不能支撑机场及周边区域未来的发展，且该区域水质性缺水是突出的问题。此外，除常规供水外，大兴机场还需要准备一定量的应急水源作为紧急情况下的水源储备。总之，大兴机场作为城市、国家重要的交通运输基础设施，是城市的用水大户，其水资源保障难度大[2]。

二 海绵机场建设理念与基本措施

（一）海绵机场建设理念与四型机场

新时代机场建设面临的水问题主要包括洪涝、水污染和缺水三类，此外还有机场建设导致的水生态退化、局部热岛效应以及微气候等方面的问题。后者基本可以随着前者的解决而得到改善甚至解决，因而前三类水问题是机场建设面临的基本水问题。机场建设区域的洪涝、水污染、水资源等问题本质上是水循环系统的水量、水质过程失衡的具体表现，其中，洪涝问题是暴雨径流量与蓄滞/排泄能力的失衡；水污染问题是水污染负荷与水体纳污/自净能力的失衡；水资源问题是自然系统水资源供给能力与社会经济系统/生态环境系统水资源需求间的失衡。总体而言，这三者是随着城市水系统的循环过程而紧密联系且相互作用的。按照用地类型可将城市下垫面划分为三类，分别是建设单元、水域单元和生态单元，其中，城市内涝和城市缺水主要发生在建设单元，城市水污染主要发生在水域单元，生态单元则是二者间的重要纽带[3]。

海绵城市建设理念是我国城市水问题治理领域的重要创新，旨在通过“渗、滞、蓄、净、用、排”六大类措施达到“小雨不积水、大雨不内涝、水体不黑臭、热岛有缓解”的目标。大兴机场在建设过程中面临严峻的水问题挑战，为创新解决水问题而引入了海绵城市建设理念，以应对气候变化下的水风险，并创造性地开展海绵机场建设，着重从“平安、绿色、智慧、人文”的角度提升海绵机场在应对水风险方面的综合成效[4]。海绵机场的建设通过采取一系列组合措施，实现了对雨水径流总量的有效控制，提高了雨水资源化利用效率，削减了机场径流污染负荷，降低了场地开发影响，改善并优化了机场内的水环境，有力促进了“平安、绿色、智慧、人文”的四型机场建设（图1）。

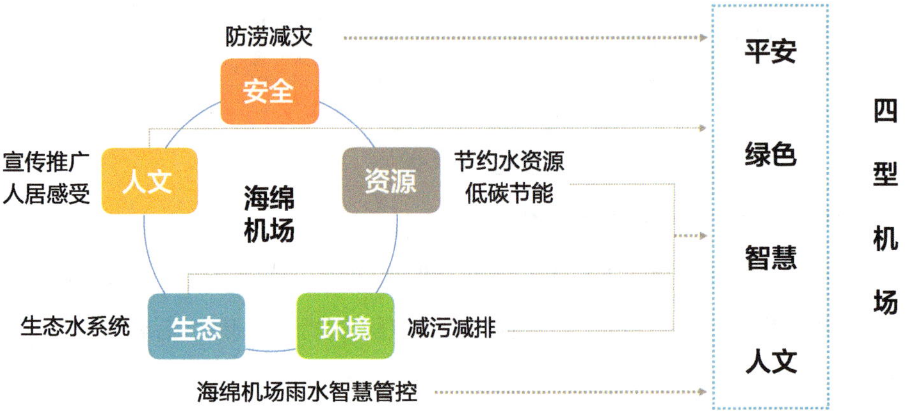

图1　海绵机场与四型机场的对应关系

（二）海绵机场建设总体方案

大兴机场的海绵机场建设总体以“自然渗透、自然积存、自然净化”理念和“平安、绿色、智慧、人文”目标为引领，结合区域水问题的实际情况和水系统整体管控的实际需求，主要开展了水安全保障体系、水环境保护体系、水资源利用体系和水生态修复体系的建设，四大体系协同作用促进了海绵机场建设理念和四型机场建设愿景的落地见效（图2）[2]。

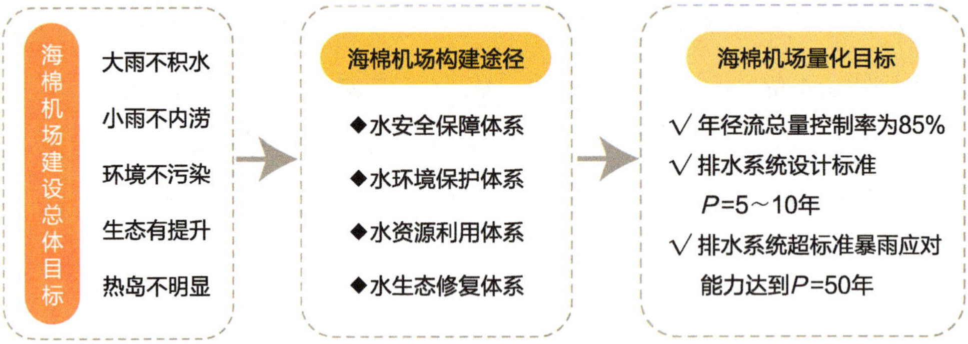

图2　海绵机场总体构建方案框架

1. 水安全保障体系

（1）外洪防御

大兴机场主要受到来自其西北侧永兴河洪涝的影响，虽提升防洪标准改道后的永兴河可挡住北侧的客水，西侧有京九铁路高路基作为天然堤坝，可抵御部分客水，但仍有部分客水可通过铁路桥桥孔向场址漫溢。因此，在机场外部修筑了约20 km的新堤坝，满足抵御流域百年一遇洪水威胁的防御要求。

（2）内涝防控

大兴机场的排水方式采用以高水高排、自排为主要原则的“调蓄+抽升强排”两级雨水蓄排系统防涝方案。该蓄排系统由雨水管网、一级调蓄水池及泵站、排水明渠和二级调蓄水池及泵站组成（图3）。大兴机场各区域的雨水径流汇入市政道路雨水管渠或飞行区排水明渠后，排入各排水分区下游一级调蓄设施，经一级调蓄池蓄水削峰后由一级泵站提升进入排水明渠及景观湖，经由排水明渠及景观湖组成的调蓄系统再次蓄水削峰后，由二级泵站提升至永兴河。各调节水池及泵站均采用自流排放和水泵强排相结合的排放方式，以自排为主、强排为辅。为了降低能耗、减少泵站规模，靠近排水明渠的地块采用重力流方式排入明渠。排水明渠不仅对场区排水起到蓄水削峰的重要作用，也对航站区及部分工作区起到改善区域微气候及景观的效果[2]。

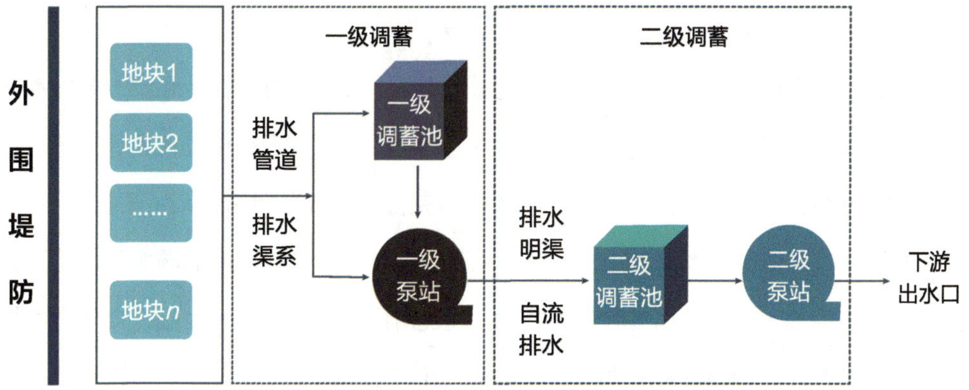

图3 大兴机场水安全保障体系示意图

2. 水环境保护体系

（1）初期雨水净化系统

该系统主要包括源头减排、过程控制、末端净化和储存使用四部分。其中，源头减排以绿地、植草沟、透水铺装等设施为主；过程控制主要是将初期雨水汇入景观明渠等加以沉淀；末端净化主要是在明渠、景观湖等水体设置净化装置；储存使用是指初期雨水经过净化后可供景观、市政等用水，一方面减少了对新鲜自来水的取用，另一方面提升了生态效益和美学价值。

（2）面源污染控制系统

该系统主要采用生态滞留设施对径流过程进行控制和净化，不仅可以提高径流总量控制率，减少径流入河量，还可以利用中途传输过程中各通道的滞蓄作用调节径流过程、坦化洪峰，同时净化径流水质。面源污染控制系统的末端通常采用景观水体、生态堤岸、污水收集等措施，以降低面源污染累积量。

（3）除冰液原位绿色处理系统

除一般区域的上述污染外，机场还有一类特有的污染，即除冰液污染。由于除冰液含有一些特殊物质，需要采用专门的处理方式。大兴机场借鉴国际机场的管理经验，构建了除冰液原位绿色处理系统，主要通过在除冰坪排水沟末端设置独立的收集池，由专业机构进行回收处理。而在雨季，由于不需要使用除冰液，除冰坪排水沟可用作排涝通道，从而实现一物两用、减少投资。

3. 水资源利用体系

北京是一个极度缺水的城市，大兴机场作为一个大型城市综合体和重大战略基础设施，其水资源管理对于设施的正常、高效运转十分重要。大兴机场在设计和运行中十分注重水资源的多源再生利用，构建了较为完备的水资源利用体系（图4）。一方面，加强了雨水资源的收集利用，构建了从建筑群体、飞行区等屋面源头到调蓄池、景观湖等末端的一体化雨水资源收集系统，通过对雨水资源的有效收集、自然净化将雨水资源储存在机场调蓄设施中，以供给生态环境用水及绿化、洗车、道路浇洒、冷却水补充等用水，在遇到极端天气时，还可作为临时应急用水。另一方面，加大了污水再生利用力度，大兴机场的全部污水均通过污水处理厂集中后再进行深度处理，达到再生水使用标准后用于非生活用水，从而减少了对新鲜自来水的取用；同时，在再生水有较大余量时还可以排入景观水体，以作为维持景观的生态用水。

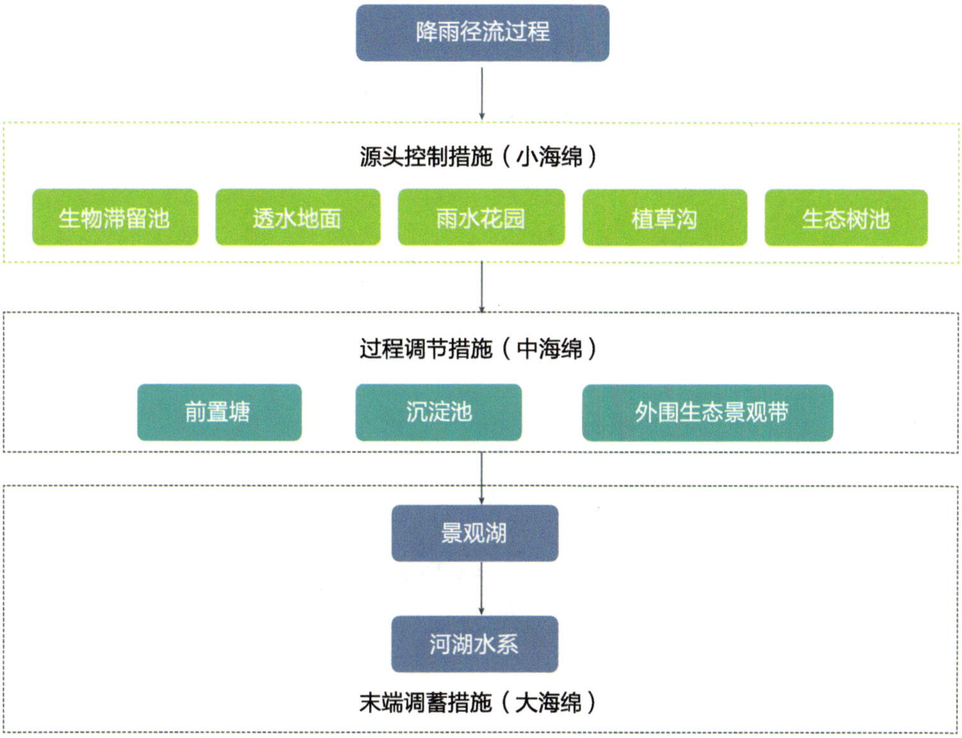

图4　海绵机场雨水控制利用过程示意图

4. 水生态修复体系

大兴机场的水生态修复体系主要针对景观湖及明渠等雨水调蓄设施（图5），包括两方面：一是在景观湖及明渠等雨水调蓄设施设计过程中，秉承基于自然的解决方案和海绵城市理念，最大限度地保留了自然本底生态体系，加强了水源涵养和生态保育，尽可能地实施低影响开发，实现了最小干扰；二是在相关调蓄设施外部均设计了人工土壤渗滤等辅助措施，并设置了沉淀池、前置塘等设施对自然径流进行净化，以确保进入景观湖等水体的径流不会超过其自身的净化能力，并能够持续保持较好的水质，从而为水生动植物生长提供较好的自然条件。此外，在运用调蓄设施调蓄洪涝时，通过综合协调确保雨水调蓄设施排空时间不超过一定限度，从而最大限度地保持了景观水位，维持了良好的水生态生境。

图5 大兴机场景观湖和调蓄空间实景

（三）海绵机场智慧管控

在海绵机场建设中，海绵系统硬件设施的高效稳定运转离不开中枢系统的精细化管控。大兴机场通过构建海绵机场智慧管控系统来保障机场海绵体系的一体化、高效化和资源节约化运行维护[2]。

海绵机场智慧管控系统由海绵机场监测体系、预报体系及管理体系三部分组成，共同实现监测、预报、管控等作用。在监测方面，系统凭借先进、完整、立体的监测体系对机场范围内的泵站、闸站、调蓄池、人工湖等海绵设施进行实时监视，并获取机场范围内的关键数据；在预报方面，系统将数字模型与人工智能相结合，利用机场场内自有的气象站优势，对接机场气象雷达数据和监测数据，精准预测机场内降雨雨情及场内积水情况；在管控方面，系统可以结合机场运营数据分析，为科学管控决策提供支撑，实现机场内对降水的科学调控，切实保障机场的排水安全。

智慧雨水管理系统作为智慧管控系统的一个子系统，其运行方式是基于先进的雷达系统实现雨水管理中心与机场局地气象雷达数据对接，对机场范围内各种规模的降雨进行预测与雨情监控，并对机场范围内的泵站、闸站、调蓄池、人工湖等海绵设施进行实时监视和预警控制，及时掌握机场管理范围内的关键数据。由此形成的智慧雨水管理系统，通过对各泵站的集中化监视、排水模型的建立、实时降雨的计算、雨情汛情的实时分析等工作，在管理人员专业分析的辅助下，最终以数据、曲线、报表等直观结果支撑中枢管理层建立科学的决策，以对突发事件实现快速感知、合理分析、有效判断，全面提升管理层的决策分析能力。基于智慧雨水管理系统对各个设施的协调管控，大兴机场实现了对雨情的实时、高效响应。

智慧雨水管理系统的特点和优势主要在于，拥有高效、智能的立体化监测体系，可基于气象及雷达数据进行实时监视和预警控制，实现包括监测、预报、管理在内的一体化支撑雨水管控决策。

三 海绵机场的实施成效分析

在海绵机场建设过程中，大兴机场通过多元措施的有机组合形成了具有防洪减涝、水资源利用、生态环境调控等多功能的海绵体系，有效促进了机场年径流总量控制率达85%、年径流总污染削减率达68%的径流控制目标的实现，达到了机场建设区域内雨水收集率100%、污水处理率100%、雨污分流率100%、除冰液回收率100%的高标准管控要求。通过海绵机场建设，大兴机场取得了良好的防涝、控污、节水、生态和景观效果，水系统韧性有效提升，整体促进了“平安、智慧、绿色、人文”的海绵机场建设目标，实现了社会、经济和环境效益的最大化。经过评估，大兴机场的海绵机场建设总体达到并优于国家海绵城市考核标准，与同类海绵城市建设项目相比具有一定的特色。

（一）水安全保障方面

在海绵机场建设过程中，大兴机场以保护人民生命财产安全和社会经济安全为出发点，形成多维度、多层次、多功能的水安全保障体系，为提升机场防洪排涝能力、保障机场安全运行发挥了关键作用。

在外洪防御方面，大兴机场通过构建完善的外围防洪体系，使机场区域防洪标准提高到百年一遇，航站楼等重要建筑物的防洪标准按二百年一遇设防，切实提高了机场对洪水的防御能力。

在内涝防控方面，机场内一般区域的雨水管渠设计重现期为五年一遇，航站区采用独立的雨水系统，雨水管渠设计重现期为十年一遇，通过海绵机场控制措施的综合作用，大兴机场已具备综合应对五十年一遇超标降雨的防涝能力；通过机场绿色基础设施的建设，以及雨水管渠等灰色基础设施的完善，结合区域内调蓄水体的建设改造，形成了完善的机场防水排涝体系，对设计降雨量及超标雨水排放实现了有效控制安排，实现了年径流总量控制率85%的目标。

自2019年9月25日投入运行以来，大兴机场已经过了2020年一个完整汛期的运行。汛期洪涝应对实践初步表明，机场的排涝系统经受住了考验。2020年8月12日，受副热带高压外围偏南暖湿气流和高空槽的共同影响，大兴机场出现入汛以来的最强降雨过程，单场平均降雨强度为12.2 mm，经过有效应对，机场始发航班正常率为75.00%，处于较高水平。大兴机场为应对洪涝过程采取了以下应急措施：①组织各航空公司提前研判，梳理受影响航班，有序进行调减，共计调减185架次；②及时发布暴雨、雷电预警，在航站楼内循环播放雷雨天气提示广播词；③重点加强对机场下穿隧道、蓄水池、楼体建筑、综合管廊等区域的巡查力度；④有序调度明渠、泵站及蓄水池调蓄洪水，累计蓄水74.21万m^3；⑤出动保障车辆共51辆，动用移动水泵3台、防汛沙袋350个。通过多类应急措施的组合应用，有效缓解了暴雨天气带来的影响。

总体上，通过排水防涝设施和海绵机场建设，大兴机场增加了雨水调蓄塘，实现了雨污分流，随道路同步完善了雨水管渠系统，建立了由低影响开发雨水系统、雨水管渠系统、超标雨水径流排放/调蓄系统共同组成的大兴机场立体防洪排涝工程体系，对消除安全隐患、降低内涝风险、增强防灾减灾能力起到了积极的作用。

（二）水环境保护方面

在面源污染管控方面，海绵机场雨水系统的建设能够实现对初期雨水径流污染的有效控制。通过结合雨污水管网的分流和河道生态整治，以及雨水湿地等末端净化设施的建设，大兴机场通过“源头—中途—末端”系统改善了区内地表水环境。综合测算表明，海绵系统削减机场区域年径流总污染达68%以上。在再生水利用方面，大兴机场实现了水资源循环利用，有效补充了景观和市政用水，减少了对新鲜自来水的取用，降低了污染排放。在除冰液废水方面，大兴机场构建了除冰液的原位存储与处理系统，实现了污水全收集和零排放。

（三）水资源利用方面

通过雨水罐、调蓄水体及初期雨水净化设施等的建设，大兴机场的雨水滞蓄量明显增加，总雨水蓄水量约为270万m^3，调蓄容积约为昆明湖体积的1.5倍。通过海绵化设施建设，航站楼、停车楼、大型办公楼、宾馆等大型公用建筑等屋面及地面的雨水经收集和一定处理后，可用于入渗补充地下水、景观环境、绿化、洗车场用水、道路冲洗、冷却水补充、冲厕及一些其他生活用水，当再生水盈余时可将其排入机场内的景观河湖，以节约大量水资源。

（四）水生态修复方面

通过雨水系统综合建设，并结合雨污水管网分流及水系生态治理等主要工程，大兴机场的年径流总量控制率可达85%；河湖等雨水调蓄容积明显增加，水域面积扩大，有效改善了局部热岛效应，调节了小气候，降低了夏季的大气温度，实现了机场建设区域内的热岛强度不高于1.5℃的目标。同时，蓄滞在当地的雨水通过下渗回补地下水，在维持合理的地下水位和防止出现区域地下水漏斗方面发挥了作用。

（五）其他综合效益

大兴机场的海绵机场建设在全球机场建设领域树立了新标杆，为气候变化影响下机场区域水安全保障能力和水系统韧性水平的提升探索了宝贵经验（图6）。海绵机场的建设是一个综合工程，也将长期发挥综合效益，如促进人水和谐的生态文明建设，改善机场生态系统、景观和空气质量；提高公共休憩空间的环境质量，提升旅客对休闲空间和周围环境的感受；更多地利用自然和绿色力量，有助于减少碳排放，助力达到碳中和；赋予机场新内涵，提升机场人文价值，促进特色理念传播，增强文化品质；在机场建设领域起到示范作用，带动和促使类似的大型工程融入海绵理念。

图6　大兴机场内外景

四 投融资和风险应对机制

国家发展和改革委员会批复大兴机场工程总投资为799.8亿元，其中资本金占总投资的50%，由国家财政出资。为稳妥解决融资问题，国家要求稳健运用多种方式，积极吸引社会资本参与，资本金以外的投资由首都机场集团有限公司（以下简称首都机场集团）通过多元化融资渠道统筹解决[5]。由于存在一定的政策障碍，大兴机场难以采用PPP模式融资，因此，在具体融资过程中，首都机场集团采用以“经营权转让价款”的名义提前收取投资人费用的方式，在大兴机场建成后，首都机场集团拥有项目产权，投资人则拥有一定年限的部分设施经营权，即类似BOT（Build-Operate-Transfer）的建设-运营-移交模式[6]。在具体实施过程中，选择停车楼、综合服务楼、机场离港系统等可拆分且有稳定收益的项目以类似BOT的方式让渡一定年限的经营权与收益权，以引入社会资本进行项目建设，缓解机场建设中的资金压力[7]。

在工程建设过程中，相关保险机制被引入项目建设全过程。2015年，中国人民财产保险股份有限公司（以下简称人保财险）承保了大兴机场建工期的工程质量保险，在分析自然灾害风险、意外事故风险以及当地社会形态与工程相互影响的风险的基础上，组建了风控服务团队开展工作。2016年北京“7・20”暴雨期间，大兴机场部分在建基础设施遭受不同程度的损失，人保财险进行了赔付。2019年，人保财险又承保了大兴机场后续配套工程[8]。

五 亮点与启示

（一）海绵机场建设的主要亮点

一是为国际高端机场建设提供了水问题治理方面的范本。当下适逢我国城市化快速扩张时期，新机场建设的用地需求矛盾日益突出，机场选址难免位于城郊低洼地区，水风险敏感性高，防洪排涝系统面临巨大挑战。将海绵城市理念应用于机场建设中可解决机场复杂的水问题，大兴机场在构建海绵机场的同时，实现了“平安、绿色、智慧、人文”的四型机场高质量建设目标。海绵机场建设以保障机场水安全、维护机场生态环境、提升机场水系统韧性为出发点，完美契合了四型机场的建设理念，为机场高质量建设提供了新思路。因此，海绵机场建设理念可向民用航空领域延伸，极大地扩展了海绵城市的研究与应用范围，必将充分发挥绿色生态重大基础设施的先导示范作用，引领“平安、绿色、智慧、人文”的海绵机场建设。

二是实现了关键性基础设施的“海绵化”和水系统韧性的提升。城市基础设施的品质提升是未来城市建设的关键，如大型体育场馆、文化场馆、学校、奥运场馆等关键性基础设施实现“海绵化”将有助于提升城市品质、生态环境和宜居性。由于关键性基础设施往往具有不透水率高、建筑设施体系复杂和雨水管控要求高等特点，要实现该类区域的“海绵化”，需要成套理念、模式和技术。大兴机场的建设将关键性基础设施的“海绵化”理念通过创新理论、更新模式、关键技术落到实处，有效解决了水安全问题和径流管控，全面实现了海绵机场建设目标和机场安全运行目标，提升了水系统韧性，其理论、模式和技术在未来的城市基础设施建设和城市更新中具有广阔的应用前景。

（二）本案例对气候变化适应性应对的启示

一是在未来城市化进程中需要更加重视气候变化下的水系统弹性提升。当前，多数发达国家已实现了现代化，城市化处于较高水平，许多发展中国家正在经历快速的城市化进程。城市化前期阶段面临着较为理想的环境状态，一方面土地充裕、资源丰富、人口密度低，另一方面“大城市病”虽已显现但并不严重，然而随着城市化的不断推进，土地资源变得日益紧张，各方面条件优越的土地区块多数已经被用尽，剩下的未开发区域通常面临着灾害风险较高、生态环境敏感和社会经济条件复杂等不足，可能面临类似大兴机场这样与洪泛区争地的严峻挑战。在此背景下，特别是随着气候变化对水系统的影响更加深入，新建城区和新开发项目中水系统的弹性提升需要受到更多关注，并给予更大的投入，以确保新区域能够在复杂的新环境下实现可持续发展[9]。

二是关键性基础设施在气候变化适应性应对方面具备先行先试的条件。当前，许多城市制定了气候变化适应性行动方案，正如气候变化影响广泛涉及城市生产、生活的方方面面一样，要进行适应性应对同样面临着多方发力的局面，因此牵涉面甚广，许多措施难以广泛推行或及时落地见效。关键性基础设施（如火车站、飞机场、体育馆、图书馆、大型娱乐场馆和办公区等）是城市的重要组成部分，与人民生命安全及生活质量息息相关，受到广泛关注且具有代表性，因此以关键性基础设施作为推行气候变化适应性应对的典型代表具有一定的可行性和显示度，如开展雨水和再生水回收利用、绿色建筑与节能改造等，以节水、节能、减排、低碳等某一方面为重点推进气候变化适应性应对具有见效快、投入少和示范效应好的优势，可在某些具备条件的关键性基础设施中广泛应用，在形成示范效应和试点经验后向整个城市逐步推广，以深度促进城市开展气候变化适应性应对。

参考文献

[1] 北京新机场建设指挥部，北京市市政工程设计研究总院有限公司，中国民航机场建设集团公司规划设计总院. 北京大兴国际机场海绵机场设计说明书[R]. 北京：北京大兴国际机场建设指挥部，2016.

[2] 北京市市政工程设计研究总院有限公司，北京大兴国际机场建设指挥部. 北京大兴国际机场"海绵机场"构建技术研究报告[R]. 北京：北京大兴国际机场建设指挥部，2020.

[3] 王浩，梅超，刘家宏. 海绵城市系统构建模式[J]. 水利学报，2017，48（9）：1009-1022.

[4] 中国民航局. 中国民航四型机场建设行动纲要[R]. 北京：中国民航局，2018.

[5] 刘亚伟. 我国民用机场建设的融资策略研究[D]. 北京：对外经济贸易大学，2016.

[6] 李国良. 我国民用机场投融资模式应用与创新[J]. 全国流通经济，2020（4）：65-66.

[7] 曾刚. 基于BOT模式的首都新机场融资模式探究[J]. 环渤海经济瞭望，2013（9）：10-13.

[8] 刷屏的大兴国际机场背后，有你不知道的金融支持！[N/OL]. 中国银行保险报，[2021-03-09]. https：//baijiahao.baidu.com/s? id=1646014017239541414&wfr=spider&for=pc.

[9] WANG H，MEI C，LIU J H，et al. A New Strategy for Integrated Urban Water Management in China：Sponge City[J]. Science China：Technological Sciences，2018，61（3）：317-329.

西咸新区

建设适应气候变化的现代田园城市

作　者：周泽宇　曹　颖（国家应对气候变化战略研究和国际合作中心）
关键词：气候风险与脆弱性，现代田园城市，统筹适应，海绵城市

案例介绍：

西咸新区位于陕西省西安和咸阳两市的接合部，与西安市和咸阳市的主城相接，属关中平原暖温带半湿润半干旱区，四季冷暖、干湿分明，具有冬季干燥、夏季多雨、盛夏少雨伏旱、秋初雨淋的气候特点。近50多年来，受气候变化等多重因素的影响，西咸新区的区域气候发生了明显变化。随着未来气候变化风险的继续加大，气候的脆弱性及敏感性将进一步升级，气候敏感型行业及人群将逐步显现，从而给西咸新区的城市基础设施保障能力和城市运营管理水平提出了更高的要求。作为国家气候适应型城市建设试点、西北地区首个国家海绵城市建设示范区和全国首批地下综合管廊试点城市之一，西咸新区按照低影响开发理念开展探索和实践，全方位开展了城市统筹适应气候变化行动，提升了城市适应气候变化的能力，围绕现代田园城市的发展目标，推动人与自然和谐发展。

一 气候变化影响下的城市问题

（一）西咸新区区域气候变化现状

近50多年来，西咸新区（原西安市及咸阳市对应区域）的区域气候发生了明显变化[1]。①气温呈上升趋势。西咸新区及周边地区近50多年来平均气温整体呈上升趋势，平均每10年上升0.12～0.36℃，1997年前后发生突变，近20年平均气温明显偏高，其中以冬季平均气温的上升趋势最为显著。②降水阶段性变化特征明显。西咸新区及周边地区年降水量的增减趋势不明显，多年平均降雨量约为520 mm，但具有明显的阶段性变化特征。降水量年内变化表现为夏增秋减的趋势，旱涝灾害并存，7—9月的降雨量占全年降雨量的50%左右，且夏季降水多以暴雨形式出现，易造成洪涝和水土流失等自然灾害[2, 3]。③极端天气气候事件趋多增强。西咸新区及周边地区近50多年来极端强降水频次呈增多趋势，降水强度呈增强趋势。20世纪90年代降水频次和降水量偏少，但极端降水事件偏多，可能增加城市内涝和局地洪水的风险[4]。

2007年8月8日，咸阳市城区6小时降雨量达81.5 mm，造成城区多条主要道路大面积积水，积水严重的路面低洼处水深达 1 m 多，7座立交桥涵洞、人民路地下通道等被雨水灌满，城市南北交通主要道路全部瘫痪，部分居民小区房屋进水。

随着气温的升高，20世纪90年代中期以后，西安市、咸阳市的高温日数呈上升趋势，高温酷热天气显著增多、影响面广。高温造成城市用电量大增，电网负荷增大。

2014年7月到8月上旬，陕西中南部气温高、降水少，大部分地区遭遇严重的气象干旱事件。关中、陕南的降雨量偏少五至九成，渭河比往年同期偏枯一到四成，关中大范围夏播作物受旱，咸阳城乡供水告急，城乡居民正常饮水困难。7月29日，陕西省首次发布枯水黄色预警。这次干旱持续时间长、范围大、旱情严重，给陕西省的国民经济造成了巨大损失。

2016年8月受持续高温天气影响，西安市电网负荷节节攀升，8月12日16时单日最大负荷达到654.985万kW，突破历史纪录。

（二）气候变化对城市的影响

一是影响城市发展格局。气候变化对西咸新区整体发展格局产生了一定的影响，需要考虑气候敏感区域及气候敏感人群聚集区的良性发展问题，要在进行城市发展规划及工程项目建设时充分考虑气候变化带来的风险，形成统筹适应规划、分规细化方案的精细化管理模式[5]。

二是对基础设施保障能力提出更高要求。对于那些对气候变化反应较为敏感的城市基础设施建设，如道路交通、供水、排水、供电、能源供应等城市生命线系统，在规划、建设时应提出更高的要求[6]。

三是反映出城市排水防涝系统存在问题。①城市雨水管渠覆盖不足，西咸新区内新建城区的排水体制为雨污分流制，雨水管道随道路同步敷设，老城区多为合流制管网或散排，雨水管渠覆盖率仅为4.2 km/km^2；②雨水管渠排水能力不足，西咸新区的雨水管渠排水能力小于两年一遇重现期的管网有173.84 km，占比39.2%；③排涝设施不足、体系不完善，城市建设使河道变窄、水系间联通不畅，造成河流、湖泊的生态修复和雨洪调节能力降低，无法充分发挥调蓄作用；④日常管理维护不足，城市排水管理薄弱，城区内大量施工场地的余泥渣土、泥浆偷排等行为引发管道堵塞，严重破坏了排水管道的排水能力和防洪能力。

四是威胁民众生命财产安全。近年来，西咸新区及周边区域极端天气频发，短时雷暴、局地大风、极强暴雨等导致地铁倒灌、城市内涝、建筑物倒塌等事件发生，给民众生命财产安全带来威胁，加之适应气候变化相关的应急保障体系也不够完善，从而增加了风险等级。

五是对生态环境造成影响。近年来，西咸新区作为国家级新区发展迅速，随着气温升高、风速减小，城市热岛效应及浊岛效应逐步显现，由气候变化导致的降水异常也给生态环境及水资源保护带来一定压力。

六是对文物保护造成威胁。西咸新区是历史文化名城，拥有宝贵的文物资源和丰富的旅游资源。秦汉新城是重点文物聚集地，强对流极端天气，如暴雨、雷电、局地大风会导致物质文化遗产受损变质、寿命缩短，给区域文物保护带来压力。

二 现代田园城市发展的主要措施

西咸新区坚持绿色发展理念，统筹开展适应工作，以“加快推进重点项目、逐步完善重点指标、大力实施重点行动、努力提升城市韧性”为重点，落实现代田园城市建设的各项具体工作，切实提高区域适应气候变化的能力。

（一）开展气候变化影响和脆弱性评估

西咸新区认真总结近50多年的基础气象资料、人口、城市化指标等相关数据，利用PSR（Pressure-State-Response，压力-状态-响应）模型，将数据资料信息与试点地区发展规划、区域用地规划相融合，开展了针对性强、具有指导意义的气候脆弱性评估，定性、定量地分析了试点新城的气候脆弱性、敏感性和稳定性，计算出区域的脆弱性指数。根据联合国防灾减灾署（UNDRR）的城市灾后恢复能力评估模型，科学分析了西咸新区气候变化主要问题及影响，评估了面对气候变化的城市发展韧性。

1. 建立西咸新区气候大数据中心

西咸新区整合近50年的气象资料及极端气候事件统计资料，进行区域气候信息统计和梳理，联合各个新城及相关部门开展气候变化现状调研、趋势分析，依托沣西新城“西部云谷”建立西咸新区气候大数据中心，联合西安市各有关高校及科研机构依据基础数据及气象资料开展气候变化综合分析。

2. 确定科学可行的气候脆弱性评估方法

联合西北大学、陕西师范大学等高校联合开展试点地区气候脆弱性评估方法论证及研究工作。采用生态过程模型模拟、气候统计分析、RS/GIS技术等方法对西咸新区气候脆弱性进行科学评估。为完善研究资料，围绕敏感性人群问卷调查、AHP层次分析、影响矩阵分析等社会科学调研结果展开评估方法论证，建立脆弱性评价概念模型、数值模型及情景分析，最终形成了科学可靠的脆弱性评估结果。

3. 编制西咸新区气候脆弱性评估报告

西咸新区气候脆弱性评估报告与西咸新区整体规划和专项发展规划相结合，形成了重要指导性结论，包括敏感人群分布范围、敏感区域、高风险区域等。该报告可作为后续规划编制、工程项目开发及应急体系建设的重要指导文件。

4. 构架气候变化脆弱性综合评价指标体系

以秦汉新城及沣西新城为试点，建设气候变化脆弱性综合评价指标体系，分别从时间序列和空间分析的角度评价试点地区气候变化脆弱性结果，辨识影响气候变化脆弱性的关键因素，识别受气候变化影响最大的领域、区域及人群。

5. 明晰西咸新区气候脆弱性基本情况

对秦汉新城和沣西新城2个试点新城的分析结果代表了西咸新区的气候脆弱性基本情况。随着气候变化风险加大，未来西咸新区将面临气温增温趋势加剧、降水趋多、年际变率大、风速减小等趋势，降水极端事件概率提高，城市空气污染、高温和内涝的风险增大，气候变化风险加大，脆弱性及敏感性进一步升级。

（二）制定和实施适应气候变化的相关政策

1. 加强组织领导

2017年6月，西咸新区成立了以西安市政协主席、新区党工委书记岳华峰任组长的气候适应型城市建设试点工作领导小组，下设办公室，由西咸新区开发建设管理委员会（以下简称新区管委会）分管领导包抓负责，并进一步明确责任人及牵头部门职责，统筹推进试点任务建设。秦汉新城和沣西新城2个试点新城根据自身情况分别设立了试点建设领导小组，因地制宜地落实协同联动机制。

2. 完善顶层设计[7]

西咸新区制定印发了《陕西省西咸新区国家气候适应型试点城市工作方案》、《秦汉新城适应气候变化行动方案》和《沣西新城适应气候变化行动方案》，细化具体任务，设定预期成果及目标，科学推进试点建设；同时，将适应气候变化纳入城市建设规划，在城市规划中充分考虑气候变化因素，编制完成了《西咸新区城市排水防涝专项规划》《西咸新区城市水系专项规划》等，实现专项规划全覆盖，科学指导城市基础设施建设。

在试点区域，秦汉新城围绕绿色生态城区建设编制完成了《秦汉新城绿地系统规划》《秦汉新城都市农业规划》，以及各类市政基础设施专项规划；沣西新城编制了《沣西新城雨水工程专项规划（修编）》《沣西新城排水（雨水）防涝综合规划》《沣西新城低影响开发设施专项规划》等。各项规划的实施落地为试点区域建设气候适应型城市试点提供了良好的发展平台和发展动力。

3. 创新总体思路

按照“统筹兼顾、因地制宜、协同推进、广泛参与”原则，西咸新区结合国家气候适应型城市试点建设要求及区位优势优化、丰富了工作思路及发展定位，研究确定秦汉新城以气候适应型城市和宜居城市“双城市”共建[8]，同时结合文物保护特点，提出加强文物古迹保护、搭建防灾减灾体系及提高科技支撑的思路；沣西新城以气候适应型城市与海绵城市建设统筹推进，丰富气候适应型试点城市建设内涵。

（三）统筹推进适应气候变化行动

1. 生态绿化全域增绿行动

一是制定印发了《西咸新区三年（2017—2019）增绿美化行动方案》《西咸新区绿道建设规划》等规划方案，深入开展了花园之城立体增绿美化建设行动。自2017年以来，西咸新区累计实施城市增绿5 284万m^2，建设屋顶绿化12.76万m^2，建设沣西新城大西安中央公园、秦汉渭河湿地公园等12个公园，完成绿道建设145.2 km；开展大遗址保护生态示范区建设，采用绿化方式隔离帝陵遗址与城市建设，形成集西汉帝陵遗址保护与展示、交通组织、景观活力于一体的综合性绿化慢行体系，累计栽植乔木1 200余株。

二是编制完成了《西咸新区城市水系专项规划》，推进沣河、渭河、沙河治理和城市水系建设。2017年以来，启动建设水系项目27个，累计完成投资42.6亿元。秦汉新城建成渭河堤防38 km，治理滩区9 700亩，形成水面3 200亩；沣西新城建成沣河堤防填筑37.4 km，治理滩区5 760亩；新河堤防堆筑12.7 km，完成新渭沙湿地公园主体工程，形成人工景观1 305亩。秦汉新城渭河综合治理工程获得联合国环境规划基金会（UNEPF）、中国环境保护协会等组织授予的“杰出环境治理工程奖”。“300米见绿、500米见园”的绿色支撑轮廓初现，初步起到了调节局部微气象的作用，在一定程度上缓解了城市热岛和城市浊岛效应。

2. 全域推进海绵城市建设

西咸新区制定印发了《西咸新区海绵城市建设方案三年行动计划》及《西咸新区2018年海绵城市建设方案》，将海绵城市建设强制性指标纳入规划设计条件书、品质标准、行政审批等核心管控环节，从试点区域向全域进行海绵城市建设推广。截至目前，共实施海绵型园区、公园绿地建设380万m^2，海绵型道路、防洪滩面修复超过120 km。2019年，沣西新城海绵城市试点建设顺利通过验收，并成功获批“联合国教科文组织全球生态水文示范点”。通过海绵城市建设，西咸新区的人工水域面积增加约17 hm^2，渭河、沣河水质得到显著改善，水生态持续向好，人、自然、城市和谐共生的新格局正在形成。

3. 建筑垃圾综合利用

针对建设发展期产生拆迁建筑垃圾的实际情况，西咸新区编制了《西咸新区垃圾固废设施专项规划》，印发了《西咸新区加强建筑垃圾资源化利用若干意见》《关于在市政道路工程中推广使用建筑垃圾再生产品的意见》，开展了“建筑垃圾在海绵城市建设中的综合利用成套技术研究”“城镇道路建筑垃圾再生集料路面基层性能及工程应用研究”等建筑垃圾分类收集、消纳处理和再生利用等方面的研究，实现了建筑垃圾“零排放”。建筑垃圾再生产品已在海绵城市、市政道路、公园绿地、人行步道、生态修复等建设领域深度推广应用。2017年以来，西咸新区的建筑垃圾综合利用项目中，3个建成投运，年接收建筑垃圾总计约230万t，满负荷年处理建筑垃圾能力约为350万t；3个在建，建成后预计年处理能力约为330万t。

西咸北环线高速公路建设过程中，建筑垃圾被广泛应用于路基建设、特殊地基处理、路面、小型预制构件和临建设施中，消化建筑垃圾570万t，恢复垃圾场占用土地3 000亩，减少土地开挖面积1 500余亩，节约燃煤3.2万t，填补了我国高速公路建设领域建筑垃圾再生综合利用的空白，被交通运输部评为全国首条建筑垃圾综合利用“生态环保示范工程”。

4. 基础设施保障有力

一是科学推进地下综合管廊建设，编制了《西咸新区城市地下综合管廊专项规划》，按照先地下、后地上的原则，以开发单位为单位推进地下空间整体开发，地下综合管廊采用“云通廊”方式，并设有垃圾管道运输通道。截至目前，共建设地下综合管廊70 km。

二是科学推广超低能耗绿色建筑，继续完善、普及和推广《西咸新区绿色建筑标准》，将建筑节能技术审查纳入施工图联合审查，确保设计阶段100%达到建筑节能强制性标准，在建项目实施阶段建筑节能强制性标准实施率不低于98%，对符合条件的办公、公共建筑均开展能耗监测管理，安装能耗监测分项计量装置。2019年，西咸新区成功申报绿色建筑超635万m^2，推广装配式建筑面积为123万m^2。

三是开展“公交+慢行”的出行方式引导，积极推广新能源汽车，启动网络预约出租车项目，建设环保、低碳、科学、合理的西咸新区综合交通体系。2019年，新增线路50条，累计开通线路88条，新增纯电动运力495标台，运力提升31.43%，公交站点500 m覆盖率提升15%，共完成新能源公交车上牌496辆，实现公交领域新能源车应用率100%。

5. 信息化建设和大数据应用

西咸新区不断加强气候变化风险管理，建立健全极端天气气候事件应急响应机制，及时预报天气情况，提前2小时预警极端天气气候事件；建立大雪、冰冻、雾霾等天气气候事件的应急预案体系，提升风险监测评估能力；利用西咸气象大数据平台建设应急监测信息系统，实现对极端天气事件的信息化监控，全面提升新区对极端天气事件的管控能力。目前，气候变化和气象灾害监测预警平台建设和基础信息收集项目均已完成，沣西新城创新性地通过气象预报预警平台及手机App实现了精细化的气象预报预警。

（四）现代田园城市屋顶绿化案例[9]

陕西省西咸新区沣西新城管理委员会着力打造现代田园生态城市，以“山水乐活”为主题建造屋顶花园（图1）。整体设计围绕现代生活、传统文化和生态城市三大背景进行屋顶绿化，建筑屋面总面积为5 787.5 m^2，总绿化面积约为5 223.3 m^2。

图1　西咸新区屋顶绿化示例[9]

在生态空间营造方面，将低矮常绿植物、落叶植物、宿根花卉、地被植物进行组团式搭配并配合花境种植，根据场地风格、主题内容进行设计，利用钢板围边做高差处理，降低屋顶荷载且简约环保；局部配植观赏草类植物，不仅具有观赏性，也营造出一种自然环境。此外，在分析建筑梁柱结构的基础上进行扩展设计，灵活组合，应用覆盖式绿化、固定种植池等多种绿化形式，适当设置铺装、平台活动区，并配以丰富的植物种类，在屋顶花园小尺度的绿化空间中营造出精致、细腻的视觉感受。

土壤选用改良土和人工轻量种植基质2种类型。人工轻量种植基质由表面覆盖层、栽植育成层、排水保水层3个部分组成。土壤干容重为1.2 kN/m^3，湿容重为4.5～6.5 kN/m^3，具有不破坏自然资源、卫生洁净、重量轻、保护环境等特点，且截留雨水能力强，对缓解城市雨洪有更好的效果。

项目在排水工程（图2）中相应减小下水管道、溢洪管及储水池尺寸，节省了建材费用；在屋顶绿化与女儿墙之间的空隙铺砾石，以保护环形排水管；保留原有排水系统，原排水槽填充砾石，以利于排水板与排水槽的畅通，在下水口处直接用砾石填至面层，不回填土，以使地表径流产生的雨水顺利排走；利用楼栋电梯间实现雨

图2　屋顶绿化的排水设计[9]

水回用，将外挂水箱作为雨水储存模块。经初步测算，花园式屋顶绿化可截留雨水64.6%，简单式屋顶绿化可截留雨水21.5%，沣西新城管理委员会屋顶绿化工程每年约截留雨水1 100 t。

相较于未绿化的水泥屋顶，简单式及花园式屋顶绿化的滞尘效果显著；相较于单一植物品种的简单式屋顶绿化，乔灌草结合的花园式屋顶绿化的滞尘效果更优。据屋顶绿化植物整个生长季节的滞尘结果分析，花园式屋顶绿化的滞尘量平均为12.3 g/m^2，佛甲草简单式屋顶绿化的滞尘量平均为8.5 g/m^2。总体来看，沣西新城管理委员会屋顶绿化工程每年约滞尘40.3 kg。

三 投融资机制和运作方式

（一）主要气候投融资渠道

西咸新区成立了PPP工作领导小组，制定了《陕西省西咸新区实施政府和社会资本合作（PPP）项目奖补办法》，以气候适应型城市建设试点专项补助资金为基础，放大财政资金杠杆作用，促进绿色产业金融体系创新，以股权和债权两种方式投资于新区建设。一是与民生银行建立陕西首支绿色海绵发展基金12亿元；二是与建设银行按照1∶3的比例出资成立城镇化建设发展基金60亿元，其中海绵城市建设专项基金26.42亿元；三是与政策性金融机构成立专项建设基金6 000万元，创新引导金融机构共同服务于海绵城市建设；四是积极采用PPP模式，将公益性管网、片区海绵城市建设与可经营污水处理设施捆绑打包，引入资金12.37亿元，有效保障了试点建设的资金需求。目前，西咸新区共实施气候变化适应类项目42个，总投资106.8亿元，已完成投资33.6亿元，其中秦汉新城水生态景观工程、沣西新城海绵城市核心区建设等6个项目列入PPP模式，总投资69.2亿元，已完成投资19.4亿元。

（二）利益相关方的合作方式

为确保现代田园城市建设工作的顺利推进，西咸新区加强组织领导，建立专家和工作支撑团队，拓宽各类市场主体参与，全面统筹项目建设进度[10]。

在组织管理层面，为加强和统筹协调现代田园城市建设的各项工作，新区管委会专门成立了气候适应型城市建设试点工作领导小组，建立了由西咸新区规划局牵头、秦汉新城和沣西新城负责落实、各部门协同配合的协调工作机制和由气象、自然资源、交通、住建、水利、通信管理、供电等有关部门组成的气象灾害监测预报预警联动机制，将总体建设任务细化分解至具体的牵头单位和实施单位，并落实责任人和完成期限，以保障建设工作的顺利推进。

在专家支撑层面，搭建了“科研院所技术支撑+高校研究理论指导+生产企业技术配合+施工单位应用实践”的跨学科、多要素整合、协同、创新的联合研究模式，联合长安大学、西安理工大学、西安建筑科技大学等高校及科研院所开展专项研究20余项（省部级3项）、储备项目20余项，形成系列指南、导则等技术标准20余项，申报专利16项，成果应用项目60余处，积极推动了相关技术的进步，初步形成了系统化、可复制、可推广的建设模式。

在市场参与层面，成立了西咸新区PPP工作领导小组，落实相关税收优惠政策，鼓励各类市场主体参与适应行动，拓宽社会资金投入渠道，促进绿色产业金融体系创新，以股权和债权两种方式投资于新区试点建设，引导金融机构和投资公司等社会资金加大对气候适应的资金投入，开发与之相关的服务产品[11]。

四 主要成效

西咸新区在摸索中不断取得创新。传统的地下排水管网已逐渐被绿廊、植草沟、蓄水花园、下凹式绿地等“地形竖向”设计所代替，并利用技术创新使硬化路面更具透水性，让因降雨等形成的地表水能更好地实现自然渗透，以完成净化和积蓄[12]。西咸新区10个积水易涝点已全部消除，绿化面积不断扩大，同期平均温度较相邻的西安、咸阳两市低约1℃，地下水位也较2015年回升3.43 m。

西咸新区探索构建出“一心一廊双环多带多园”的公共空间结构，形成了以自然河道、中央绿廊、环形公园、街头绿地四级开放空间构建的城市生态基地。其中，“一心”指一个中央绿心，长1.3 km、宽1.1 km，占地面积为148 hm^2，与上海世纪公园面积相当；“一廊”指一条丝路绿廊，东西向贯穿新城核心区，全长6.8 km、宽200～300 m，占地面积约为180 hm^2；“双环”指一条环绕新城核心区域的创新绿环，全长12.3 km、宽50～150 m，占地面积约为117 hm^2，一条沿新城外围河道布置的外围生态环，全长约25.3 km，占地面积约为474 hm^2。

截至目前，西咸新区建设现代田园城市总面积为240万m^2，海绵型道路超过50 km，韧性公园绿地达140万m^2，防洪治理及滩面修复超过30 km，公园绿地面积达到694 hm^2，人均公园绿地面积达到21 m^2，已初步实现“小雨不积水、大雨不内涝、水体不黑臭、热岛有缓解”的目标。

五 亮点与启示

（一）西咸新区现代田园城市建设亮点

一是将建设要求融入城市规划编制体系，以总体规划为蓝图统筹适应工作，考虑流域、片区、项目的内在关联，围绕“源头减排、过程控制、系统治理、水系循环”等方面的内容编制全域系统建设方案，构建全域建设指引体系。

二是在规划设计、施工验收、运行维护、植物选型、模型应用等方面开展技术研究与标准化建设，形成本土化、定量化技术标准体系，出台建设系列指南、图集、导则等技术标准20余项。

三是设立创新基金，建立“科研院所技术支撑+高校研究理论指导+生产企业技术配合+施工单位应用实践”的联合研究机制，与西安理工大学、西安建筑科技大学等知名高校和科研院所成立陕西首批适应教学科研实践基地，搭建“政、产、学、研、用”协同创新平台。

四是依托信息产业优势，综合运用在线监测、物联网、模型模拟等先进技术手段，构建监测评估管理平台，全面实现数据的实时采集、传输、分析及结果评价等功能。

（二）本案例对城市气候变化适应性应对的启示

西咸新区筛选沣西新城和秦汉新城分别在海绵城市建设、生态宜居新城建设两种理念的指引下开展试点示范，鼓励各新城结合自身优势打造不同类型的城市区域适应气候变化试点经验。各试点新城紧抓机遇，结合自身优势，制定城市适应气候变化重点行动，协同推进绿色城市、低碳城市、无废城市建设，打造天蓝、地绿、水净的生态文明示范样板，挖掘现有气候条件下提升城市韧性的新思路，在提高城市韧性、海绵城市建设、清洁能源利用、建筑垃圾再利用等方面取得了一定成效，丰富了西咸新区作为国家级气候适应型试点城市的建设经验，也为同类型地区开展气候适应型城市建设工作提供了借鉴。

参考文献

[1] 李江波. 海绵城市建设的实践与策略研究[D]. 陕西：西安建筑科技大学，2017.

[2] 李宇超. 海绵城市建设的理论与实践——以西咸新区海绵城市建设为例[D]. 陕西：西北农林科技大学，2016.

[3] 张亮. 西咸新区：重构城市水安全屏障[J]. 城市建设，2018（12）：14-17.

[4] 赵珂. 西咸新区城市绿地“海绵城市”建设的思考[J]. 居舍，2018（11）：170.

[5] 陈剑. 西北地区海绵城市建设背景下的城市公园设计研究[J]. 中国园艺文摘，2016（11）：126-127，140.

[6] 王启坤．基于绿色发展理念的西咸新区空间规划策略研究[D]．陕西：长安大学，2018.

[7] 陕西省西咸新区开发建设管理委员会．陕西省西咸新区国家气候适应型试点城市工作方案[R]. 2016.

[8] 刘孝坤，李威，刘聪，等．基于海绵城市理念的西咸新区秦汉新城兰池四路市政工程设计分析[J]. 工程设计，2019（11）：170-172.

[9] 王月宾，韩丽莉，曹晓蕾．基于海绵城市建设下屋顶绿化设计探索——以西咸新区沣西新城为例[J]. 城市住宅，2018，25（8）：19-22.

[10] 雷晓娜. 西咸新区海绵城市建设管理研究[D]. 陕西：长安大学，2017.

[11] 张丽．PPP 模式下西咸新区海绵城市建设风险管理研究[J]．山西农经，2018（4）：95.

[12] 巨龙. PRED耦合关系下的“西咸新区海绵城市”初探[J]. 环境科学与管理，2019（44）：45-51，75.

西宁湟中

应对气候变化风险的主要做法

编　者：王　尧
关键词：西宁，气候适应，生态修复，海绵城市

案例介绍：

青海省西宁市湟中县于2017年被列入全国气候适应型试点城市；同年，西宁市被列入国家第二批生态修复、城市修补试点城市。此前，西宁市已于2016年4月被列入全国第二批海绵城市建设试点。经过多年的试点工作与低影响城市开发建设，西宁市针对城市高温、极端强降水等由气候变化带来的气象灾害，在城市水资源保护利用、城市防灾减灾等方面取得了一定进展。尤其是借助生态修复和海绵城市建设的契机，西宁市聚焦“治山、理水、润城”的试点目标，全面落实试点建设任务，构建了“山一水一城”一体共治的城市建设体系，在应对城市高温、缓解城市热岛效应、解决城市内涝等方面起到了积极作用。

一 气候变化事实及其影响

我国西部地区近55年来的年均气温呈线性增长趋势，变暖趋势显著。1960—2014年，西部地区的平均气温达到9.51℃，其中最低年均气温为8.45℃（1967年），最高年均气温为10.62℃（2006年），平均每10年气温升高0.28℃，西北地区的升温速率高于西南地区[1]。根据多项式拟合曲线变化趋势，历史气温虽出现短暂且较小幅度的降温，但主要仍以增温为主。[2]

我国西部地区近55年来的降水量呈波动变化，部分年份有突变现象，整体呈增减交替趋势。西北干旱区的平均年降水量仅为242.12 mm，整体为上升趋势，每10年增加1.95 mm；西南湿润区的平均年降水量为1 006.3 mm，平均每10年减少1.36 mm，速率最大。[2]

与全国其他大、中城市一样，西宁市的城市气候效应随着城市规模的发展已日趋明显，热岛效应、干岛效应也越发突出[3]。其湟中县地处黄土高原与青藏高原的过渡带，属高原大陆性气候，1981—2010年的平均气温为4.3℃，极端最高气温为33.4℃，极端最低气温为 - 32.0℃，年平均降雨量为540.6 mm，最多年降水量为802.0 mm，最少年降水量为364.0 mm，年降水日数为124天，年平均风速为1.3 m/s，年最大风速为20.0 m/s，东南风为该地区的主导风向，西北风次之，年均蒸发量为1 318.8 mm，年日照2 570.0小时，降水分布地区差异大，由东南向西递减，气候表现为湿润-半湿润-寒冷半干旱特征。

（一）基本气候变化特征

1. 气温显著升高

1981—2015年，湟中县年平均气温呈显著上升趋势，平均每10年上升0.46℃，尤其是1997年以来，年平均气温升高幅度较大，且一直维持在较高水平；年极端最高气温为23.8～33.4℃，呈显著上升趋势，平均每10年上升0.84℃，尤其是1997年以来年极端最高气温基本维持在26.0℃以上。

2. 降水量变化不明显但强度趋强

1981—2015年，湟中县年降水量为349.9～719.6 mm，总体呈略微减少的趋势，年际间变化幅度较大，年降水日数呈减少趋势，尤其是2010年以来，年降水日数减少较为明显。受年降水量变化趋势不明显而降水日数呈减少趋势的影响，湟中县年平均降水强度呈增加趋势，平均每10年增加0.13 mm/d。

3. 年蒸发量增大

1981—2015年，湟中县年蒸发量呈增加趋势，平均每10年增加137.2 mm，蒸发量增加明显且变化平稳，1981—2005年的平均蒸发量为1 229.5 mm，而2006—2016年的平均蒸发量为1 268.2 mm。

（二）极端天气气候变化特征

根据由世界气象组织（WMO）定义的极端天气气候指数标准，湟中县极端天气气候事件呈两方面变化特征。一是极端气温冷指数显著下降而暖指数上升。近年来受气温升高的影响，1981—2015年湟中县霜冻日数显著减少，平均每10年减少6.2天；冰封日数总体呈减少趋势，平均每10年减少3.2天；暖夜日数增加显著，平均每10年增加8.8天。二是极端强降水增多，持续干期缩短。1981—2015年，湟中县强降水量平均为159.4 mm，呈增多趋势，平均每10年增多20.96 mm；持续干期平均为48.1天，变化趋势不明显，总体呈缩短趋势，平均每10年缩短1.0天。

（三）气候变化的影响

1. 对水资源的影响

湟中县多年平均流量在0.5 m^3/s以上的河流有10条，且这些河流均以降水补给为主。1981年以来，湟中县气温升高、降水略有减少、蒸发量增大，气候条件的变化对水资源产生了不利影响，使河流的流量减少，加之近年来湟中县需水量的增加，使供需矛盾加剧。降雨量少且时空分布不均的自然特征使城区水资源相对匮乏，而以第二、第三产业为主导的城市经济结构仍沿用传统的开发建设模式，供水方式单一，非常规水源再生利用率不高，同样使城市水资源供需矛盾加剧。

与此同时，近年来受传统开发建设模式的影响，湟中县水文过程蒸发增加、入渗减少，自然产流加大；现状水系生态驳岸率仅为27%，岸线硬化比例偏高，河道泥沙淤塞严重，沟渠自然网络破碎化严重，呈现淤塞化、盖板化，阻隔了水系的自然连通。

2. 对交通、重大工程等的影响

气候变化对湟中县的交通、重大工程等的影响主要表现为3个方面：①随着强对流天气的增多，雷暴、强降水以及由此引发的洪涝、泥石流、山体滑坡等极端天气气候事件给交通、重大工程的建设和安全运行带来了危害；②气温上升导致多年冻土大面积退化，冻胀、融沉作用加强，公路等重大工程维护成本增大；③气候变暖使施工期延长，有利于重大工程建设施工进度的加快和工程质量的提高。

3. 对农业的影响

气候变暖背景下极端低温事件变少、初霜日明显推迟，加之作物生长发育进程加快，早霜冻的危害明显减少，但因作物播种、出苗期提前，晚霜冻危害加重。近年来，湟中县气温升高，但降水略有减少，因此加剧了干旱程度，旱灾损失加大。另外，由于湟中县秋、冬季气温增幅明显，有利于病虫害的越冬、繁殖，致使病虫害对农牧业生产的危害程度加重，农业成本和投资大幅度增加。

二 主要应对措施

（一）工作思路

由于湟中县气候变化显著，适应气候变化能力薄弱，且农牧业生态环境比较脆

弱，因此气候条件的微小变化可能会对农牧业、水资源、交通、重大工程等产生较大影响，应从4个方面着手应对：①针对城市温度升高、热岛效应严重而水文过程蒸发增加、入渗减少、自然产流加大等问题，应涵养水源，充分利用再生水；②针对强降水等极端天气增加而城乡普遍存在排涝、抗灾、防震等基础设施落后、老旧、失修等问题，应增强应对突发气象灾害的能力；③针对生态建设、交通、重大工程等基础设施工程，应更好地适应气候变化带来的影响，防险避灾，在未来较长时期内充分发挥作用，提高工程实施效果；④针对气候变化给农牧业带来的影响，应相应调整农牧业产业结构，合理利用气候资源，科学安排生产生活，促进农牧业经济的持续发展。

（二）具体措施

1. 水资源方面

一是建设海绵城市。以海绵城市建设为抓手建设生态绿城，打造面积为158.7 km^2的西宁环城国家生态公园，试点区内山体林木覆盖率达到85%，山体水土流失治理实现全覆盖；打造水生态文明城市，完成河道治理113 km；初步建成508.7 hm^2湟水国家湿地公园；试点区内各水系水质状况稳步提升，2019年湟水河试点区段出境断面各水质指标均优于2016年，试点区水面率由2016年的4.4%提高到2019年的4.73%，蓝绿交织的雨洪蓄滞体系初步形成，城市沟谷型景观和开放生态型绿廊已然显现。按照“街头增绿、道路扩绿、片区建园”的思路，新增城市绿地17.1 hm^2，绿地率由2016年的35.96%提升至36.76%，增强了雨水调蓄能力。通过山体、公园、湿地、城市绿地等多样化海绵系统的建设，地表植被增加，水源涵养能力提升，土壤水分升高，月蒸散发量逐年增加，空气湿度增加，大气质量明显改善，缓解了城区热岛效应，同时本地栖息生物种类增多，城市人居环境得到了显著提升。

二是健全防汛抗旱体系。加强重要河道堤防建设和河道整治，强化洪水风险管理。2017—2020年，湟中县共完成河道整治34.457 km，修订全县12座水库防御应急预案，因地制宜在西纳川河上建设中型水库1座，维护全县雨量站41个、无线广播站103个、视频站4个、图像站4个。

三是保障城市水安全。一方面，开展节水型城市建设，2017年至今共创建节水型公共机构38家、节水型居民小区6家、节水型企业1家，于2019年年底通过了水利部验收，获得“县域节水型社会达标县（区）”称号；另一方面，投资4 300余万元修建各类蓄水、饮水和提水工程，完善骨干水源工程和灌溉工程。

四是加强水资源管理。实行严格水资源管理制度，严格规划用水管理，自2017年至今保有有效取水许可证42套，其中灌区8套、人饮工程11套、企事业单位12套、电站11套。2017—2020年均未突破西宁市下达的用水总量控制指标。对全县21条河流完成“一河一策”方案的编制工作，合理确定了生态用水标准。加强水环境监测，按期完成全县18个一般集中式饮用水水源地、13个地表水农村千吨万人饮用水水源地、2个地下水监测点的例行监测，监测结果显示达标率为100%。提高了中水回用利用水平，建成华能西宁热电有限责任公司中水回用工程，设计供水能力为3 000 m^3/d。

2. 生态修复与环境保护方面

一是构建西宁城市生态安全屏障。积极开展自然保护地体系建设，优化调整自然保护地现状边界，厘清管控区划，明确功能定位。抓好生态森林公园建设，自2017年以来完成造林绿化任务5.3万亩，区域绿化面积达到60%以上。完善森林公园基础设施和管理机构，强化现有自然保护地综合执法检查力度，履行自然保护地资源环境综合行政执法职责。

二是提高森林经营管理水平。自2017年以来，投资4.81亿元实施退耕还林、封山育林、天然林保护、三北防护林、重点公益林、水源涵养林、“南北山”绿化等造林绿化工程，完成国土绿化面积42万亩。实施森林抚育、低效林改造、森林质量精准提升等项目近10万亩，合理调整与配置造林树种和林种，优化林分结构，选择优良乡土树种，营造混交林，提高森林生态系统适应气候变化和抵抗灾害的能力，构建健康稳定、抗逆性强的森林生态系统。

三是促进草原生态良性循环。2017—2020年，开展草原鼠害、虫害、毒杂草监测和防控工作，累计鼠害防治面积为90万亩，完成专项投资190.7万元。大力开展草原法律法规宣传工作，以举办培训班、发放宣传资料等形式，结合草原法律法规宣传月活动，对草原相关法律法规进行大力宣传，普及草原法律法规知识。从组织领导、火情巡查、防火值班制度落实、监督检查等方面着手，做好草原防火工作。扎实开展草地生态监测工作，每年对全县草地型的植被状况、利用状况、产草量情况等内容进行定点监测，及时准确反映草原生产力状况。

四是开展生态移民搬迁。适时开展生态移民搬迁工作，减轻脆弱地区环境压力。2017年，易地扶贫搬迁项目涉及农户370户1 164人，共支出项目资金6 000余万元。农户房屋建设及水电路等基础设施和公共服务设施全部配套建设全面完成，贫困户全部搬迁入住。

3. 防灾减灾方面

一是增强灾害风险管控能力。依托"青海省突发事件预警信息发布平台"建立了覆盖全县各村的气象信息员队伍，及时发布各类气象预警信息，并通过"青海湟中预警发布"公众号实现了即时推送。依托西宁城市预报预警综合系统建立防灾减灾辅助平台，加强对灾害性天气的预测预警。加强与湟中防灾减灾各成员单位的联系，2020年建立会商研判机制，确保做好山洪地质灾害预警信息的及时发布；重大天气过程出现前制作发布各类气象信息服务材料，并在天气过程中加强监测，及时发布各类气象服务短信及气象灾害预警信息。

二是提升城市应急保障服务能力。目前，全县已储备足量的应急水泵、发电机、草袋（纤维袋）、三相电缆线等，已建成灾害应急避险场所419个，已建立乡镇级防汛应急预案。

三是建立和完善风险分担机制。农房保险按照农村每户每年30元支付，其中农户承担10元。

4. 城镇建设方面

一是提高城市建筑适应气候变化的能力。严格工程质量终身责任制，新建项目全部签订法人授权委托书和终身责任承诺书。强化开复工管理，完成建筑工地开复工检查工作，并对全县建筑工地特种机械设备进行安全抽查，完成对全县多家商品混凝土企业的质量安全巡查工作。西宁市全面推进绿色建筑建设，提高建筑节能监管和实施能力。从项目建设到政策保障均已构建绿色建筑与建筑节能发展新局面。截至目前，西宁市完成了466.85万m^2的国家可再生能源建筑应用示范城市项目，新建建筑节能已全面提升为“居住建筑节能75%、公共建筑节能65%”的设计标准，设计阶段建筑节能标准执行率达到100%，城镇绿色建筑占比达到22.52%。通过小区建筑雨污分流完善排水管网，采用“截流、引导、蓄存、多用”方式重新构建小区地块雨水径流组织，合理滞蓄、利用雨水，形成以集雨利用为核心的水资源循环利用系统。

二是提高交通设施适应气候变化的能力。将农村公路项目建设与项目沿线绿化建设作为硬性任务同步推进，着力提高交通设施应对气候变化的适应能力。部分公路改建工程经多次调整设计方案优化工程设计，在充分利用原有道路资源的基础上进行升级改造，把原有道路路面结构层进行再次利用，最大限度地减少了公路建设对生态环境的破坏。

三是强化煤改气工程的实施力度。2017—2019年，湟中县累计投资1.43亿元共实施305蒸吨“煤改气”治理工程，提升了全县的空气质量。

5. 农牧业方面

一是提高种植业适应气候变化的能力。2017—2019年，湟中县建成高标准农田12.75万亩，开展农作物病虫害监测和防治，年平均病虫草鼠害防治面积为319.95万亩，绿色防控面积达23万亩。2017—2018年，实施耕地质量保护与提升项目，增施有机肥覆盖面积3.5万亩，推广有机肥1.5万亩、配方肥1.622万亩。2020年，推广抗旱抗逆技术1.5万亩。此外，湟中县还大力发展节水灌溉，推广滴管、喷灌3 000余亩，水肥一体化技术1 530亩。

二是加强农业监测预警和防灾减灾。2017—2019年，共收购种子储备95万kg，组织开展农民适应技术培训累计200人次。建立病虫疫情田间监测点7个，农作物有害生物监测面积80万亩。在旱作农业区建立3个农田土壤墒情固定监测点，用于检测浅山地区的土壤墒情。

三是调整农业布局及种植结构。2017年以来，湟中县围绕农业供给侧结构性改革不断优化种植业结构，在稳定粮食作物面积的基础上，积极发展蔬菜、油菜、汉藏药材等特色农作物种植。

四是引导畜禽养殖业合理发展。全县年种植饲草25万亩，建设休牧围栏15万亩；连续多年开展草原鼠害防治200万亩；草场退化补播2万亩；每年进行定点监测，促进草畜平衡发展。

6. 人体健康方面

一是完善卫生防疫体系建设。根据省市健康教育与健康促进工作重点，湟中县建立了以健康教育所为引领，各医疗卫生单位为基础，各乡镇人民政府、机关单位、学校、社区、企事业单位及行政村为延伸的健康促进与健康教育县-乡-村三级网络并每年进行更新完善，目前共有专兼职人员625人。制定了《湟中县饮用水卫生监测工作方案》，每年在全县15个乡镇选取76份水样分别进行枯水期和丰水期水质卫生监测评价，并将监测结果及时通报各部门。

二是开展监测预警评估和公共信息服务。制订卫生应急工作方案，完善自然灾害卫生应急预案体系；保障医疗卫生服务正常提供，医疗救治和疾病预防控制工作有效开展；加强应急值守，强化突发公共卫生事件监测预警和规范处置。

三是加强应急系统建设。加强部门沟通，建立有效的信息沟通和协调配合机制；制订极端天气卫生应急工作方案，完善自然灾害卫生应急预案体系；保障医疗卫生服务正常提供，医疗救治和疾病预防控制工作有效开展；广泛开展防范一氧化碳中毒、预防呼吸道传染病、防冻伤等卫生防病知识宣传和健康教育，提高公众自我防护意识和能力。

三 资金保障

由于县级自有财力有限，对上级补助的依赖性较大，湟中县气候适应型城市建设相对缺少资金支持。在进行综合拓展后，资金来源主要有4个方面。①加大财政资金投入。研究设立湟中县绿色生态发展专项资金，加大对绿色发展、环境整治、污水处理等重大项目的资金支持力度。2017—2020年上半年，共投入资金约6 000万元，将重大项目财政投入纳入政府年度预算，优先、保量安排地方财政配套资金，确保项目资金投入。②拓宽资金投入渠道。建立健全风险分担机制，支持农业、林业等领域开发保险产品并开展相关保险业务，开展和促进气象保险产品的试点和推广工作。2017—2020年上半年，共筹集资金约3 000万元，由人保财险湟中支公司按投保品种开展湟中县价格指数保险、种植保险、传统养殖保险、林业保险等业务。③争取资金支持。发挥公共财政资金的引导作用，加大财政在适应能力建设、重大技术创新等方面的支持力度，2017—2020年，安排引导资金近亿元，引导和鼓励各类社会资金参与重大项目的建设和实施。④对于海绵城市建设，整合试点区内项目类型以及项目各责任主体单位的情况，结合各排水分区相关技术条件，确定将第一排水分区项目整体打包采用PPP模式，总投资为1.67亿元。

2018年年初，湟中县海绵城市建设试点项目第一排水分区实施方案获得了西宁市政府的批复，采用“A+B”（A部分为BOT模式、B部分为TOT模式）复合PPP模式运作采购项目社会资本方，A部分总投资1 869.13万元，B部分总投资14 814.95万元。2018年7月，该项目开展了第一次社会资本采购资格预审，但由于项目中的第四污水处理厂扩能工程已由西宁市湟水投资管理有限公司开工建设且项目施工内容较少，第一次社会资本采购资格预审未获得西宁城润开发建设有限公司以及其他社会资本的响应。2018年10月，该项目开展了第二次社会资本采购资格预审，西宁城市建筑科技有限责任公司（以下简称“城科公司”）等3家单位顺利通过了项目资格预审。目前，项目正在按照国家有关PPP的规定逐步推进。

为保证公用事业和基础设施的顺利实施，结合PPP项目推进进展，西宁市编制了《西宁市海绵城市建设PPP项目（第一排水分区）绩效考核评价办法》，进一步加强了后期PPP项目实施过程中对社会资本考核和管理的力度。为建立海绵城市项目收费标准制度体系，形成合理的政府补贴标准，西宁市发改委、财政局、建设局出台了《西宁市海绵城市建设项目收费补贴机制》，从收费机制分析、效益分析、收费标准、政府补贴、保障机制等方面作出明确的要求。为确保海绵城市建设效果，将海绵设施管护与原有的管理和养护体系相结合，市、区两级财政分别承担各自的养护职能：试点区区级财政结合本区管养面积，每年对辖区内的公园、绿地以及渠道等水利设施的养护管理予以保障；市级财政每年对水利设施维修管护、城市排水设施维护、公园、湿地以及南北山绿化管护等予以保障，结合城区养护管理工作进度和成效进行考核，并给予奖补。西宁市制定了《西宁市绿色物业管理工作方案》和《绿色物业管理评价办法（试行）》，将海绵设施的维护纳入绿色物业评价，以保障物业小区对海绵城市建成设施进行维护的资金投入。

四 经验及主要成效

一是增强了水资源领域适应气候变化的能力。湟中县加大了全县防洪排涝设施的配套力度，完善了应对洪涝灾害的处置方案，强化了海绵城市建设，针对中心城区历史内涝积水点选用因地制宜的技术路径，再结合综合管廊建设、雨污分流改造、管网清淤运维等工程，使试点区内涝点基本消除；打造了一批特色海绵小区，不断解决小区绿化少、道路坑洼破损、雨天容易积水等问题。截至2019年，全县有效灌溉面积达20.19万亩，改善灌溉面积达9.21万亩，节水灌溉面积达16.22万亩。

二是增强了生态环境适应气候变化的能力。按照西宁市主体功能区规划，以构建西宁市生态安全屏障为目标，湟中县加快推进美丽城镇建设，实施了一大批生态保护和修复工程。截至2019年，全县森林覆盖率为41.5%，新增水土流失综合治理面积达84.81 km^2。

三是增强了工业领域适应气候变化的能力。湟中县以绿色循环低碳发展为目标，实施重点工程，切实提高空气质量。2017—2019年，累计投资1.43亿元实施305蒸吨煤改气治理工程。2017年县城空气质量优良天数比为79.9%，2018年为84.4%，2019年为90.3%。

四是增强了城镇基础设施适应气候变化的能力。湟中县完善市政与公共服务设施，推进旧城改造，强化新城基础设施建设，加大城市环境综合整治力度。截至2019年年底，建成县城雨水管网10 600 m、污水管网28 800 m、雨污合流管网4 850 m，做到污水全收集、全处理。目前，老旧小区管网改造已申报“湟中县2020年县城城镇化补短板强弱项项目”，申报资金4 000万元。

五是增强了交通设施适应气候变化的能力。湟中县进一步合理规划城市道路，调整交通工程建设部署，充分考虑气候因素加大了道路升级改造力度。2017—2020年，累计投资8亿元组织实施各类交通基础设施建设项目21项。此外，还组织开展了全县17条县乡道路两侧的绿化项目，绿化总里程为304.5 km；同时，要求施工单位对施工开挖裸露路段及时播撒草籽，以实际行动积极践行绿色交通的发展理念。

六是增强了农牧业领域适应气候变化的能力。湟中县充分利用气候资源加快转变农业发展方式：①建设成为国家级现代农业示范区，全县农业增加值、总产值、农民人均纯收入分别呈逐年上升趋势，农业机械化水平达到74.65%以上；②建设成为全市乃至全省重要的“菜篮子”保障基地，强化设施农业建设，大力发展蔬菜产业，改造提升深冬温室性能；③稳健发展畜牧产业，重点发展生态牧场，截至2020年，全县有各类规模养殖场129个、生态牧场6个，全县生态牧场建设和循环畜牧产业健康发展。

五 亮点与启示

（一）工作亮点

作为西部城市，西宁市具有独特的生态系统和经济社会现状，因此在开展适应气候变化工作时，应注重实施可持续发展战略与自身发展情况相互结合，使建设成效最大化，增强应对气候变化的综合能力，避免无端浪费。

西宁市针对气候变化趋势与自然灾害开展了详细的分析预判，并针对性地提出预案，结合城市生态修复与海绵城市建设，修复了城市生态系统，提出对暴雨、高温、内涝等极端天气事件的防灾应急管理方案，提升了对降雨、高温、内涝等气象灾害的监测预警预报水平，体现了应对自然灾害的主动性、及时性和科学性。

（二）本案例对城市气候变化适应性应对的启示

从全国范围内选定的28个气候适应型试点城市来看，其气候类型、地域特征、发展阶段和工作基础都不尽相同，因此针对城市适应气候变化面临的突出问题，制定符合各地实际的适应气候变化建设管理模式尤为重要，如针对西宁市的高温、武汉市的洪涝、呼和浩特市的干旱等各类突出性问题分析并提出应对措施。

气候适应型城市建设是一项综合工程，与其他城市建设工作有许多重叠的部分。在充分识别气候变化带来的特殊性城市灾害的同时，也应与其他“城市病”治理工作相结合，开拓更多资金渠道，共同建立可持续的城市发展模式。

参考文献

[1] 王璐璐. 中国西部涝灾统计规律及对称性研究[D]. 西安：陕西师范大学，2016.

[2] 刘霞飞. 我国西部地区城市气候变化适应能力评价研究[D]. 兰州：兰州大学，2018.

[3] 刘蓓. 西宁城市气候变化及其影响[J]. 青海气象，1995（2）：40-44.

厦门

建设适应气候变化的海绵城市

作　者：刘家宏　梅　超（中国水利水电科学研究院）

关键词：特定的气候灾害与风险，城市洪涝灾害，适应性应对，基于自然的解决方案

案例介绍：

厦门市是中国东南沿海地区的一座旅游城市，由厦门岛、鼓浪屿及内陆沿海地区组成，总面积为2 089.39 km^2，常住人口为429万人（2019年数据），城镇化率约为89.2%。厦门市多年的平均降雨量为1 530 mm，3—9月降雨量占全年的80%以上，10月至来年2月为秋冬少雨干燥季节。近年来，受气候变化等多重因素的影响，厦门市的降雨特征发生了显著变化，且海平面持续上升，在多种因素的综合作用下其城市水问题愈加严峻和复杂。2015年，厦门市入选第一批海绵城市国家级试点，开启了气候变化下适应性城市建设的新探索。

一 气候变化影响下的城市水问题

（一）近年气温、降水和海平面变化

受气候变化等多方面因素的影响，从20世纪80年代初期开始，厦门市的气温呈持续上升的趋势，年平均气温的平均上升速度为每10年0.16℃，1989年之后进一步加剧，平均达到每10年0.56℃，此外极端最高气温也呈现出显著增加的趋势（图1）。[1]

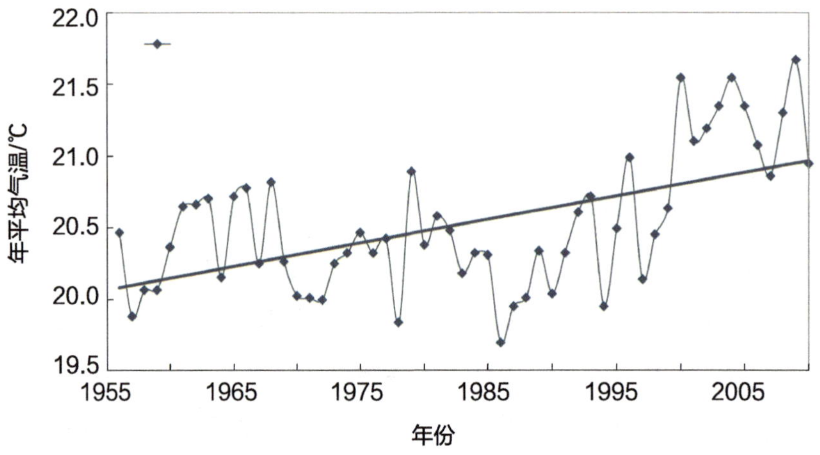

图1　厦门市年平均气温年际变化[1]

1955—2015年的气象观测数据分析表明[2]，厦门市的降水年际变化较大，突出表现特征是年降水日数显著减少和年场均降水强度明显增加（图2）。厦门市的降雨日数呈现明显的增多趋势，暴雨以上级别的降雨日数从3.2天增加到5.7天左右。从20世纪80年代中后期到现在，厦门市平均年代际的大暴雨以上日数的从8.3天增加到13天，增幅为56.7%。降雨变化还表现出空间差异性，厦门市南部和北部的长期降水量均有增加的趋势，且南部的增加趋势更加明显，每10年的增加速率分别为43 mm和21 mm。

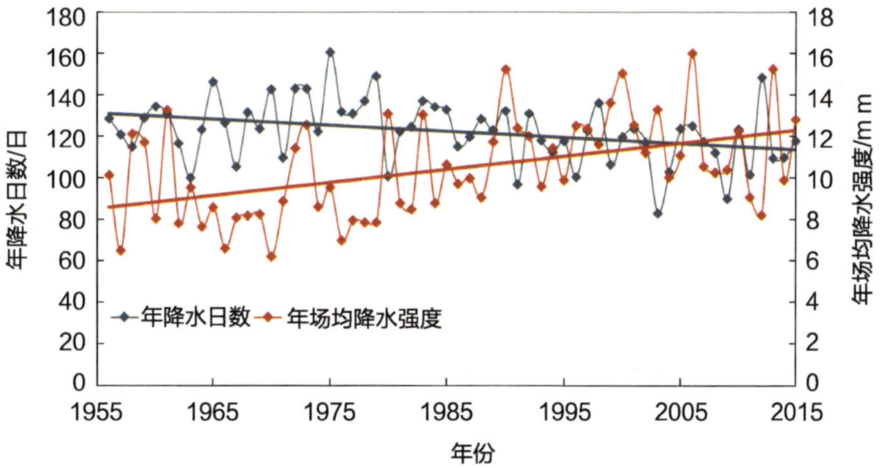

图2　厦门市年降水日数和年场均降水强度年际变化[2]

1960—2005年的厦门市海平面监测数据分析表明，厦门市海平面年平均线性上升速度在0.17～0.20 cm，年平均上升速度为0.17 cm[3]。模拟预测数据表明，未来50年，厦门市海平面仍可能保持一定程度的上升速率，年平均上升速率为0.17cm；预计到2056年，厦门市海平面的最大上升高度为16.9 cm[3]。厦门市年平均潮位年际变化如图3所示。

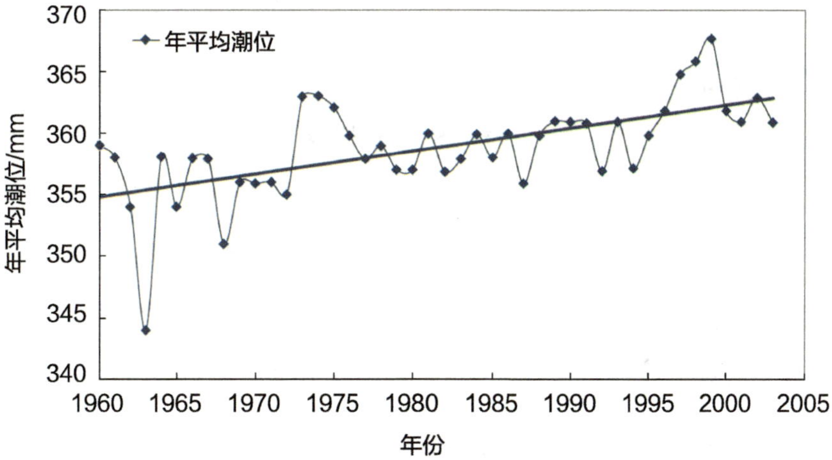

图3　厦门市年平均潮位年际变化[3]

监测数据和相关研究均表明，气候变化已导致厦门市气温上升、降雨变化、极端降雨日数增加和海平面上升等问题，这些问题与厦门市复杂的水文、水资源特征叠加，使城市水问题更加复杂化、综合化，城市水管理面临严峻挑战。

（二）气候变化加剧了城市的水问题

厦门市地处中国东南沿海，属于大陆性季风气候，降雨时间分布极不均匀，且常受台风天气影响，短历时暴雨强度大，面临着城市内涝、山区洪水等问题。气候变化可导致气温增高、极端天气气候事件频繁发生，特别是降雨特性变化、台风雨等极端暴雨增加，由此引发的城市洪涝事件给城市的正常运转造成极大影响。2016年9月，“莫兰蒂”台风带来特大暴雨，给厦门市造成了较为典型的洪涝灾害，导致房屋倒损17 907间，农作物受灾面积达10.5万亩，直接经济损失为102亿元[4]。厦门市部分旧城区（城中村）的排水管网建设标准偏低、排水能力较弱，常常发生严重内涝；同时，由于雨水集中在夏季，降雨难以调蓄，在人口急剧增长和经济社会快速发展的情况下，厦门已成为高度缺水的城市。此外，随着城镇化的推进，一些自然水系、调蓄水体被侵占，城市因缺少调蓄空间而造成渗、蓄、净能力降低，生态水量缺乏，景观环境水位难于保持，水生动植物生存条件差，水生态环境不容乐观。在水质方面，近年来厦门市主要溪流劣Ⅴ类河段比例居高不下（>80%）。气候变化还导致空气污染加剧，威胁人类健康。

海平面上升也会带来一系列问题，不仅加剧了风暴潮灾害的破坏程度，引发海水入侵、土壤盐渍化、海岸侵蚀等问题，造成沿海湿地损失，增大了沿海珍稀濒危生物的生存压力，破坏了生态系统功能，也降低了城市排污、排水管网和河道等的排泄能力，增加了沿海地区的洪涝威胁，削弱了厦门市的港口功能。

二 海绵城市建设的主要措施

（一）海绵城市：应对城市水问题的新理念

我国经济40年来的高速发展促进了快速城镇化，使城镇化率从1978年的约18%增加到2019年的约60%。但与此同时，城镇化伴随着一系列城市水问题，如内涝、水污染、缺水、生态退化和热岛效应等。为了应对和解决城市水问题，2013年12月，习近平总书记在中央城镇化工作会议上提出要“建设自然积存、自然渗透、自然净化的海绵城市”，正式提出了“海绵城市”这一新理念[5]。2015—2016年，全国分两批共遴选了30个海绵城市建设试点，厦门市入选第一批海绵城市试点。

海绵城市建设，从字面意义上理解就是要使城市像海绵一样，能够在降雨时吸水，在不降雨时释水，从而达到丰枯调剂的目的。海绵城市是在借鉴低影响开发（Low Impact Development，LID）、水敏性城市设计（Water Sensitive Urban Design，WSUD）、低影响城市设计与开发（Low Impact on Urban Design and Development，LIUDD）和ABC计划（Active，Beautiful and Clean Plan，活力、美观和清洁）等理念的基础上发展起来的，它综合考虑了我国国情，体现了应对城市水问题的中国智慧。海绵城市强调“让自然做功、最小扰动、生态优先”等原则，提倡“拟自然设计”和基于自然的解决方案，最大可能地维持和恢复城市下垫面的自然水文功能[5]。海绵城市的基本做法被总结为“渗、蓄、滞、净、用、排”6个方面，其总目标就是采用多种综合措施让雨水更多地滞蓄在城市里，使城市像海绵一样能够在下雨时有效地储备雨水，减少内涝积水灾害和径流污染，待降雨过去之后再将储蓄的雨水释放出来，用于补充生态用水和涵养水源，提升生态环境质量。海绵城市的基本目标被概括为“小雨不积水、大雨不内涝、水体不黑臭、热岛有缓解”，其中最重要的控制指标为年径流总量控制率，并提倡各个区域根据自身的降雨特性设置不同的控制率目标，一般设为不低于70%[6]。

（二）厦门市海绵城市建设总体方案

1. 目标和路径

厦门市的海绵城市建设在充分考虑自身生态环境、水文气象和社会经济特点的基础上开展，总体上以海绵城市建设理念引领城市发展，促进生态保护、经济社会发展和文化传承，以生态、安全、活力的海绵城市建设塑造城市新形象，实现“水生态良好、水安全保障、水环境改善、水景观优美、水文化丰富”的城市发展战略，建设“绿色自然有弹性、生态和谐有特色、适游宜居有文化、管理有序有章法”的海绵城市[7]。具体目标有6个：①构建系统健全的水污染防控体系，确保“水质不超标”；②构建完备可靠的水灾害防御体系，力保“城镇不受淹”；③构建安全高效的水生态调控工程体系，保证“河道不断流”；④构建公平有序的城乡基础供用水体系，以保障供水安全和水资源可持续利用，构建多功能集成的城乡山水景观体系，以营造旅游休闲和宜居的生活环境；⑤构造适应于发展需求的水管理体系，落实水务管理目标；⑥构建具有厦门特色的“滨海文化”体系，丰富生态文明内涵。

根据目标设定，进一步将其细化为相应指标值（表1）。

表1　厦门市海绵城市建设目标指标值

类别	指标	现状值（2014年）	远期目标值（2030年）
水生态	年径流总量控制率	城市建成区30%	80%的城市建成区达到70%
	生态岸线恢复	20%	80%
	城市热岛效应	明显	明显缓解
	城市水面率	6%	8%
水环境	地表水体水质标准	主要河流劣Ⅴ类水质占比为85.1%，城市黑臭水体大量存在	不低于《地表水环境质量标准》中的Ⅳ类标准，基本消除黑臭

续表

类别	指标	现状值（2014年）	远期目标值（2030年）
水环境	入海河口及近岸海域水质	部分水域为劣Ⅴ类，部分海域严重污染	消除劣Ⅴ类的水体，近岸海域水质优良比例达到70%以上
	城市面源污染控制	老城基本雨污合流，新城正在实施雨污分流	雨水径流污染、合流制管渠溢流污染得到有效控制
水资源	雨水资源利用率	不足0.5%	3.0%
	污水再生利用率	不足1.0%	30%
水安全	城市内涝防治标准达标率	二十年一遇	五十年一遇
	饮用水安全	饮用水水源地水质大部分为Ⅱ类以上，部分为Ⅲ类	饮用水水源地水质均达到Ⅱ类
	自来水管网漏损率	15%	10%
制度	制度建设	—	海绵城市建设和管理制度体系完备

针对现存的水资源缺乏、水安全形势严峻、水环境堪忧和水生态退化等问题，厦门市岛内外依托山体、溪流、海岸形成点、线、面结合的建设格局，构建山、水、林、田、湖相融共生的自然生态空间格局。厦门市的海绵城市建设将主要采取污染防控、河湖水网、园林绿地、排水防涝、道路交通和海绵社区六大体系建设，其中，前三项建设内容主要从中、宏观的海绵体建设着手，属于“大海绵”建设范畴；后三项建设内容主要从微观的海绵体建设着手，属于“小海绵”建设范畴[7]。

上述六大体系建设可以充分发挥绿地、土壤、河湖水系等对雨水径流的自然积存、自然渗透、自然净化作用，实现城市雨水径流源头减排、分散蓄滞、缓释慢排和合理利用，以及对污染物的吸纳和消减，并最终实现城市“小雨不积水、大雨不内涝、水体不黑臭、热岛有缓解”的目标，减缓或降低自然灾害和环境变化对城市的影响，保护和改善城市的生态环境。海绵城市建设将使厦门市在有效解决城市水安全问题的同时，推进城市生态文明建设。通过六大体系建设，并结合城市建成区外生态空间的建设支撑，厦门市将被打造成为滨海城市生态文明建设的典范。海绵城市建设的具体路径如图4所示[7]。

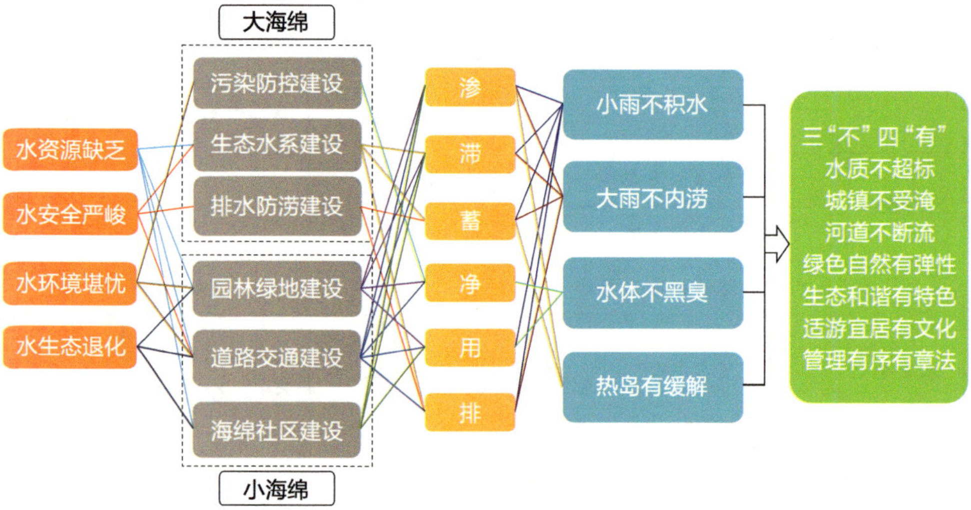

图4 厦门市海绵城市建设路径

2. 径流管控体系

径流管控是海绵城市建设最基本的目标。海绵城市将雨水径流尽量控制在当地土壤、调蓄池和绿色基础设施中，不仅能够有效减少地表内涝积水等灾害，而且可以提升当地雨水的储量，用于维护生态建设、提升环境质量，并且可以有效减少总悬浮固体（TSS）、总氮（TN）等径流污染向河道、海湾聚集，从而达到控制污染的目的。

根据降雨分析，厦门市将年径流总量控制率目标确定为70%，将城区划分为16个海绵城市建设管控单元，并基于总目标将全市年径流总量控制率目标分解到各个海绵城市建设管控单元上。各类建设用地现状年径流总量控制率分别为居住类用地为35%～50%、道路广场类用地为60%、公园绿地类用地为70%、其他用地为45%[7]。

为了实现上述径流管控目标，不同区域可以针对性地采取不同方案：在城市建设新区，应根据各类用地下垫面情况加大海绵措施的实施力度，合理分配低影响开发设施的类型和布局；在城市老城区，因现状建设密度较大，应分阶段、分时期逐步建设，并结合现状对硬化的人行道、停车场进行改造，采取透水铺装、绿地改造等具体措施。

3. 排水防涝体系

一方面，将城市竖向与人工调蓄设施相结合。在新建区建设中，合理划定水文单元，科学安排场地竖向、排水走向和涝水行泄通道，做好防洪防潮、雨水排放和内涝防治3个系统之间及其与场地竖向的合理衔接，结合城市竖向和受纳水体分布以及城市内涝防治标准，合理布局涝水行泄通道，并利用城市湿地、公园、下凹式绿地和下凹式广场等安排临时雨水调蓄空间。

另一方面，将排水防涝设施与天然水系河道相结合。厦门市溪河、湖泊众多，河流湖泊是泄洪、调洪最有效的通道和场所。各区域的排水防涝设施应充分利用溪河作为泄水道，充分利用港湾、湖泊作为蓄水调洪的库容，合理布置市内排水管道、渠系、涵闸以增强排水效果，缩短排水长度，减少工程投资。

4. 生态水系建设

生态水系规划主要通过防洪工程建设和河流生态修复来提高厦门市河湖水网的水安全保障，减少洪水风险，并通过加强岛外9条独流入海溪流的生态护岸建设恢复自然河流景观，通过水系再生水源回用和光伏提水构建厦门市的生态水系格局。

一是修复河道断面，这是河道水生态恢复的重要工程内容。河道水生态恢复应尽量恢复天然山区河道多变的断面形式，即根据不同河段的定位和周边区域规划情况，采用复式断面、斜坡断面及矩形断面等多变的河道断面形式营造多样的河道生境。

二是建设生态护岸，即综合运用工程力学、生态学、土壤学和植物学的基本知识，对护岸进行有效保护，形成由植物组成或者由工程与植物共同组成的护坡系统。其中，石笼护岸是指利用铅丝将卵石、块石固定成较大体积的整体，防止较大洪水的冲刷，同时有利于水草、鱼类及两栖水生动物的繁殖和栖息生长。

三是建设河滨缓冲带。河滨缓冲带是指建立在河湖、溪流和沟谷沿岸的各类植被带，包括林带、草地或其他土地利用类型，属于生物软措施中的一种，适用于水土保持和控制面源污染。

5. 海绵社区建设

海绵社区建设作为海绵城市建设中的重要一环，起着承上启下的关键性作用。海绵社区相较于传统的住宅小区，能够有效地蓄积、调配雨水，在硬质建筑景观和自然环境之间建立起有效联系，这些优势使其势必成为今后住宅景观建设发展的主要方向。厦门市的海绵城市规划也推动了海绵社区建设，海绵社区建设又包括场地建设、建筑建设、小区道路建设、小区绿地建设等方面。

一是老旧社区的海绵改造。厦门市充分利用旧城区的文化资源优势，在整体保护历史文化名城、不破坏原有的历史文化遗产的基础上，逐步完善海绵城市建设的配套设施，增强城市活力。对于老旧社区，改扩建建筑与小区透水铺装率不宜小于40%，还应通过透水式停车位结构改造、植草浅沟建设等方式，将停车位的雨水引入绿化带内或适量引入地下，以调控暴雨峰值。

二是新建社区的海绵建设。按照海绵城市建设要求，厦门市所有新建小区内的道路及广场均需采用透水铺装，透水铺装率不小于70%。硬化面积达到2 000 m^2以上的项目需配建调蓄池、景观水体等雨水调蓄设施，并增加绿色屋顶、雨水花园等生物滞留设施，增强场地对水源的涵养能力，使蓄积的雨水经简单处理即可用于小区道路浇洒、绿化浇灌和建筑中水等。

（三）典型工程案例

洋唐居住区位于厦门市海绵城市试点区域——翔安新城中部的核心地带，总占地面积约为62万m^2。该片区系2010年新开发地块，开发前以村庄、裸土、农田及池塘为主，在高强度的开发后原先自然渗透性良好的下垫面受到了一定的破坏，不透水面积显著增加，地表径流污染、道路积水和热岛效应等城市水问题逐步显现[8]。

2015年，厦门市将洋唐居住区列为海绵城市建设试点。建设规划目标为年总悬浮固体去除率为45%，年径流总量控制率为75%，内涝防治标准为五十年一遇[8]。对径流的管控包括源头削减、中途转输和末端调蓄3类途径，其中源头削减主要依靠绿色基础设施，中途转输主要依靠地下管网，末端调蓄主要利用区域内的2个人工湖，溢流部分通过市政管网排放。

洋唐居住区海绵城市建设设施及相应数量如表2所示[8]。

表2　洋唐居住区海绵城市建设设施数量

种类	数量	种类	数量
下沉式绿地/m^2	4 809.6	植草沟/m^2	11 096.4
透水铺装/m^2	23 755.2	湿地/m^2	4 916.4
雨水罐（1.5 m^3）/个	60	雨水立管断接/项	1
绿色屋顶/m^2	26 600.4	管网改造/项	1
生物滞留池/m^2	42 326.8	人工湖/项	1
雨水花园/m^2	7 132.4	景观提升/项	1

三 投融资机制和运作方式

（一）应对措施的成本与投融资机制

厦门市中心城区以及重点区域海绵城市建设工程体系项目的规划总投资额为353.5亿元[7]，项目包括污染防控、生态水系、排水防涝、园林绿地、道路交通、海绵社区和信息化管控平台7类。其中，近期（2016—2020年）建设项目的规划总投资额为299.9亿元，占总投资额的84.8%（表3）。

表3　厦门市海绵城市近期建设项目投资概算

项目	投资/亿元
污染防控建设项目	77.90
生态水系建设项目	28.75
排水防涝建设项目	12.54
园林绿地建设项目	14.91
道路交通建设项目	98.55
海绵社区建设项目	67.25
总　计	299.90

项目资金来源主要包括3个方面：①中央政府给予的试点城市补助。厦门市获得中央政府给予的试点补助3亿元/年，三年试点期内共获9亿元。②地方政府财政收入投资。这部分投资是总投资的主要部分。在试点期（2016—2019年）建设阶段，除PPP项目外，100%项目的投资均来自政府投资；试点期之后，政府通过立法、规划和审批等方式促进海绵城市理念融入各类建设工程中，由政府承担公益性建设项目的主体投资。③采用PPP投资模式。一方面，在建设和营运方面研究探索整体外包、特许经营等模式，广泛吸引社会资本参与海绵城市建设；另一方面，鼓励相关金融机构在风险可控、商业可持续的前提下对海绵城市建设提供各类信贷支持。

图5为海绵城市建设PPP模式结构示意图。PPP项目参建各方根据项目合同有序合作：政府（公共机构）的作用主要是进行海绵城市规划，根据规划向社会进行公开招标；企业（联合体）中标后作为发起人建立海绵城市项目公司，从政府获得海绵城市建设的特许经营权，并以海绵城市项目公司为主体，在融资后进行海绵城市建设和运营，一般建设期为2期，运营期为8～15年；政府（公共机构）作为海绵城市的使用人，在项目运营期内以“购买服务”的方式向运营公司支付相关费用；项目公司依据建设法规，向保险公司购买项目建设期和运营期的相关保险。

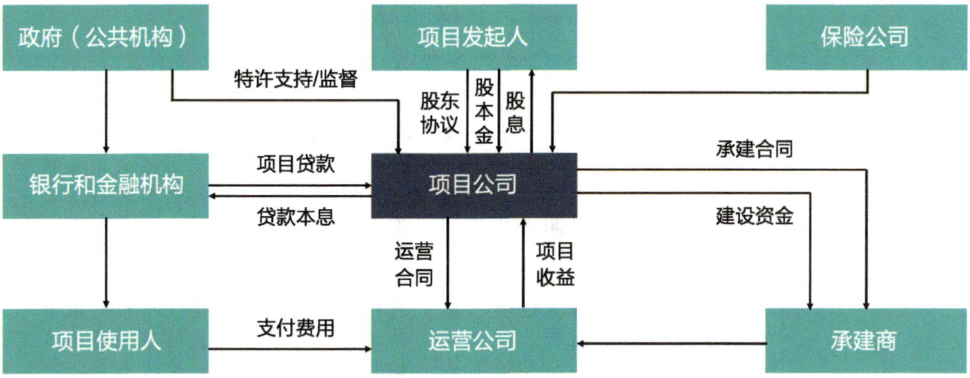

图5　海绵城市建设PPP模式结构示意图

此外，厦门市还制定了巨灾保险方案，以弥补政府在城市洪涝等自然灾害中投资的不足。厦门市政府常务会议于2016年12月1日通过了《厦门市巨灾保险方案》，并于当月通过招标的方式确定了承保人，承保人包括多家保险公司，共保体代表为人保财险厦门分公司；2017年5月，厦门市巨灾保险制度正式实施。厦门市采用“政府主导、商业保险经办、社会化参与”模式，以商业保险为平台，以多层次风险分担为保障，构建了具有厦门特色的巨灾保险制度。厦门市财政每年出资约2 931万元向保险机构购买赔偿限额10亿元的居民住房倒损及财产损失救助保险和赔偿限额10亿元的人身伤亡及医疗救助保险。在承保期内，如因台风、地震、暴雨、洪水等自然灾害造成损失，被保险人可获得人身伤亡最高20万元、住房损失最高10万元、财产损失最高5 000元的赔偿。

（二）利益相关方的合作方式

海绵城建设的利益相关方主要包括政府、企业和个人（表4）。作为一种公益性质的设施投资，海绵城市建设没有明确的受益人，受益者为包括政府、社会、企业和个人在内的全体利益相关者。

表4　海绵城市建设利益相关方

利益相关方	具体单位/个人	职责或义务
政府（公共机构）	市发展改革委、财政局、住房和城乡建设局、水务局、市政园林局、生态环境局、自然资源局、民政局、新闻办公室，各区人民政府	起到发起者、投资者、组织者和监管者的作用，通过制定海绵城市专项规划，设立一定区域内的各类海绵城市建设项目工程并投资，或者与企业合作投资
企业（法人）	规划设计类、工程建设类、投资运营类、建筑材料、园林园艺类、水处理类、科学研究类等企业和单位，部分PPP项目的特许经营类企业	进行有关海绵城市建设项目的投资，并通过竞标等方式获得各种海绵城市相关业务的经营权，通过参与海绵城市规划、建设和维护获取利润；承担一定的社会责任
公民	城市全体居民	享受海绵城市建设带来的良好生态环境；在海绵城市建设规划、建议和维护中也有义务提供方便并分享自己的观点，以促进海绵城市建设

（三）维护运作方式

厦门市建立了海绵城市信息化管控平台，通过在线监测与线下操作相结合的方式，实现对有关设施的整体维护。监测系统监测城市水文、水力及排水管网等基础数据；管控平台以地理信息系统（GIS）技术为核心，综合运用在线监测技术、模型分析技术、全球定位系统（GPS）技术、全球广域网（Web）技术等先进技术手段，形成海绵城市智慧管理云平台，集模拟、评估、运营、监控、调度与应急管理于一体，实现海绵城市运营管理智慧化。

四 主要成效及收益

（一）主要成效：基于监测结果的分析

以厦门市马銮湾试点区海绵城市建设为例，基于监测结果对其实施成效进行评估[9]。马銮湾试点区建设用地面积为8.63 km^2，水域面积为7.45 km^2。该试点区海绵城市建设符合厦门市海绵城市专项规划的总要求，设计年径流总量控制率目标为70%，2016—2019年共安排实施海绵城市建设项目127项，总投资45.99亿元[9]。监测结果表明，马銮湾试点区2018年累计降雨量为1 311.9 mm，其中海投科创项目区域累计降雨量为56 563.34 m^3，雨水排放量为48 279.43 m^3，年均径流总量控制率为85.35%，达到了设计目标要求[9]。马銮湾试点区的卡斯卡特易涝点全年累计降雨51场，最大强度为三十年一遇。监测结果表明，该监测点位积水深度均在15 cm以下，最大积水深度为11.7 cm，最长积水时间为23分钟，内涝积水有效减少。马銮湾试点区新阳主排洪渠水质监测结果表明，海绵城市建设后渠内水质明显好转，透明度维持在25 cm以上，溶解氧指标达2.0 mg/L以上，氧化还原电位高于50 mV，氨氮指标低于8.0 mg/L，水体黑臭情况明显好转，水生态系统逐渐恢复[9]。马銮湾试点区新垵村排水管网为雨污合流制，海绵城市建设前即使在旱季也存在溢流情况。监测结果表明，海绵城市建设后其旱季溢流情况完全消除，雨季溢流频次也显著降低到10次以下，管网溢流污染得到有效控制[9]。

（二）其他间接和综合收益

- 减少了内涝积水等灾害，降低了城市水灾害损失；
- 减少了水污染，提升了水环境质量，增强了水源安全性；
- 缓解了城市热岛效应，提升了城市宜居性；
- 改善了城市生态环境，提升了居民幸福感；
- 工程建设拉动了市场投资，促进了地区经济发展；
- 提升了城市居民对政府的好感度，维护了社会的和谐稳定；
- 提升了城市品质，增加了城市美誉度，提升了旅游吸引力。

五 亮点与启示

（一）厦门市海绵城市建设的亮点

一是以生态理念和措施应对城市水问题。厦门海绵城市建设坚持生态优先的原则，尽最大可能减少对城市生态本底的扰动。在新建工程设施时，采用“拟自然设计”和基于自然的解决方案。对于径流源头削减，优先采用绿色屋顶、雨水花园、生态滞留带、生态护岸等绿色基础设施。在设施维护上，创造性地采用太阳能光伏提水技术实现生态补水，减少对能源的消耗。基于生态理念采取生态化措施，最大限度地恢复了城市的自然水循环功能，从而达成“小雨不积水、大雨不内涝、水体不黑臭、热岛有缓解”的海绵城市建设目标。

二是实现城市对雨水的立体缓释调控。海绵城市建设要求城市能够在平时储水、在干旱时放水。厦门市将城市作为一个“立体”的构造体，充分发挥城市立体空间滞蓄雨水的作用，凭借绿色屋顶、雨水花园、地下管网等各类设施实现雨水的立体拦截、滞蓄和调节，以“源头削减、中途转途、末端调蓄”的思路，尽最大可能将雨水在不同的环节分散滞蓄，从而实现了以城市立体空间为载体、对雨水进行缓释调控的海绵城市建设目标。

三是分类施策，建设各类海绵设施。海绵城市不单纯是一个项目或一项工程，而是一种理念。这种理念与不同的城市基础设施建设项目结合就形成了不同的海绵设施，如厦门市建设了海绵道路、海绵小区、海绵学校、海绵公园、生态水系等，这些都是将海绵城市理念与具体工程结合的实例。海绵城市要最终发挥作用，就要通过示范建设和宣传推广，使“自然积存、自然渗透、自然净化”“让自然做功”的海绵城市理念深入人心，并在城市规划、设施、管理和发展的各个环节、各个方面得到应用。厦门市的海绵城市建设通过试点示范，以点带面，起到了较好的示范和推广作用。

（二）本案例对城市气候变化适应性应对的启示

一是从增强城市弹性的角度应对气候变化。气候变化作为一种客观事实，难以凭借单个城市的行动完全扭转或缓解。因此，要想在气候变化的事实下发展，城市就需要增加弹性，即增强弹性应对气候变化的能力。海绵城市就是这样的例子，它对降水的变化有较大的适用阈值，使城市和居民对气候变化的脆弱性得以降低，能够适应较大范围内的气候变化，并在此背景下实现既定的生存和发展目标。

二是将海绵城市理念融入城市发展中。海绵城市作为一种对城市水问题的综合应对理念，是城市气候变化适应性应对的一种现实路径。基于生态化的理念和措施，让自然多做功，让人类少干扰，尽可能地采用“拟自然设计”，可以使海绵城市的理念深入城市居民和管理者的意识，成为一种行动自觉；让社会在城市建设与发展的各个方面、各个环节践行海绵城市理念，从而实现人与雨水、社会与自然共享城市空间的目标，提高城市对气候变化的适应性。

参考文献

[1] 苏明峰. 厦门市气候变化及其应对建议[J]. 海峡科学，2011（7）：18-20.

[2] 福建省气候中心. 厦门市近60年降水时空变化特征研究技术报告[R]. 厦门：厦门市气象局，2016.

[3] 林选跃，张世民，陈德文，等. 福建沿海年平均海平面年际、年代际变化特征及预测[J]. 海洋预报，2014，31（5）：63-68.

[4] 厦门市政府第三次发布会：台风“莫兰蒂”造成厦门直接经济损失102亿！灾后恢复再现厦门速度！[EB/OL]. [2016-09-19]. http：//www.taihainet.com/news/xmnews/szjj/2016-09-19/1789079.htm.

[5] 王浩，梅超，刘家宏. 海绵城市系统构建模式[J]. 水利学报，2017，48（9）：

1009-1014.

[6] WANG H，MEI C，LIU J H，et al. A New Strategy for Integrated Urban Water Management in China：Sponge City[J]. Science China：Technological Sciences，2018，61（3）：317-329.

[7] 厦门城市规划设计研究院. 厦门市海绵城市专项规划[R]. 厦门：厦门市市政园林局，2016.

[8] 厦门市市政工程设计院有限公司. 厦门市洋唐居住区海绵城市建设项目方案[R]. 厦门：厦门市市政园林局. 2016.

[9] 吴连丰. 基于监测分析的海绵城市建设效果评价[J]. 给水排水，2019，45（12）：65-67.

三亚

应对气候变化灾害——台风及暴雨

编　者：王　尧

关键词：三亚，生态修复，海绵城市，台风，暴雨

案例介绍：

三亚市地处热带海洋性季风气候区，降雨充沛，年均降雨量1 392.2 mm，整体渗透性良好。城市的快速发展扩张和相对粗放的管理使三亚市的城市生态本底一度遭到严重破坏，城市排水不畅、台风季节内涝、水环境恶化等诸多问题逐渐显现，影响了三亚作为优秀旅游城市的形象。三亚市以生态环境提升为目标导向，以黑臭水体和易涝点治理为问题导向，将“城市双修”与海绵城市建设相结合，经过3年多的海绵城市试点建设，水环境质量大大提升，城市应对台风、强降雨的能力显著增强。

一 气候变化带来的城市水问题

（一）降水增多，降雨强度大

三亚市属于热带海洋性季风气候区，长夏无冬，全年阳光充足，年平均蒸发量为2 360.7 mm，年平均降雨量为1 392.2 mm，年平均降雨天数为109天且90%分布在5—10月，降雨多为台风雨，过程降雨量多在50 mm以上，呈现雨急风大的特点。三亚市台风频繁，台风季节历史最大24小时降雨量可达278.3 mm，且大雨和风暴潮往往伴随台风而至，三者同时出现的概率较高，存在极大的洪涝风险。据资料显示，三亚市近30年的降雨量呈逐渐上升趋势。

（二）雨洪导致城市问题

随着三亚市暴雨频率和强度的增加，其引发的城市洪涝对城市交通、居民生活和生产活动都造成了影响甚至带来灾害。暴雨内涝使地下商场、停车场等地下设施积水倒灌、浸泡的隐患空前增大，积水还会造成房屋损坏、物品浸泡并带来财产损失，甚至威胁生命安全。暴雨造成的洪涝灾害严重影响了城市正常的生活秩序，给政府造成重大压力。近年来三亚市较为严重的降雨事件如下：

1. 2010年10月国庆节暴雨

从《海南省志（水利志）》记载资料来看，2010年10月国庆节期间，三亚市遭遇49年以来的最大暴雨，城区降雨量达248 mm，最大量为赤田监测站（464 mm）。城区沥青路面由于雨水的长时间浸泡受到严重损害，局部雨水管道堵塞、路灯短路。据初步统计，市政设施遭受直接经济损失约为560万元。

2. 2009年10月“芭玛”台风暴雨

2009年10月受“芭玛”台风影响，三亚市半岭水库流域普降特大暴雨，在荔枝沟污水处理厂处洪水位高程为8.9 m，淹没水深达1.5 m，受灾人口达8万人，直接经济损失0.5亿元。经过对72小时降雨过程进行分析，确定1小时最大降雨量为60.6 mm，2小时最大降雨量为86.5 mm，平均降水量为82.9～99.5 mm，约相当于二十年一遇短历时降雨。

二 主要应对措施

在新的历史机遇期和新的发展阶段下，三亚市逐渐改变粗放发展和“重地上轻地下”的老路，把城市建设做优做厚，结合海南自贸港建设，努力打造生态文明示范区。从2016年开始，海绵城市建设成为三亚市打造气候适应型城市的有力抓手，特别是在前期通过“城市双修”对山、河、湖开展修复并进行棚户区改造的基础上，通过构建“双修+海绵”推进模式，在流域和区域中扩展并统筹项目的功能和效益，将“城市双修”构建的绿色基础设施骨架在面上向流域和区域延伸。推进海绵城市建设提升了三亚市的基础设施水平和弹性，展现了南方沿海地区先进的雨水管理经验，使城市的防灾减灾能力大大增强，取得了良好效果。

（一）规划原则

为开展海绵城市建设工作，三亚市在全市层面编制了海绵城市建设专项规划，并在重点试点区编制了控制性详细规划，逐步将海绵城市建设目标纳入法定规划，确保海绵城市建设的法定性和可实施性。以问题和目标为导向，三亚市按汇水分区落实项目，并按照“源头减排、过程控制、系统治理”的要求实施。

一是生态为本。充分保护原有山、水、林、田、湖的生态基底，发挥自然生态系统的雨水下渗、调蓄、净化作用，构建自然生态空间格局。恢复原有自然水系，进行水系连通，实现水体自然循环，打造自然和谐的人水关系。

二是因地制宜。结合当地气候、土壤条件、地下水分布、下垫面条件等因素，识别在水安全、水生态、水资源、水环境等方面存在的主要问题，合理确定规划建设目标、适用技术、具体措施。

三是统筹规划。统筹水安全、水环境、水生态、水资源等多个涉水因素，在三亚市海绵城市建设总体规划中进行综合考虑，与排水规划、中水规划、防洪规划、绿地系统规划等专项规划充分衔接。

四是合理分区。根据汇水流域和管控单元等因素对规划区进行科学分区，同时根据不同片区的特点和需求，合理确定各片区海绵城市的建设指标和管控措施。

（二）总体应对策略

三亚市以保护原有的河流、湖泊、湿地、坑塘、沟渠等水生态敏感区，维持城市开发前的自然水文特征为出发点，恢复和修复受到破坏的水体和其他自然环境；以构建完整的山、水、林、田、湖体系为基本措施，在城市中保留足够的生态用地，控制城市不透水面积比例，进行径流总量控制，最大限度地减少建设开发对城市原有生态环境的破坏。在完善防洪工程体系的同时，加强绿色与灰色基础设施的建设衔接；在缓解城市排水压力的同时，提高灰色基础设施建设标准，改善应对超标降雨的能力，缓解城市内涝问题。

一是开展系统建设，将海绵城市与“城市双修”相结合。以抱坡溪流域水环境综合治理、三亚河水环境提升、内涝点综合整治等为重点和亮点，充分考虑棚户区、城中村改造问题，将生态修复、城市修补、治黑除涝有机结合、“多轮”驱动，制定海绵城市总体规划、试点区域控制性详细规划，编制完成海绵城市建设系统化方案，明确海绵城市建设思路与重点。分区分类实施各类项目，构建了以“控源截污、内源治理、生态补水、生态修复”为核心的4个汇水分区水环境系统改善方案，形成了以“上截—中蓄—下排”为核心的水安全系统保障方案。

二是推动“全市域共建、全流程共管、全社会共享”模式。采用“行政规范+立法管控”双管齐下的方式，出台《三亚市海绵城市规划建设管理暂行办法》，实现全流程监管，即形成“方案预审—施工图预审—施工过程督导—专项验收”的工作制度，且长期有效。通过动员全社会参与、制定宣传方案、充分利用新旧媒体、发挥学校教育作用、组织志愿者宣讲等方式，加强海绵城市建设宣传，共享海绵建设成果。

三是突出海岛特色，实现经济发展与生态文明双赢。三亚市综合分析了水环境污染和洪涝频发等问题，提出“去存量、补短板、控增量、创模式”的应对思路。其中，“去存量”指通过对老旧小区、道路等的海绵改造，尽可能多地完成源头低影响改造，实现“能做尽做”；“补短板”指结合城市棚户区改造和城市有机更新，大力推进市政基础设施建设，完善区域雨污管网，大幅提升污水处理的质量和效能；“控增量”指在新建区域和项目中严格落实海绵管控指标，优化用地结构，调整部分棚户居住用地为公园绿地，增加土地附加值；“创模式”指系统性地拓展海绵城市建设的功能效益，形成片区模式，起到示范引领作用。

（三）水安全保障方案

三亚市在水安全保障方面，构建了“上截、中蓄、下排”的内涝防治体系（图1）。其中，“上截”指区域内主要截流措施为建设金鸡岭截洪沟，将金鸡岭山体雨水截流至东岸湿地和三亚西河，不再进入城市建设区；“中蓄”指区域内利用湿地山塘等水体调蓄，包括东岸湿地、抱坡溪湿地、新岸湿地、鸭仔塘、腊尾山塘、山水国际山塘、白鹭公园等，可有效削减部分河道卡口、排洪渠的峰值流量；“下排”指对部分地势低、难以靠自流排出且竖向标高改造困难的区域点以雨水泵站的方式强排。

此外，针对局部积水点，可通过源头小区海绵改造控制外排径流、雨水管道提标、局部调蓄设施建设等措施综合解决。通过构建全区域的管控系统，可以进行合理调度，进一步提高了系统的安全性。

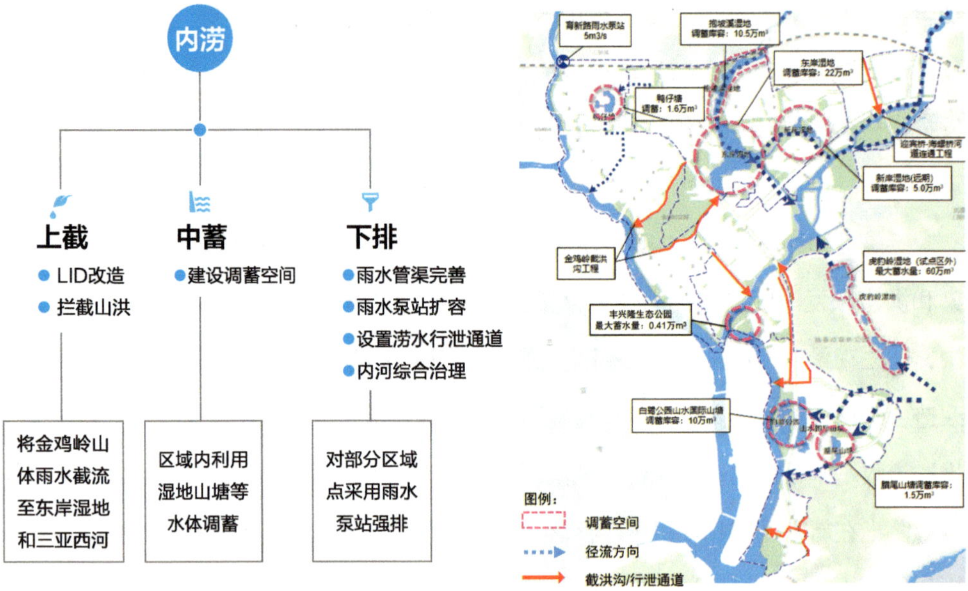

图1　三亚市内涝防治体系

（四）典型工程案例

三亚市在规划层面就落实了海绵城市建设的重点指标要求，通过合理的系统分解，给不同地块确定了不同的控制目标，如新建小区晋润园项目（以下简称项目），在规划阶段就划定了不小于63%的年径流总量控制率要求，后续相关设计必须达到此要求。项目位于月川片区，为三亚东河、西河交汇的扇形地带，具体范围是北至东线高铁，西至妙林田洋，南至三亚东河、西河，东至金鸡岭路和迎宾大道，总用地面积约为34 446 m²，总建筑面积约为86 981 m²，总体规划由住宅、配套商业及社区服务中心3个部分组成。

1. 问题、需求分析

项目常规场地开发后，下垫面的截留、下渗、洼地填充和涵养水源的能力下降，对雨水的缓冲能力减弱，加上道路和其他硬化地面的增加，径流量也有所增长。雨水被屋面、地面收集后排入市政雨水管网。当出现24小时降雨频率较小的暴雨时，市政雨水管网若无法在短时间内收纳雨水，就会增加管网的排水压力。根据项目总平面布置图的设计，一方面易出现径流污染，这是道路地表径流面源污染的主要来源，交通量的快速增长易导致由轮胎磨损、沥青路面、汽油润滑油泄漏等带来的雨水径流污染的大幅增长，污染物随雨水径流进入水体，对城市水环境构成严重威胁；另一方面易出现道路积水，这是由于道路通常位于汇水的低处，除收集道路上的雨水外，还汇集周边的客水，汇水面积大，强降雨条件下短时可汇集大量雨水，极易出现局部内涝积水的问题。

2. 改造原则

一是因地制宜。以现有的自然生态系统作为场地开发规划的综合框架，根据场地现状及规划设计条件，合理设计低影响开发雨水系统，选择合适的低影响开发设施，在竖向设计上应尊重原有的地形地貌，尽量不改变原有的排水方向。

二是集中与分散相结合。建筑与小区内的低影响开发设施设置采用集中与分散相结合的方式，以透水铺装、生物滞留设施等小型、分散的设施为主，并衔接整体场地竖向与排水设计，将建筑屋面的雨水通过雨水管导入周围绿地或生物滞留设施内进行消纳处理。

三是竖向设计优先。合理组织地表径流，开展竖向设计，保证建筑、道路、绿地等竖向设计应有利于径流汇入低影响开发设施。

3. 总体方案设计

（1）总体布局

根据竖向标高设计及海绵设置控制雨水径流要求，项目共分为19个汇水分区，根据设置类型布局及场地标高，主要采用低影响开发设施，包括生物滞留设施、生态停车场、下沉绿地、透水铺装。每个滞蓄设施内至少需要布置一个溢流口，最终雨水通过小区内的雨水管道排入市政雨水管道。

①屋面雨水

屋面雨水由自立管收集后采取雨水断接方式，经隐蔽式散水沟消能后排入就近的下凹式绿地，超标雨水部分经溢流式雨水口排入市政雨水管网。

②地面雨水

一方面，在地上停车位设置生态停车场，就地入渗；另一方面，人行道、轻荷载路面可采取透水铺装，超标雨水沿地面坡度排入周边下凹式绿地，道路截面横坡向周边绿地倾斜，以便径流雨水汇入低影响开发设施。

③地下车库雨水

项目地下车库出入口的地面标高拟高于室外地平面，于最高处设置第一截水明沟，在出入口坡道与室内地面的交接处再设第二截水明沟，明沟上设钢质或铸铁篦子，沟内雨水排入地下室雨水集水坑。车库坡道上设置雨水截流沟，沟内雨水应接入地下室的雨水集水坑，地下坡道入口上方周围地面的雨水应进行拦截，不得进入地下室。根据《全国民用建筑工程设计技术措施——规划·建筑·景观（2009）》，地下车库内每40 m左右设置一个集水坑，每个集水坑配置2台潜水泵（一用一备），并做好日常维护工作和地下车库的应急预案。

④室外雨水管网布置

雨水主管沿小区主路布置，支管沿支路布置。雨水管道的布置应根据场地内竖向设计及汇水量大小，以用最短管线汇集最大面积的雨水为原则。小区室外雨水管网内的雨水排至南侧市政两处雨水管井，雨水口为低影响开发设施溢流雨水口。地块北侧机动车道路面高程为10.65 m，南侧车行入口路面高程为9.79 m，场地内标高根据低影响开发设施的位置及分区设定。汇水分区内，低影响开发设施处标高为最低点，周边地区向低影响开发设施倾斜，主要道路向道路内侧的下沉绿地倾斜，车行道上的雨水沿道路通过路牙石缺口进入下沉式绿地，路牙石缺口位置应结合景观布置设置，下一阶段进行深化。

（2）竖向设计与汇水分区

①竖向设计

在满足相关规范的要求下，竖向设计综合考虑以下因素：项目区建筑总体布局；建筑一层地坪标高；项目地面上的园林布局；避免雨水进入地下车库入口；低影响开发设施的布局；保证地面交通与市政道路顺接。项目场地竖向标高的范围为

9.79～10.45 m，小区内的道路坡度基本大于0.3%。

②汇水分区

由于项目地块面积大，且房屋及绿地分布分散，根据竖向标高设计及海绵设置控制雨水径流的要求，项目一共分为19个汇水分区。

（3）低影响开发设施的选择

项目主要针对场地内的绿地、人行道、广场进行改造设计，将部分人行道、广场、停车场设计为透水铺装，将广场、房屋周边部分绿地设置为下沉绿地或生物滞留设施。海绵设计措施主要为下沉绿地、生物滞留设施、透水铺装。

根据模型模拟分析，对比低影响开发前后项目通过管道的流量图可知，在采取海绵设计措施后，在年径流控制率70%对应的降雨条件下，仅有少量地表径流进入管网，满足了年径流控制率的要求。

（4）效益分析

①生态效益

海绵城市建设可以极大改善项目范围内的生态环境，最直观的是调节局部小气候、净化美化环境和实现水生态的良性循环。调节局部小气候，可以有效缓解城市的热岛效应，配合灌木、乔木还可以提高空气湿度；土壤的生物代谢过程和物理化学过程可以将初期雨水中的部分有机和无机溶解物、悬浮物截留下来，达到净化环境、美化环境的多重效果。

②社会效益

海绵城市的本质是改变传统城市建设理念：传统城市习惯于战胜自然、改造自然的城市建设模式造成了严重的“城市病”和生态危机；海绵城市则是顺应自然、尊重自然的低影响开发模式，可以满足公众欣赏自然、感受自然、依赖自然的多重精神需求，有益于公众的身心健康，在环境改善的同时还将树立城市新形象。

③经济效益

海绵城市建设注重依靠自然力量渗水、蓄水、排水，源头雨水径流量的减少可以缓解市政排水设施的压力，适当降低市政排水设施规模。此外，通过海绵城市建设还可以改善生态环境，给周边地块带来土地附加值的提升，实现经济与环境效益的双赢。

三 投融资机制和运作方式

（一）PPP模式

三亚市通过海绵试点区域推动了全域海绵城市建设。海绵试点区域位于中心城区的核心区域，总面积20.3 km^2，以老区居多，新区零星分布，老区中合流、管网不完善、管网未覆盖面积约为5.91 km^2，需要进行全面改造，涉及投资较大。为降低政府短期债务、转换政府职能、减轻政府财政负担、促进投资主体的多元化，可对此类项目打包采用PPP模式进行建设、运营、移交（BOT模式），通过引入社会资本成立项目公司，由项目公司负责设计、融资、建设、运营维护工作，政府主要负责项目前期识别、建设监管、征地拆迁相关工作及用地支持、验收、运营期绩效考核等工作。

试点区域内的海绵城市建设PPP项目涵盖雨污水管网整治改造、河道修复、水厂建设等多种类型，并制定了清晰的绩效考核和按效付费方案，通过可用性服务费绩效考核和运营维护绩效考核指标对海绵城市建设PPP项目全生命周期进行量化考核，由政府方的项目监管单位或由其聘请的第三方机构开展评估，在运营维护期间，政府按照绩效考核结果向社会资本支付相关费用。

三亚市海绵城市建设试点区域内PPP项目的总投资约为16.78亿元，采用BOT模式实施，即“融资、设计、建设、运营、移交”，主要包括三亚市海绵城市建设试点区域内合流、错接及无管网大片区域的污水管网改造、河道综合整治、水质净化厂建设等，并提供满足绩效要求的运维服务。政府授权实施机构为三亚市住房和城乡建设局、三亚市水务局，授权出资代表企业为三亚美亚天涯投资开发有限公司（以下简称美亚天涯），采用公开招标方式选定社会资本方，社会资本与美亚天涯成立项目公司。项目融资由项目公司负责，政府方无融资责任。PPP合作期共23年（3年建设期、20年运营期）。

（二）收益机制建设

试点建设项目中，除管网改造、水厂建设项目外，其他老旧小区改造、河道治理、公园建设、道路建设均为政府投资项目，不进行收费。对于污水处理收费，根据《海南省物价局关于调整三亚市污水处理费标准问题的批复》，居民生活用水为0.45元/t，其他行业用水为0.60元/t。

为加快推广海绵城市建设，三亚市政府印发了《三亚市海绵城市建设试点激励机制和补贴标准的实施意见》，建立补贴、奖励机制。对于政府投资项目，将其纳入政府部门绩效考核体系，将实现海绵城市建设目标并有所提升的项目列为示范项目，给予荣誉奖励。对于社会投资项目，对已建项目进行海绵化改造的，在设施竣工验收后，达到海绵城市建设目标要求的可按海绵城市工程性建设投资的3%或按用地面积以3～10元/m^2给予资金奖励；对新建项目强制要求开展海绵城市建设，超过海绵城市建设目标的优质项目将给予容积率或资金奖励，其中容积率奖励按照不同用地类型采用不同标准（表1），最高不超过300 m^2建设面积，资金奖励按照不超过单个项目海绵投资总额的10%发放，最高不超过30万元。对于PPP项目，管网项目可通过可用性服务费方式回报，水质净化厂投资通过污水处理服务费方式回报，同时财政还为水质净化厂提供建设资金补贴，以降低运维费用单价和运维费用支付压力。

表 1　各类用地容积率奖励标准

单位：%

类别	容积率奖励标准	
	比海绵城市建设目标高5%	比海绵城市建设目标高10%
公共类	0.5	1
工业类	0.2	0.5
居住类	0.2	0.3

四 取得的成效

一是易涝点全面消除，防灾减灾能力明显提升。针对排水系统标准低下、防涝体系缺失、内涝频发等问题，在评估现状排水防涝能力和内涝风险的基础上，三亚市构建了源头减排、排水管渠、排涝除险、应急管理的综合排水防涝体系，并与城市防洪系统有序衔接，增强了城市防灾减灾能力。试点区13处易涝点整治全部完成，城区防涝能力大大提升，经受住了“山神”“贝碧嘉”“利恩”等台风强降雨的考验。在海绵城市建设前，凤凰路、迎宾路交叉口暴雨内涝严重，通过东岸湿地公园、防洪渠建设，截、蓄、排相结合，内涝问题得到根本解决。

二是水环境质量稳步改善。通过实施污水管网建设、雨污混接错接及分流改造、截污工程建设、合流制溢流污染控制、水体清淤、河道生态修复、利用再生水和雨水补充基流等措施，三亚市基本消除了试点区内黑臭水体，水环境质量较试点建设前有明显改善。试点区年径流总量控制率超过60%，降雨径流污染控制率超过40%。试点区4段黑臭水体全面消除，三亚东、西河的65%监测断面达到Ⅳ类水标准。在海绵城市建设前，丰兴隆片区雨污混接严重，污水直排造成三亚河污染严重，抱坡溪湿地曾经是令人避之不及的黑臭水体；通过海绵城市建设，丰兴隆片区超过30 hm^2的范围内全面实现了雨污分流，雨水在丰兴隆公园内得到充分的调蓄、净化和回用。

三是优质生态产品供给明显增加。在海绵城市试点建设过程中，三亚市形成了完善的绿色基础设施体系，极大地拓展了城市“蓝”“绿”空间，有效提高了城市生态品质。其间建设的一批海绵项目，如抱坡溪湿地公园、东岸湿地公园、月川生态绿道、红树林公园、金鸡岭桥头公园、丰兴隆生态公园、鹿回头滨河公园等一批优质的生态公园（图2），成为群众休闲游憩的好去处，同时也发挥了涵养水源、净化水质、降低城市热岛效应、调节城市小气候等生态功能。试点区新增绿地面积约为1.3 km^2，新增生态岸线长约为13 km，新增水域面积约为40 hm^2。

（a）抱坡溪湿地公园

（b）丰兴隆生态公园

（c）东岸湿地公园建设前

（d）东岸湿地公园建设后

图2 优质生态公园

四是群众获得感、幸福感明显增强。试点期间采取“海绵+”“+海绵”[1]的推进模式将海绵城市建设与城市基础设施建设相结合，统筹海绵城市建设、棚户区改造、老旧小区改造、黑臭水体治理（图3）、建筑节能改造、城市管廊建设、城市绿色基础设施建设，综合回应市民迫切需求。

图3 治理后的三亚东、西河

[1] “海绵+”指为开展海绵试点而建设的工程；“+海绵”指在项目工程中纳入海绵建设理念，也是未来发展趋势。

五 亮点与启示

（一）三亚市的海绵城市建设亮点

在海绵城市系统谋划方面，三亚市在城市有机更新中将海绵城市与“城市双修”有效结合，统筹推动，按各个汇水分区的特点分解海绵城市建设目标，以问题导向和目标导向确定项目库，形成系统化的方案。

在精准管控方面，一是通过“行政规范+立法管控”双管齐下，出台管理办法，将海绵城市建设要求纳入“两证一书”、施工图审查、竣工验收管理，并在实践基础上总结经验，启动海绵城市建设相关立法工作；二是加强规划管控，落实规划指标，形成总体规划、控制性详细规划、系统化方案、重点片区整体设计的四级管控体系，推动规划指标落地；三是强化审批管控，形成管控路线图；四是实施智慧管控，构建三亚智慧城市海绵城市子系统平台，通过发挥项目管理、应急指挥、联合调度、辅助管理养护等功能，促进城市治理体系和治理能力的提升。

在可持续建设方面，三亚市将内河湖保护、水系（行泄通道）贯通与滨水文化建设有机结合，加强内河湖水体保护，开发旅游资源，增加旅游收入，反哺海绵城市建设，如选择红树林公园作为试验田，探索红树林和三亚河生态保护模式。该公园通过建立台地海绵系统自由吸纳城市雨洪，营造良好的生态环境，并借此开发滨水文化旅游项目，利用收入所得反哺海绵城市建设，破解后期海绵系统运维费用难题。

（二）本案例对城市气候变化适应性应对的启示

一是注重顶层设计，将适应气候变化与其他工作相结合。气候适应型城市建设是一项综合度非常高的工作，需要城市各个运行领域的相互配合，形成一套完整、健康、韧性的城市系统。海绵城市在建设过程中，充分统筹自身城市建设计划，采取

“海绵+”“+海绵”的推进模式，将海绵城市建设与城市基础设施建设相结合，统筹海绵城市建设、棚户区改造、老旧小区改造、黑臭水体治理、建筑节能改造、城市管廊建设，做到“建设一盘棋”。同样，气候适应型城市也应统筹规划，与相关工作协同发展。

二是创新运作方式，探索以效果为导向的实施模式。在试点过程中，三亚市探索以效果为导向的PPP模式，将海绵城市项目按照汇水分区或流域进行整体打包运作，将可经营、准经营和非经营不同类型的项目进行搭配，实行绩效考核、按效付费，变“花钱买工程”为“花钱买效果”。PPP模式的实施既节约了城市开发建设成本，又促进了城市品质和价值的提升，鼓励社会资本参与还实现了资金平衡，值得进一步借鉴。

三是打造气候适应型城市建设与经济发展双赢局面。三亚市立足地域特点与市情特征，在大尺度上进行全域系统谋划，通过海绵城市建设充分盘活了山、海、河等生态资源，梳山理水，造水营城，全面提升了区域的生态价值，促进了区域环境与社会经济的协调发展。例如，东岸片区被打造为自贸区（港）总部经济及中央商务区的核心中央商圈，带动了周边产业链的升级发展，提升了片区的综合效益，形成了海绵城市建设与经济社会发展双赢的局面。气候适应型城市建设也可以通过对城市基础设施、生态系统的升级改造，增加土地的经济价值，促进产业转型升级，从而拉动经济发展，形成良性循环。

常德

海绵城市建设

编　者：杨　秀（清华大学气候变化与可持续发展研究院）

关键词：海绵城市，城市洪涝风险，极端降水，雨水治理

案例介绍：

常德市境内水系众多、水情复杂，是区域防洪重点地区。近年来，常德市极端降水多发，由此产生的内涝造成了财产损失、水污染，甚至人员伤亡。为应对气候变化导致的极端降水，常德市委、市政府开展海绵城市建设及适应气候变化行动，通过制定科学规划、细化指导政策、应用先进技术、改进融资机制、借鉴国际经验、健全保障体系多措并举，在3年内实现了“小雨不积水、大雨不内涝、水体不黑臭、热岛有缓释”的基本目标，成为海绵城市建设的典型案例。其中，大、中、小海绵体并重构建，混合污水及初期雨水终端有效处理，黑臭水体按流域综合治理，项目建设融合推进等模式适于在我国南方丰水地区复制推广。

常德市的海绵城市建设实现了生态效益、经济效益和社会效益的共赢，形成了绿色发展和宜居生活相互融合的和谐格局，成为拉动当地经济、社会发展的引擎。

一 城市概况

常德市位于湖南省西北部，地处长江中游洞庭湖水系、沅江下游和澧水中下游，市域面积1.82万km^2，人口623万人。常德市境内水系众多，长度5 km以上、流域面积10 km^2以上的各级支流有432条。常德市降雨量丰沛，春夏多雨、秋冬少雨，年降水量为1 200～1 900 mm，平均降水量为1 365.9 mm；受特殊地形影响，2月、3月多夜雨，其夜间降水量是月降水量的2/3以上，分别为61.4%、64.4%。受江南春雨和长江中下游梅雨、秋雨的影响，常德市分别在4月下旬、6月下旬和8月下旬有雨峰形成，6月下旬降雨最强，4月下旬次之。近年来，常德市呈现的气候变化趋势为年平均气温、极端最低气温均呈极显著上升趋势，极端降水事件的变化更为显著，大雨和暴雨事件显著增加。

常德市面临的主要气象灾害有暴雨洪涝、雷电、冰冻、高温、霾、冰雹、暴雪、大风、大雾、干旱等10 多种，其中，暴雨洪涝对城市安全和人民生命财产的影响远大于其他气象灾害。同时，常德市是区域防洪重地，水情复杂，暴雨增加了城市的防洪压力。常德市防洪堤线长，全市共有堤垸38个，其中，重点垸5个，占全省的1/2；蓄洪垸8个，占全省的1/3；防洪大堤长2 870.73 km（其中一线大堤长1 121 km，约占全省的1/3，与黄河临洪大堤长度接近）。

暴雨产生的内涝造成了财产损失、水污染，甚至人员伤亡。当底水较高时，排泄困难，特别是常德市的夜间暴雨（多年平均1.6天）多于白天（多年平均1.3天），给及时排涝造成不便。进入20世纪90年代，常德市于1991年、1993年、1995年、1996年、1998年、1999年、2003年、2014年发生了8次水灾，造成的直接经济损失达数百亿元。2011年汛期强降雨导致全市公路中断205条次，2012年强降雨导致市区内涝成灾，境内国道207、省道306、省道227、省道303等道路不同程度受损并一度中断，石长铁路临澧至陈二铺段在7月18日因严重积水中断近9小时；2013年9月强降雨导致全市公路中断137条次，其中鼎城区公路中断105条次。

为此，常德市积极开展海绵城市建设及适应气候变化行动，2015年入选海绵城市试点，2017年入选气候适应型城市建设试点。截至2018年10月，常德市建成海绵城市项目137个，完成投资79.66亿元，实现了“小雨不积水、大雨不内涝、水体不黑臭、热岛有缓释”的基本目标[1]。

二 政策机制

在体制机制方面，常德市委、市政府成立了市海绵城市建设领导小组，由市委书记任顾问、市长任组长、相关分管领导任副组长，下设领导小组办公室和9个工作组，从相关职能部门抽调有实践经验、专业特长的干部，统筹抓好试点建设，统一履行策划、组织和督导等职能，同时建立完善了“办公室一周一调度、分管副市长一月一调度、市长一季一调度”的运行机制。在全面深化体制改革时，市机构编制委员会在市发展改革委、市自然资源和规划局、市住房和城乡建设局、市生态环境局、市水利局、市财政局等部门的“三定”方案中明确了专门的机构负责海绵城市建设。为完善海绵城市建设和管理的长效机制，2019年新成立了“常德市海绵城市建设服务中心”，由其长期承担海绵工程运营维护任务[2]。

在制度建设方面，常德市聘请德国汉诺威水协有限公司、中国城市规划设计研究院，会同政府相关部门编制了《常德市海绵城市建设试点城市实施计划》《常德市海绵城市专项规划》《常德市建成区黑臭水体整治实施方案》《常德市海绵城市建设设计导则》《常德市海绵城市设计图集》《常德市海绵城市建设工程质量检验技术要求》《常德市人民政府关于稳步推进海绵城市建设指导意见》《常德市海绵城市项目建设规划审批管理规定》《常德市海绵城市项目建设管理规定》《常德市海绵城市建设资金管理办法》《常德市海绵城市建设财政补助奖励办法》《常德市海绵城市建设绩效考核实施细则》《常德市海绵城市建设PPP合作项目运营管理办法》[3, 4]。

三 行动措施

常德市的海绵城市建设项目涉及城市水系的治理、生态的修复，海绵型企业、单位、居民区院落的新建与改造，城市道路、公园、绿地、广场的新建与改造，屋顶绿化、绿色渗水停车场和供水、排水、污水处理等设施的新建与改造，海绵城市建设新技术、新工艺、新材料的研发。在建设城市基础设施方面，常德市积极构建低影响开发雨水系统，广泛应用“渗、滞、蓄、净、用、排”和智能检测监测等技术，努力实现雨水的自然积存、自然渗透、自然净化。在城区绿色屋顶、可渗透路面、植草沟渠、雨水花园、下凹式绿地广场、下沉式树穴、渗水停车场、雨水收集调蓄池、防洪排涝和污水净化处理以及雨水中水利用设施等海绵城市建设项目方面，已建成或在建的范例工程随处可见，海绵型企业、单位、住宅小区院落不断涌现，院落雨水在一定暴雨强度下实现了“零排放”。收集的雨水广泛用于环卫洗街、园林绿化浇灌、混凝土搅拌和城市景观补给等，实现了“小雨不积水、大雨不内涝、水体不黑臭、热岛有缓释”的总体目标。

常德市坚守发展不以牺牲环境为代价的原则，坚信绿水青山就是金山银山的理念，在海绵城市建设中实现了生态效益、经济效益和社会效益的和谐共赢，已成为拉动当地经济社会发展的引擎。常德市的水环境明显改善，水安全大幅提升，水生态不断优化，水产业有序开发，水文化广泛传承，水管理日趋智慧。城市不再“看海”，“昨日的黑臭河”成了“今天的风光带”，城市面貌焕然一新，塑造了绿色发展和宜居生活相互融合的和谐格局，呈现出城市提质和经济发展相互促进的生动局面。常德市真正提升了城市居民的获得感、自豪感、幸福感，并产生了一系列可借鉴、可推广、可复制的模式。在项目建设组织方面，已形成“十抓”“六规范”“四大保障机制”系统聚力的常德模式[4]；在项目建设技术路线探索方面，已形成大、中、小海绵体并重构建，合流制排水系统排放的污水和初期雨水在终端得到有效处理，黑臭水体按流域综合治理，项目建设融合推进的常德模式；在项目建设质量管理方面，已形成既要“面子”，更要“里子”的常德模式；在项目建设国际合作方面，已形成先进技术在中国转化和落地的常德模式。

四 融资机制

一是“内集”，即预算内的城市建设资金优先安排海绵项目，3年间市本级财政预算直接安排海绵城市建设专项资金额度超过20亿元，占同期城市建设项目支出预算总额的60%。二是“外借”，即吸引金融机构参与常德市海绵城市建设，分别获得金融机构海绵融资贷款，并与建设银行合作设立海绵基金。三是“众筹”，即改变海绵院落改造政府包办模式，由财政给予定额比例的补助，其余资金由业主单位自筹；出台政策鼓励和支持社会资本参与海绵城市建设，吸引了北控水务集团、首创水务公司等社会资本参与建设。2015—2018年，148个海绵项目共完成投资79.66亿元，其中，中央财政资金12亿元，地方财政资金47.56亿元，社会资本20.1亿元[5]。

根据常德市海绵城市试点建设进展汇报（2017年），政府融资渠道包括政府债券融资和企业债券融资，政府债券融资利率一般不高于银行贷款基准利率，企业债券融资利率一般不高于银行贷款基准利率上浮10%的比例；社会资本融资渠道主要包括银行贷款和自筹资金，银行贷款利率一般为基准利率上浮20%～30%，银行贷款期限一般为3～5年[4]。

在项目建设上，常德市注重通过政府投入带动社会投资形成收益，实现了政府投资的良性循环。政府将海绵城市建设资金重点投向穿紫河、新河治理等项目，以根治黑臭水体，打造穿紫河水上风光带，激活沿岸土地市场，并在穿紫河两岸建起了德国风情街、婚庆产业园、大小河街，在下游引进了欢乐水世界、卡乐陆公园大型游乐项目，开通了柳叶湖—穿紫河水上观光巴士，培育发展了“亲水经济”。据初步统计，穿紫河治理项目刺激土地溢价2.26亿元，新增房产销售收入6.92亿元、房产税费1.73亿元；相关旅游娱乐项目累计接待游客2 500万人次，仅门票收入就超过2亿元[5]。老西门及护城河综合治理项目总投资16.72亿元，其中政府直接投入0.36亿元，资金投入主要来自社会资本。常德市把老西门建成集生态宜居、旅游观光、绿色办公、现代商业、文化休闲、艺术体验等于一体的复合型“城市文化旅游街区”，不仅提升了街区的商业资产价值，而且将永久性产生经济收益。目前，所有商业资产正处于自营培育期，到2020年，商业资产总值可以达到19.4亿元，基本实现项目收支平衡；到2025年，商业资产总值将达到24.02亿元，预计上缴税金约3.3亿元，实现利润约5亿元。

总体来看，常德市在海绵城市建设中地方政府投入47.69亿元，对应的土地房产直接增值收益预计为45.83亿元，相应增加政府税费收入预计可达6.57亿元，较好地实现了投入与产出的良性平衡[5]。

五 取得的成效

常德市是海绵城市建设的典型案例。自2015年入选全国首批海绵城市建设试点以来，经过三年的试点建设，常德市实现了“小雨不积水、大雨不内涝、水体不黑臭、热岛有缓释”的基本目标，形成了大、中、小海绵体并重构建，混合污水及初期雨水在终端得到有效处理，黑臭水体按流域综合治理，项目建设融合推进等在我国南方丰水地区可复制、可推广的模式。[6]

一是水安全大幅提升。通过划分排水分区，开展防洪大堤、重点闸的项目建设，新建并改造雨水排放管网和雨水泵站，提高对雨水径流的渗透、调蓄和排放能力；采用雨污分流，建立管网模型和管网数据库，对雨水和污水进行高效处理；推进海绵型院落、海绵型道路、海绵型公园建设和老城区雨污分流管网改造，有效解决了管网堵塞、破裂、渗漏等问题。

二是水环境明显改善。开展黑臭水体专项治理行动，严格管理城市排水许可，对污水处理厂及污水处理设备实施新建改造，从源头开展水环境治理。

三是水生态不断优化。实施景观绿地建设以及重点河湖周边生态驳岸的重建与修复。

四是水产业有序开发。成立专业海绵公司，积极与高校和研究机构开展合作；成立海绵城市工程技术研究中心，催生一批新型技术和材料企业，带动一批传统企业的转型升级。

五是水管理日趋智慧。通过建成污水处理、给排水、海绵城市项目建设管理绩效数字化管理平台和云计算中心，智慧水务系统基本形成，信息通信技术和网络空间虚拟技术得到广泛应用，传统的水务管理正在逐步向智能化转型。

参考文献

[1] 肖慧，刘凌. 绿色发展中的常德亮色[EB/OL]. [2021-04-17]. http：//cdrb.cdyee.com/html/2019-07/13/content_632400.htm? div=-1.

[2] 曲婷. 湖南常德推广海绵城市建设的经验与思考[J]. 长江技术经济，2020，4（2）：66-70.

[3] 李远国. 巩固发展海绵城市建设成果　致力打造中部地区最美城市——常德：融合推进“城市双修”“三位一体”工程[J]. 城乡建设，2017（5）：40-41.

[4] 李远国. 常德市在2016年1月海绵城市试点建设进展汇报[EB/OL]. [2021-04-17]. https：//wenku.baidu.com/view/f55341452f3f5727a5e9856a561252d380eb203f.html.

[5] 湖南财政. 常德财政多举措支持完成海绵城市建设3年试点[EB/OL]. [2021-04-17]. https：//www.sohu.com/a/288399005_120026774.

[6] 李远国. 常德市强力持续务实建设海绵城市凸显成效 ——把“政绩”埋在地下　让城市远离涝灾[EB/OL]. [2021-04-17]. https：//hn.qq.com/a/20161205/031557.html.

广东

巨灾指数保险

作　者：应雯雯　焦　洁（瑞士再保险）

关键词：巨灾保险，指数保险，广东省，财政资金，洪涝

案例介绍：

广东省位于自然灾害频发区域，饱受台风和洪涝灾害的侵扰，肆虐的台风和洪涝灾害给当地造成了巨大的经济损失。巨灾指数保险这一创新型风险融资解决方案的出现为广东省各投保城市的救灾应灾工作提供了有力的资金支持。巨灾指数保险是以台风风速和路径、降雨量为参数来设计指数保险方案的，具有客观、可靠等特点，避免了损失勘验、赔偿核实、赔付争议等问题。在实际应用中，巨灾指数保险的赔付金额大、赔付效率高，极大地缓解了政府财政预算压力和申请资金周期长的问题。此外，广东省的巨灾指数保险在我国首次将地方政府作为被保险人和受益人，其赔款可用于地方财政开展灾后重建和灾难救助等工作，并由政府统筹安排使用，从而提高了资金的使用效率。

一 自然灾害特点解析

广东省位于自然灾害频发区域，尤以台风和强降雨引发的洪涝灾害为重，两者是重大经济损失的主要成灾因素。广东省为台风频繁登陆地，在全国台风登陆频次中的占比为40%，其频度和强度以及随之产生的强降雨给城镇和农村地区带来严重的洪涝灾害风险。此外，每年来自印度洋的西南季风同样也会产生强降雨，给局部地区造成严重的洪涝灾害风险。

（一）广东省台风灾害

广东省台风灾害频繁，平均每年有3.86个台风登陆，最多年份可达7个。在南海形成的台风从形成到登陆时间短、成灾速度快，台风灾害一般在1～2天就会形成，有的甚至只需几个小时，如果来不及防备就会造成巨大的人员伤亡和经济损失[1]。一次台风过程的影响范围常常多达几十个县市，且70%～80%的台风登陆时会带来大暴雨，暴雨的影响范围更为广泛。表1选取了2000—2019年期间的典型案例进行简要分析。

表1　登陆广东省的典型台风灾害损失分析

台风名称	登陆时间	登陆地点	影响范围及损失	特点
0814号台风黑格比（Hagupit）	2008年9月24日	茂名	●茂名、阳江、珠海、江门共4个市受灾； ●受灾人口达652万人； ●直接经济损失达114亿元	百年一遇风暴潮引发珠江倒灌
1822号台风天鸽（Tato）	2017年8月23日	珠海	●广州、深圳、珠海等11个市受灾； ●受灾人口达46.8万人； ●直接经济损失达119.22亿元	强度变化大，风暴潮增水历史罕见
1822号台风山竹（HATO Mangkhut）	2018年9月16日	江门	●湛江、茂名、阳江等45个市、县受灾； ●受灾人口达485万人； ●直接经济损失达230亿元	台风威力大、范围广，暴雨点多面广

（二）广东省历史洪涝灾害损失

广东省位于我国南部，属于亚热带季风气候，年降水量充沛，集中于4—9月，同一时间又受台风影响频繁，境内地势北高南低，是北江、西江、东江、韩江等多条河流的下游，独特的地理条件使广东省的洪涝灾害十分严重。根据灾害普查结果，广东省平均每年由暴雨洪涝灾害造成240多万人受灾、60多人死亡，直接经济损失近28亿元[2]。表2选取了2000—2019年期间典型的洪涝灾害案例，由此可以看出广东省因洪涝灾害而承受的经济损失。

表2　广东省的典型洪涝灾害损失分析[2]

时间	位置	影响范围及损失
2005年6月	西江、东江、北江、韩江及东南沿海河流	•倒塌房屋40多万间； •443万人受灾，65人死亡； •直接经济损失达42.9亿元
2008年5—6月	全省	•新中国成立以来最严重的“龙舟水”； •死亡33人； •全省直接经济损失达64.5亿元
2010年9月	茂名、阳江等9个市	•台风“凡亚比”带来的暴雨引发了严重的山洪地质灾害； •137.03万人受灾，128人死亡； •直接经济损失达54.75亿元

二 创新型风险融资解决方案：巨灾指数保险

广东省政府通过制度性安排，以保险形式对政府为应对严重台风和强降雨而投入的救灾资金进行经济补偿，从而减小了政府财政在应对巨灾时可能产生的波动。

广东省的巨灾指数保险创新性地采用指数保险的方式，基于自然灾害的物理特性（频度和强度）确定对应的保险金额，由保险人在确定指数后即刻向政府财政支付对应的保险金额。与传统保险相比，指数保险方案的特点在于，其赔付以观测到的客观指标（如降雨量、台风风速等）为赔偿基础，不需要等待现场查勘，从而免除了损失勘验、赔偿核实、赔付争议等问题。在触发赔付条件后，保险公司可以在短时间内进行赔付，从而有力地支持了政府开展灾难救助、灾后公共设施修复重建、灾后社会救助等工作。

基于当地台风和洪涝灾害的特点，广东省的巨灾指数保险包括如下两类。

一是台风巨灾框指数保险，其核心在于巨灾框的设计。台风巨灾框是以经纬度界定的一个几何图形，通常为圆形，其保障范围以试点城市中心为圆心，选取合适的半径，既涵盖在试点城市登陆的台风，又涵盖未在该市登陆但仍然对该市造成经济损失的强台风。当台风经过该巨灾框即开启测算，当风速达到或超过事先设定的阈值即启动赔付。不同的风速决定了不同的赔付规模。

二是强降雨成灾指数保险，用于应对连续强降雨对地方造成的影响。首先，针对投保城市事先选择气象观测站，包括自动站、国家站等。为了减小基差风险，气象观测站的选择力求覆盖广、位置典型。其次，根据投保城市各县（市、区）最大降雨量重现期和灾害损失的相关性分析，以降雨量的历史频度、强度、成灾等数据建模计算受灾因子表，该表决定了不同程度的最大降雨量所对应的受灾程度。再次，根据投保城市各县（市、区）的灾害发生量，结合受其影响的人口数量、财产规模、财政责任等参量建立保险参量权重，以此设定各县（市、区）在投保城市的保障比重。最后，受灾因子与保险参量权重的乘积之和即成灾指数。当发生强降雨事件时，持续观测所有选定气象站点的降雨量直至强降雨结束，采用有效最大降雨量计算全市成灾指数，根据事先约定的赔付结构判断实际赔付金额。

三 巨灾指数保险现行效果

（一）金额大

面对巨灾，救灾资金预算不够用往往是各级政府灾后重建面临的难题。广东省借助巨灾指数保险成功缓解了投保城市的财政预算压力。从2016年8月汕尾市财政局获得巨灾指数保险的首笔赔款开始，截至2020年1月，阳江、云浮、茂名等17个签约地市均遭受了重大台风和特大暴雨的侵袭。当台风或强降雨成灾指数触发阈值时，保险公司在收到广东省气候中心出具的指数计算报告后迅速调度赔款资金进行赔付，4年来的赔付金额累计为8.02亿元[3]。这笔金额巨大的赔付资金，在一定程度上缓解了过去各级政府救灾资金“无灾小灾花不出，大灾巨灾不够用”的困境，每年地方财政只需支出固定的巨灾保费，即可在巨灾发生后获得资金支持。

2017年8月24日，台风“天鸽”触发赔付条件，阳江市和云浮市获得保险公司2 200万元的赔款[4]。2018年，在台风“山竹”“艾云尼”等灾害中，保险公司支付给各地市的巨灾指数保险赔付金额达3.1亿元，其中，一次性支付阳江市“山竹”赔款5 500万元[5]。2020年6月7日至6月11日，广东省汕尾市遭遇特大暴雨恶劣天气侵袭，获巨灾保险赔款1 971.7万元[6]，有力地满足了汕尾市救灾复产的资金需求。

（二）效率高

广东省巨灾指数保险不但赔付金额巨大，其资金迅速到位更是成为协助地方政府灾后重建的优势因素。保险公司根据广东省气候中心出具的指数计算报告迅速确定成灾指数及赔付金额，对巨灾赔付开通“绿色通道”，简化定损流程，将赔付款迅速支付到政府指定账户，极大地提高了保险公司的赔付效率。广东省巨灾指数保险赔付速度快的优势在很大程度上解决了各级政府以往申请经费周期长的难题。

2017年8月24日，台风“天鸽”触发赔付条件，保险公司仅用半天时间便完成所有理赔流程，不到12小时就将赔款1 200万元和1 000万元分别支付到阳江市和云浮市财政局指定账户[4]。2018年，阳江市因台风“山竹”而获得的5 500万元赔款仅用一天时间即赔付到位。2020年，汕尾市因强降雨而获得的1 971.7万元赔款3天时间赔付到位。2020年5月18日至5月25日，东莞市因强降雨而获得的赔付耗时不到24小时[7]。种种案例验证了保险公司极高的赔付效率，极大缓解了政府资金申请周期长的问题。

四 亮点与启示

巨灾指数保险这一创新型风险融资解决方案有效地支持了广东省地方政府应灾救灾所面临的财政资金需求。巨灾指数保险具有客观、可靠等特点，以灾害的物理观测参数为赔偿基础，不需要在灾害现场进行损失查勘，避免了损失勘验、赔偿核实、赔付争议等问题，大大加快了赔付进程。在实际应用中，巨灾指数保险一是赔付金额巨大，4年来累计赔付8.02亿元，为地方财政提供了可观的救灾资金支持；二是赔付效率高，赔付时间在0.5～3天不等，极大地缓解了政府申请资金周期长的问题。

广东巨灾指数保险在我国巨灾保险体系建设中开创了保财政、用指数的先河，其效果受到多方肯定，由最初的10个市逐渐扩展到4年后的17个市。政府巨灾指数保险也在国内更多城市得以推广应用。

参考文献

[1] 唐晓春，刘会平，潘安定，等. 广东沿海地区近50年登陆台风灾害特征分析[J]. 地理科学，2003（2）：182-187.

[2] 中国气象局. 广东省气象灾害防御规划（2011—2020年）[EB/OL]. [2015-07-02]. http：//www.cma.gov.cn/2011xzt/2015zt/20150702/2015070202/201507020202/201507/t20150702_286796.html.

[3] 李一鹏，杨群娜，丁继武. 赔付资金1天到位，有力支撑救灾复，广东巨灾气象指数保险服务防减救新格局[EB/OL]. [2020-01-22]. http：//www.cma.gov.cn/2011xwzx/2011xqxxw/2011xqxyw/202001/t20200122_545466.html.

[4] 人保财险广东省分公司. 人保财险广东省分公司赔付巨灾指数保险2200万元[EB/OL]. [2017-08-30]. http：//www.epicc.com.cn/renbao/zixunzhongxin/

meitiguanzhu/201708/t20170830_9829.html.

[5] 广州市地方金融监督管理局. 广州启动巨灾指数保险试点工作[EB/OL]. [2019-03-22]. http：//jrjgj.gz.gov.cn/jryx/yxzqbx/content/post_2791170.html.

[6] 邓良琼. 获得巨灾指数保险赔付1971.7万元[EB/OL]. [2020-06-30]. https：//jynews.net/newsWeb/toDetail? desId=113224.

[7] 杨静雨. 东莞市巨灾指数保险首笔赔付到账900万元，耗时不到24小时[EB/OL]. [2020-05-27]. https：//www.sohu.com/a/398053908_161795.

宁波

巨灾保险制度

编　者：杨　秀（清华大学气候变化与可持续发展研究院）
关键词：巨灾保险，宁波，台风，公共救助

案例介绍：

宁波市位于东海之滨、长三角东南隅，灾害天气多发。为分散台风等巨灾风险、摆脱政府财政经费“无灾不能用、有灾不够用”的窘境，自2018年以来，宁波市形成了多层次、广覆盖的公共巨灾保险体系，由市政府承担巨灾保险保费，政府、基层组织和保险机构密切协作开展救灾工作。这一体系改变了由政府财政补偿灾害损失的单一模式，构建了政府、市场、社会共同参与的公共救助体系新机制，提供了精准有效的灾害损失补偿。保险行业也通过积累大灾理赔数据和服务经验，为政府及其职能部门提供了精准的防灾减灾信息，提高了全社会应对重大自然灾害的意识和能力。

宁波市巨灾保险制度使受灾群众普遍受益，得到了社会各界的肯定，被国内一些专家学者誉为公共巨灾保险的“宁波样本”。

一 城市概况

宁波市位于东海之滨、长江三角洲的东南隅，地处宁绍平原，纬度适中，属北亚热带季风气候区，温和湿润，冬夏季风交替明显，但因其所处纬度而常受冷暖气团交汇影响，加之倚山靠海，特定的地理位置和自然环境使当地天气多变、差异明显，灾害性天气相对频繁，同时也形成了多样的气候类型，给发展多种经营提供了有利的自然条件。宁波市多年的平均气温为16.4℃，最热的7月平均气温为28.0℃，最冷的1月平均气温为4.7℃，无霜期为230～240天，作物生长期为300天；多年平均降水量为1 480 mm，山地丘陵一般要比平原多三成，主要雨季有3—6月的春雨、连梅雨和8—9月的台风雨、秋雨，主汛期5—9月的降水量占全年的60%；多年平均日照时数1 850小时，地区分布为北多南少、西部山区比平原少。

宁波市的主要灾害性天气有低温连阴雨、干旱、台风、暴雨洪涝、冰雹、雷雨大风、霜冻、寒潮等，其中影响最严重的是台风[1]。2019年8月10日，超强台风“利奇马”为新中国成立后登陆浙江省对宁波市综合致灾强度第二位的台风，沿海海面10级以上大风持续了36小时，全市过程降雨量为277 mm，居浙江省第二位，市气象台发布最高等级的台风红色预警。

二 政策背景

巨灾一般指突发的难以避免且造成巨大损失的自然灾害，其特点是发生频率低、损失大，往往造成大量的人员伤亡或财产损失，给社会经济和人民群众的生产、生活带来严重影响。从目前各地的实践情况来看，政府往往扮演着巨灾损失“最终承担者和责任人”的角色，严重自然灾害的损失主体是政府，而政府财政预算的现状是“无灾不能用、有灾不够用”。

巨灾保险是对具有不可预测性、突发性且难以避免的巨灾风险所引发的大面积灾难性事件及所造成的严重人员伤亡和巨大财产损失给予切实保障的保险制度，以分散风险。2014年，国务院印发的《关于加快发展现代保险服务业的若干意见》（国发〔2014〕29号），即保险业的“新国十条”，提出要建立巨灾保险制度。2017年1月，《中共中央 国务院关于推进防灾减灾救灾体制机制改革的意见》发布，提出要充分发挥市场机制作用，坚持政府推动、市场运作原则，强化保险等市场机制在风险防范、损失补偿、恢复重建等方面的积极作用，不断扩大保险覆盖面，完善应对灾害的金融支持体系；加快巨灾保险制度建设，逐步形成财政支持下的多层次巨灾风险分散机制。

三 实施过程[2]

从2014年11月开始，宁波市成为全国首批巨灾保险试点城市。市政府专门就巨灾保险工作出台了《关于开展巨灾保险试点的实施意见》，标志着巨灾保险的正式实施。3年试点之后，即在2017年宁波市在总结试点工作的基础上又出台了《关于深化巨灾保险工作的实施意见》，标志着试点期的结束，巨灾保险作为宁波市政府长期性的制度正式确立下来。2018年，宁波市公共巨灾保险正式进入实施阶段。宁波市的巨灾保险制度可以用6个字概括，即多层次、广覆盖，其公共巨灾保险体系已经形成了政府、基层组织和保险机构各方密切协作的救灾工作网络，汇聚了防灾减灾的社会合力，成为政府应用现代金融保险手段提高应对重大自然灾害风险能力的创新案例。

2015年，宁波市政府支出3 800万元投保了自然灾害险，与首席承保人（人保财险宁波分公司）签订了巨灾保险框架协议，总保额为6亿元。在随后的两年内投保金额均提高到5 700万元，总保额包括6亿元的自然灾害险及1亿元的公共安全险[3]。巨灾保险所保障的灾种包括台风、强热带风暴、龙卷风、暴雨、洪水和雷击等自然灾害及其引起的突发性滑坡、泥石流、水库溃坝、漏电和化工装置爆炸、泄漏等次生灾害，保障对象为灾害发生时处于宁波市行政区域范围内的所有人员。

2018年1月，宁波市巨灾保险正式实施，完善了巨灾保险保障范围及期限、赔付标准、理赔触发条件、理赔服务、风险准备金、商业巨灾保险产品、防灾减灾服务等方面的机制。例如，保险方案增设了自然灾害保险中的暴雪险，其他险种涵盖了对于人员伤亡本身及家庭财产损失的保险保障。在赔付标准方面，巨灾保险提高了自然灾害及公共安全事件所导致的伤亡人员的抚恤金，同时设定了更易触发公共安全保险理赔的相关条件。宁波市政府与人保财险宁波分公司签订了2018—2020年的巨灾保险合同，标志着宁波市公共巨灾保险由试点探索期跨入全面实施期。市政府每年出资4 080万元向保险公司购买总额7亿元的巨灾风险保障，其中人身伤亡抚恤和家庭财产损失救助各3亿元、公共事件人员伤亡抚恤及转移安置1亿元。新保险方案将暴雪责任纳入巨灾保险保障，并进一步提高赔偿标准，人身伤亡抚恤标准由10万元/人增加至20万元/人，家庭财产损失救助标准由2 000元/户增加至3 000元/户，公共事件人员安置费用由8 100元/人增加至13 500元/人。此外，市政府每年另行安排1 020万元资金建立巨灾风险准备金，当巨灾保险年度经营出现亏损时，可动用准备金弥补保险亏损，平滑巨灾保险的经营波动。下一步，宁波保监局将积极推动承保公司开发商业巨灾保险产品，构建完善巨灾理赔服务和风险管理体系，满足政府和社会大众多层次、多样化的巨灾风险保障和服务需求[4]。宁波市巨灾保险建立过程见表1。

表1　宁波市巨灾保险建立过程[5]

阶段	年份	措施	理赔情况
制度初建	2014	出台了《关于开展巨灾保险试点的实施意见》	—
试点阶段	2015	市政府支出3 800万元投保，总保额为6亿元	因台风“灿鸿”“杜鹃”为13.6万户居民理赔7 790多万元
	2016	投保金额提高到5 700万元，总保额为6亿元自然灾害险和1亿元公共安全险	因台风“莫兰蒂”为3.43万户居民理赔近2 000万元
	2017	出台了《关于深化巨灾保险工作的实施意见》	—
正式实施阶段	2018	每年保费4 080万元，总保额7亿元	—
	2019		因台风“利奇马”为3.5万户居民理赔2 453万元

宁波市在发展巨灾保险的过程中，建立了由政府及各基层与保险机构共同参与、紧密合作的灾害管理及救助体系。通过叠加组织民政救灾网络与保险服务网络，各主体形成了巨灾保险工作网络的社会合力，从而更加主动、广泛、深入地参与到灾前预警防范、灾时避险转移、灾后定损救助的各项任务中[6]。

四 主要做法[7]

一是明确巨灾保险定位。宁波巨灾保险是公共性的巨灾保险，也是一项政策性保险，具有政府抚恤和救助的性质，遵循广覆盖、保基本的原则，发挥普惠和救济功能。例如，家庭财产损失救助并非按照商业性居民家庭财产实际损失金额赔付，而是根据灾害的情况，采取普惠性原则，分几个档次给予固定额度的救助和赔付，这与保险公司其他险种有区别。

二是不断扩大保障范围。在试点初期，巨灾保险主要将宁波市的台风、暴雨、洪水等自然灾害及由其引发的突发性次生灾害造成的居民损失、居民人身伤亡抚恤和家庭财产作为公共保障范围。2016年，天津爆炸案发生以后，宁波市巨灾保险把因火灾爆炸、恐怖袭击、群众性活动而引发的拥挤或踩踏等重大突发公共安全事故所造成的人身伤亡抚恤和安置费用也纳入保障范围，保障对象涵盖了宁波市行政区划内的所有人口，包括到宁波旅游的外来人口。2018年1月，巨灾保险增加了暴雪的责任险种，将雷击也纳入进来，保障范围进一步扩大。

三是科学设置巨灾保险触发机制。巨灾保险对接了宁波市防台防汛应急响应机制，把降雨量、降雪量等参数引入巨灾体系，合理设置了台风灾害和暴雨、暴雪理赔的触发点。当县域积雪程度达到80 cm触发三级预警时，就会自动启动自然灾害保险理赔。在公共安全保险领域，公共安全事故若造成3人以上死亡或10人以上重伤就会启动保险理赔。触发机制的设置越来越合理。

四是不断提高理赔标准。遵循惠民高效的原则，公共保险赔付标准比试点初期有明显提高。因台风、暴雨等自然灾害造成住宅进水20 cm以上的家庭居民，在保留最低赔付标准500元的基础上，将最高赔付标准从2 000元提高到5 000元；对于人身伤亡的赔付标准，从赔付最低2万元、最高10万元提高到最高20万元；增加了见义勇为等特殊情况的赔付标准。

五是公开规范理赔服务。宁波市通过修订完善巨灾保险理赔工作流程和服务手册，实现了政府透明、过程公开、阳光操作。另外，宁波市还建立了区—乡—村三级巨灾保险工作联络员队伍，联络员在全市范围内已经达到3 000多人，这样不仅有保险制度，还有保险服务网络和队伍。特别是在2016年，市政府又专门出资600多万元支持保险机构引入现代远程测绘技术，建立健全水灾远程核灾定损系统，目前覆盖了全市730多个社区和村，大幅降低了大灾时人工查勘的工作量，这是科技赋能保险的典型案例。与此同时，保险科技的应用也大幅提高了理赔定损的效率。2019年“利奇马”台风后，巨灾保险的第一笔赔款从发生到理赔一共用了4天，且其中3天是公示时间；从查勘定损到理赔其实只用了1天时间。而在最初巨灾保险刚实施时，赔款往往需要7天。通过应用科学技术，保险理赔效率不断提高，老百姓的满意度也在不断提升。

六是建立完善保障制度。宁波市巨灾保险的保费是由政府承担的。目前，宁波市公共巨灾保险每年的保费为4 080万元，总保额为7亿元。在此基础上，宁波市还探索建立了财政支持下多层次的巨灾风险分散保障机制，巨灾资金、准备金等在宁波市的保险方案里都有体现。宁波市实施公共巨灾保险制度以来，已经针对较大台风启动了6次大面积的理赔工作，另外还有14次较小规模自然灾害的理赔事故，包括1次公共安全事故理赔。在巨灾保险制度下，宁波市成功抗击了多次台风，已有将近21万户受灾家庭获得了总额达1.22亿元的赔款。通过第三方专业评估，有90%的受灾群众对宁波市公共巨灾保险实施的总体效果给予好评。

五 亮点与启示

宁波市巨灾保险制度使受灾群众普遍受益，得到了社会各界的充分肯定。试点期间，宁波市先后经历了“灿鸿”“杜鹃”“莫兰蒂”等台风灾害，累计向16.8万户

（次）居民家庭支付救助赔款9 521万元[3]。第三方评估机构进行的绩效评估结果显示，83.7%的受灾群众对公共巨灾保险制度的实施效果感到满意[8]。因此，宁波市公共巨灾保险制度也被国内一些专家学者誉为公共巨灾保险的“宁波样本”。

宁波市巨灾保险试点结果显示，与实施试点前相比，保险业在大灾救助时的角色和作用发生了重要变化：①改变了由政府财政补偿灾害损失的单一模式，构建了政府、市场、社会共同参与的公共救助体系新机制；②提供了精准有效的灾害损失补偿，多次台风灾害袭击宁波后，受灾居民得到了损失补偿，各方也明显感到了巨灾保险制度带来的防范风险的安全感；③保险行业通过积累大灾理赔数据和服务经验，为政府及其职能部门提供了精准的防灾减灾信息，提高了全社会应对重大自然灾害的意识和能力。

参考文献

[1] 气候概况[EB/OL]. [2020-01-29]. http：//www.qx121.com/weather/weatherStatic/climateNingbo/index.html.

[2] 金融界. 宁波市公共巨灾保险的创新与实践[EB/OL]. [2021-04-17].https：//baijiahao.baidu.com/s? id=1655673555297917205&wfr=spider&for=pc.

[3] 巨灾保险为群众撑起保护伞：2018年起，宁波公共巨灾保险正式实施[J]. 宁波通讯，2018（2）：38-39.

[4] 宁波市公共巨灾保险正式进入全面实施阶段[EB/OL]. [2021-04-17]. http：//ningbo.circ.gov.cn/web/site27/tab1573/info4096567.htm.

[5] 都诗扬. 全国巨灾保险基金机制设计与筹资标准实证[D]. 厦门：厦门大学，2018.

[6] 牟宏霖. 我国巨灾保险试点情况及发展策略[J]. 银行家，2019（4）：80-82.

[7] 今日保. 治愈巨灾之殇：巨灾保险的三个试点样本[EB/OL]. [2019-06-19]. http：//www.sohu.com/a/321527201_100188312.

[8] 人民网. 宁波公共巨灾保险正式实施[EB/OL]. [2018-01-01]. http：//zj.people.com.cn/n2/2018/0101/c186327-31092916.html.

国际卷

Climate Change Adaptation and
Climate Risk Management
Case Studies

英国

国家气候变化风险评估及适应

作　者：Ing.Paul Sayers（Sayers and Partners）
译　者：朱正康
关键词：应对气候变化，英国，温室气体，气候变化风险评估

案例介绍：

英国《气候变化法案》于2008年通过，是该国采取应对气候变化行动的主要立法，也是全球第一个确立温室气体排放目标的法案。该法案制定了具有法律约束力的未来15年的排放目标和2050年碳排放目标，为减缓和适应气候变化提供了综合框架，并基于独立专家的监督与建议明确了行动职责。该法案有助于英国在实现经济增长的同时持续减少温室气体排放，因此得到了工商业界的广泛支持，同时为英国气候变化行动带来了积极的舆论影响。本案例阐述了《气候变化法案》及由其驱动的气候变化风险评估行动，同时回顾了该行动的背景，并总结了《气候变化法案》施行12年以来的经验教训。

一 《气候变化法案》概述

英国《气候变化法案》（以下简称《法案》）于2008年通过，为世界上首个国家层面的框架型立法，全面并总揽性地阐述了英国减排及应对气候变化影响的途径。《法案》背后的理念是，尽管国家政要可能会就如何应对气候变化产生分歧，但在是否应对气候变化的问题上应该保持一致。《法案》为英国的气候减缓和适应行动提供了一个总体框架，包含4个关键支柱（图1）。

图1 《法案》的4个关键支柱[1]

1. 长期目标

《法案》从法律层面规定了英国减少温室气体（GHG）排放的2050年长期目标。最初，根据气候变化委员会（Climate Change Committee，CCC）的建议，这一长期目标的排放水平应比1990年减少"至少80%"（以下简称80%目标）。2019年，基于对2015年联合国《巴黎协定》的正式认可和气候变化委员会的建议，《法案》的长期目标更新为比1990年减少"至少100%"（以下简称净零排放目标）。

2. 实现路径

碳预算为英国设定了具有法律约束力的5年温室气体排放上限，并被作为实现长期目标的中期里程碑（图2）。一方面，碳预算应在预算开始日的12年前制定，以便给政府制定政策和企业投资提供足够的时间；另一方面，中期选择5年目标而非年度目标是为了保障更大的灵活性，如遇极寒冬季的年份将会导致供暖排放的增加。

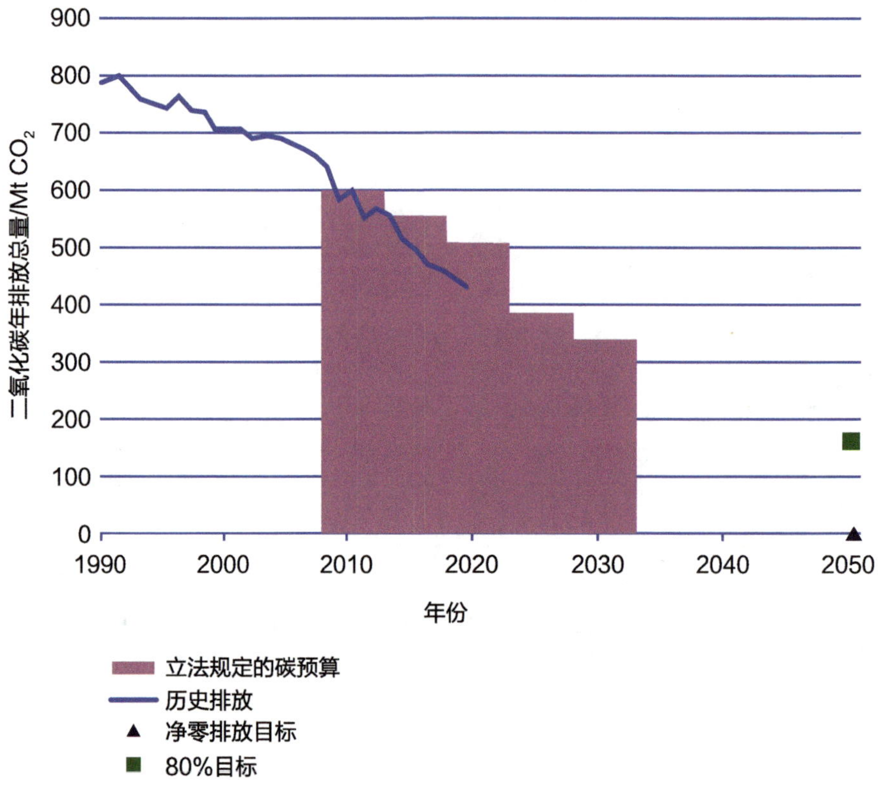

图2　碳预算和净零排放目标的实现路径[1]

3. 政策要求

《法案》要求政府制定并发布政策方案，以执行立法通过的减排标准，并处理最新气候变化风险评估（Climate Change Risk Assessments，CCRAs）中确定的风险。

4. 咨询机构

《法案》将气候变化委员会设为独立的法定顾问机构，该委员会包含减缓和适应两个下属委员会。气候变化委员会由专家组成，政治中立，并由一个“分析秘书处”作为技术支持。气候变化委员会就英国碳预算的适当水平及面临的主要气候风险提出建议，从减排（每年）和适应（每两年）两个方面监督气候变化的进展。政府必须对气候变化委员会的评估作出回应，由此形成了一种政策制定的年度周期制度。

《法案》的规定平衡了选民代表在决策中的优先地位和采用独立顾问解释证据两方面的考量。

一是《法案》规定了设定碳预算时要考虑的几个因素。预算必须着眼于实现2050年长期目标，并考虑气候科学、国际环境、技术、经济和竞争力、税收和支出、燃料不足、能源供应以及权力下放后行政管理的差异。《法案》没有排除其他考虑因素，但纳入上述因素可以保证气候变化委员会的建议能够反映政治优先事项。二是气候变化委员会仅提供咨询建议。关于立法目标及实现这些目标所有政策的决定权在政府。政府必须考虑气候变化委员会的建议，如果与建议的目标不符，政府需要解释理由。

《法案》对不遵守规定的处罚有限，这是有意之举，但是却建立了一个详尽透明的审查框架来监督政府是否履行气候承诺。只要公众舆论支持气候行动，就可以提供一个有力的行动杠杆。如果具体的政策与《法案》所规定的义务不符，《法案》应提供质疑该政策的法律途径。公众和其他具有法律地位（从气候的广义角度来看）的机构可以提出司法审查。

二 英国气候变化风险评估

（一）概述

《法案》为政府规定了一项法律义务，即每五年对英国当前和未来的气候变化所面临的风险及机遇进行评估，并将其作为气候变化委员会法定职权的一部分，由该委员会为评估提供建议。迄今为止，英国已经进行了两次国家气候变化风险评估，第三次正在进行中（很多基础例证已经形成，如未来洪涝风险评估）。

气候变化委员会基于对未来风险和机遇的探索（结合专家评审、气候建模和风险、机会、成本建模）提供建议，并利用与当前决策相关的框架得出结论（图3）。

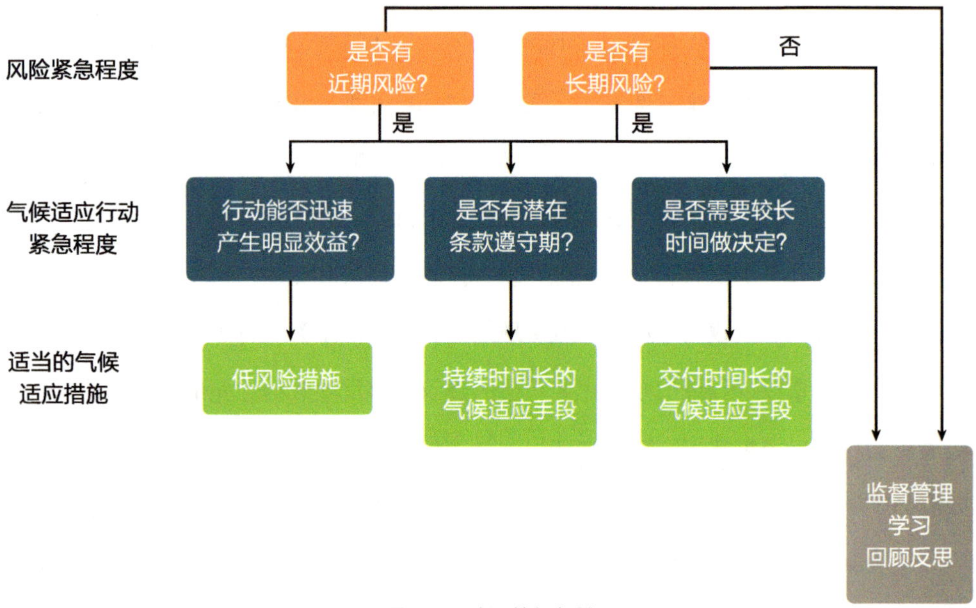

图3　风险评估框架[2]

在该框架指导下，政策制定将与正确理解气候变化带来的预期风险直接相关，尤其是以下方面：

一是采取低风险和无风险行动以降低脆弱性、减少风险暴露。有些政策行动可以在产生更显著的广泛效益和消耗有限成本的同时，帮助降低国家面对气候影响的脆弱性、暴露度，如加快建设城市绿地有助于降低极端高温及洪涝风险、保护生物多样性和提升居民健康水平。

二是采取前置期长的气候适应手段。有些决策从计划到实施需要花费数年时间（如医疗系统的大规模改革、土地利用变化、设计建造新水库等），这意味着当决策被实施时气候已经发生了变化，因此需要在决策进程的一开始就加以考虑。

三是采取生命周期时间长的气候适应手段。目前建设的大量基础设施的预期生命周期为几个世纪，因此需要将气候变化考虑在内，以防止那些生命周期较长的基础设施或建筑物无法适应未来可能发生的气候变化（如新住宅开发或发电站选址的规划决策）。

（二）评估要求

《法案》要求每五年对英国在当前及未来的气候变化中面临的一系列风险及机遇进行一次评估，即气候变化风险评估，主要包括2项内容。

1. 关于风险和机遇的详细实证报告

首要的是确定一组可管理的风险和机遇列表，以供参考。这种列表的制作是在与政府官员密切磋商之后进行的。在首次气候变化风险评估中，研究者给出了一份包含700种潜在风险和机遇的初始列表，由于数量太多，无法发挥作用，研究者又将其简化为一个仅有100多种风险和机遇的汇总列表。在最新一次评估中，这一数量正力图进一步减少到60个指标，涵盖自然环境和自然资产、基础设施、人与建筑环境、商业、国际等方面。[3]

2. 评估气候风险的紧迫程度

气候变化风险评估使用3层框架来评估行动的“紧迫程度”（图4）。第一层：如果不采取进一步的气候适应措施，当前及未来的气候风险/机遇处于何种等级？这一层评估了英国在当前和未来气候条件下（考虑到一系列可能的气候和社会经济后果）不同时期（如当前、21世纪50年代、21世纪80年代）面临的气候风险和机遇。该评估将每个潜在风险的程度划分为高、中、低等级或未知，并将现有证据基础的置信度划分为高、中、低等级，假定除了当前采取的行动，未来不会再采取进一步的气候适应措施。第二层：在当前和预期计划下，可以在多大程度上管控风险/机遇？这一层评估了政府对新适应措施的现有承诺（以及合理地预期可能发生的适应措施）将在多大程度上降低未来风险、抓住未来机遇。第三层：未来5年内，若采取进一步行动能否产生效益？这一层探究了未来5年内在目前气候适应规划不足的领域，若采取额外行动能否产生效益（如可避免的成本、避免锁定效应、实质性的共同利益）。

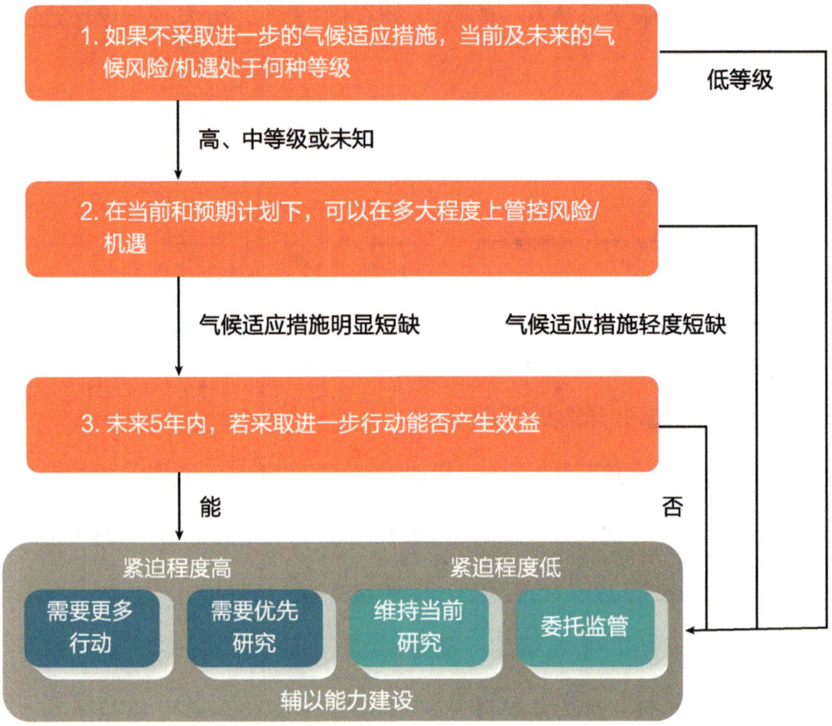

图4　气候变化风险评估的3层框架[2]

（三）相关支持研究

在气候变化风险评估过程中产生了一定量的支持性实证报告，以便为一些最重要的风险提供最新的量化分析。例如，为支持第三次气候变化风险评估（相关情况将于2021年发布），气候变化委员会委托开展了6项支持研究，并形成了相关实证报告（图5）。

1. 未来洪涝风险预测[4]

该研究根据最新的《2018年英国气候预测》、洪涝风险测算和管理政策的最新讯息，更新了《第三次气候变化风险评估要素报告》中的洪涝风险预测；同时，着眼于河流、沿海、地表水和地下水泛滥，并考虑气候变化、人口增长和适应性，分别针对4个英联邦国家预测了21世纪中后期洪水风险的各种指标（如财产、人员和资产的暴露度、预期年度损失）。

图5　为支持第三次气候变化风险评估而撰写的实证报告

2. 未来可利用水资源预测[5]

该研究根据最新的《2018年英国气候预测》及新的水务公司规划，更新了《第三次气候变化风险评估要素报告》中的水资源预测；同时，着眼于水的需求和供应，并考虑人口增长和气候变化等因素，分别为4个英联邦国家预测了21世纪中后期的可用水量。该研究报告汇报了公共供水及所有部门的用水需求，其中包括农业、能源生产、工业和环境部门。

3. 行为如何影响气候变化风险[6]

该研究基于一系列来自英国各地的案例，完善了《第二次气候变化风险评估要素报告》中的一个关键要素缺口，解释了个人、社区和企业的行为如何影响一系列气候变化风险（包括洪水、高温、干旱和风暴）的脆弱性和暴露程度。

4. 自然环境中气候驱动的阈值效应[7]

该研究完善了《第二次气候变化风险评估要素报告》中的一个关键要素缺口，诠释了自然环境中气候驱动的阈值（非线性）效应，以及气候适应（自然和人类反应）在调节这些阈值效应中的作用。该研究报告将阈值定义为“由于气候驱动因素变化而导致的生态系统组成部分发生非线性变化的点”，并评估了淡水、农田和草地、泥炭地、林地、海洋和沿海边缘等栖息地类型的阈值效应。

5. 基础设施、建筑环境和自然环境的交互风险[8]

该研究完善了《第二次气候变化风险评估要素报告》中的一个关键要素缺口，有助于理解气候变化是如何给基础设施、建筑环境和自然环境之间带来交互风险的；同时，绘制了12幅相互关联的系统地图，显示这3个领域内部和之间的主要交互作用，还开发了一个交互式在线工具——ASC交互风险地图，用户可通过输入不同的气候要素来确定感兴趣的路径（图6）。

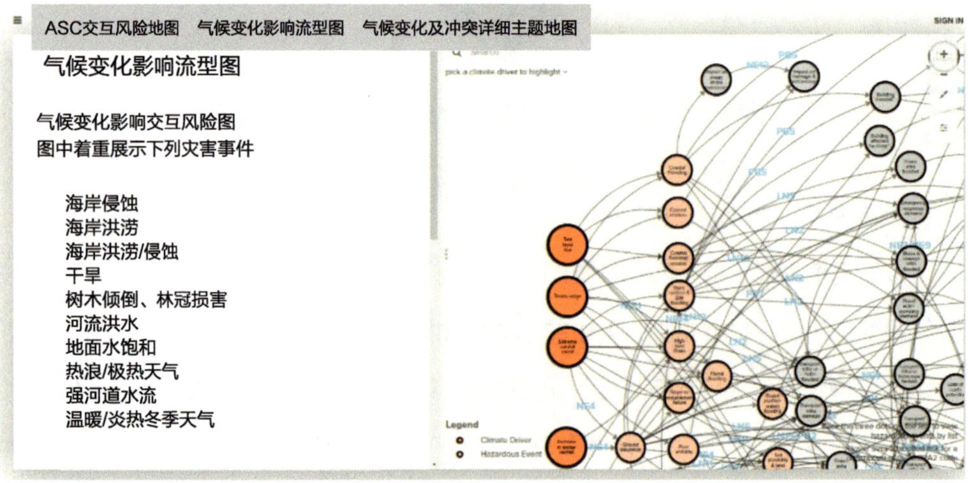

图6　ASC交互风险地图

6. 一致的社会经济维度[9]

该研究给出了一致的社会经济数据集，供气候变化风险评估研究团队及学者使用。研究中所考虑的社会经济指标包括人口、国内生产总值（GDP）、总附加值（GVA）、就业、劳动生产率、土地利用、研发支出、技术能源产量和家庭规模。

（四）典型例证：未来洪涝风险预测

为展示实证报告为气候变化风险评估做出的贡献，在此重点对未来洪涝风险预测进行总结。未来洪水探测仪（Future Flood Explorer，FFF，由Sayers开发）是根据英国气象局发布的最新《2018年英国气候预测》来评估英国未来的洪水风险的。它利用一个高效的计算框架对英国洪水风险系统及其对未来变化（气候变化、人口增长和气候适应）的反应进行混合仿真和物理建模，使多情景推演得以实现，研究了未来2个时期（21世纪50年代和80年代）、2种气候情景（到2100年全球平均地表温度较前工业时代上升2℃和4℃）、2项人口预测（低和高）下3种备选的适应措施：①维持当前气候适应水平（Current Levels of Adaptation，CLA），假设当前政策得到继续实施；②采取强化整体系统（Enhanced Whole System，EWS）的适应方法，假设采用更大力度的气候适应手段；③采取简化整体系统（Reduced Whole System，RWS）的方法，假设采用更小力度的气候适应手段（图7）。

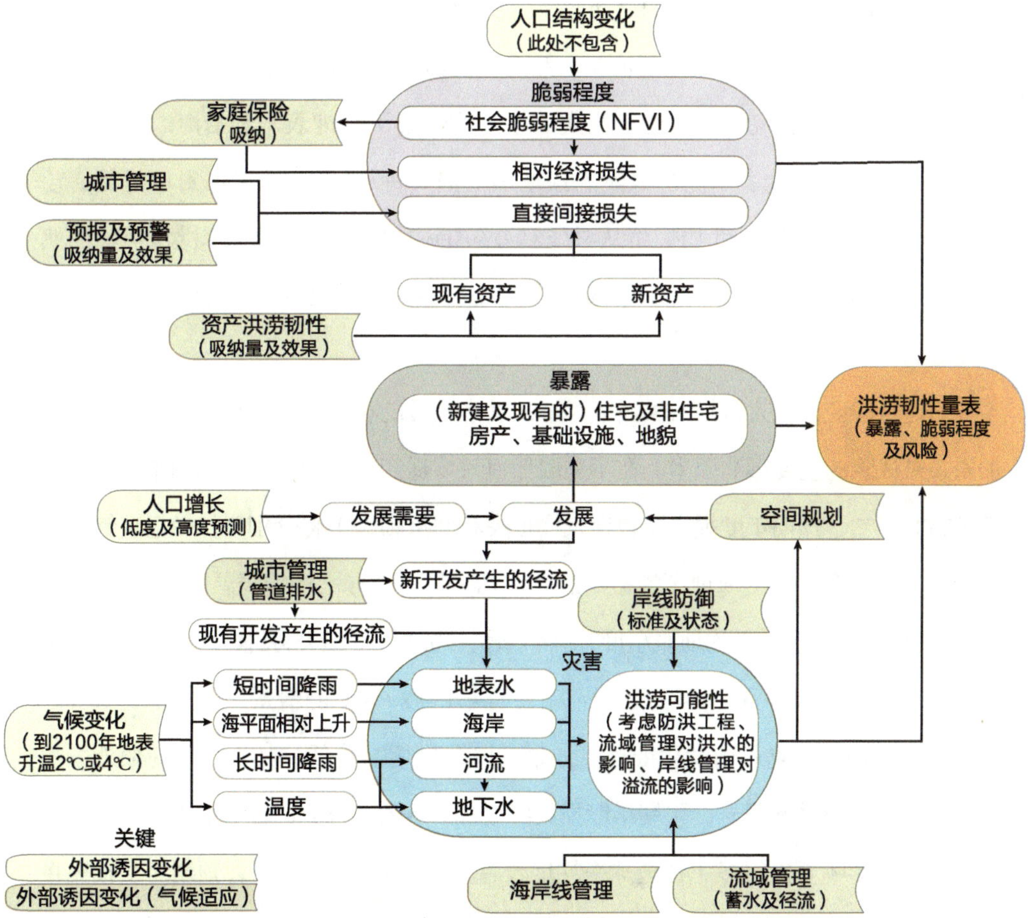

图7　第三次气候变化风险评估中应用的未来洪水探测仪框架[10]

未来洪涝风险预测研究就如下问题得出了一些重要结论：

一是如果继续像现在一样管控洪涝风险，未来洪涝风险将如何变化？假设维持目前的气候适应水平，涵盖住宅和非住宅财产的直接经济损失以及相关间接损失的预期年度损失（Expected Annual Damages，EAD）将有所增加。在未来气温升高2℃的情况下，到2080年预期年度损失将从现在的20亿英镑增至27亿～30亿英镑（取决于相关人口增长）；在未来气温升高4℃的情况下，预期年度损失风险将增至35亿～39亿英镑。

二是不同洪涝灾害对未来洪涝风险有什么相对重要性？从整体来看，英国的河流洪涝的风险在目前占主导地位，未来仍将如此。假设维持当前的适应水平，到2080年，预期年度损失将从目前的11亿英镑上升到12亿英镑（升温2℃、低人口增长）至16亿英镑（升温4℃、高人口增长）。然而，河流洪涝风险的增加比例低于沿海或地表水的洪涝风险。在升温4℃、高人口增长的情形下，地表水和沿海的洪涝风险将增加一倍以上：地表水洪涝风险的预期年度损失将从6亿英镑增加到12亿英镑，沿海洪涝风险的预期年度损失将从4亿英镑增加到10亿英镑。地下水洪涝风险仍然只是英国面临的气候风险中的一小部分（预期年度损失将从5 400万英镑上升到9 500万英镑）。

三是气候变化、人口与气候适应对未来洪水风险的相对影响有哪些？气候变化是加剧未来风险的主要影响因素。在不采取任何气候适应措施的情形下，如果未来气温升高2℃或4℃，预期年度损失（包括直接损失和间接损失）将分别增加42亿英镑和69亿英镑。气候变化对沿海地区的影响最大，尤其是当全球平均地表温度上升超过2℃时。与2℃相比，全球平均地表温度升高4℃时，预期年度损失将进一步增加70%。相比之下，其他原因导致的洪涝风险损失在气温升高2～4℃的情景下会增加约20%。人口的影响随数量增长而发生变化。如果人口数量增幅较低，其对风险的额外影响是有限的（尽管并不明显，预期年度损失将增加3.64亿英镑）；若未来人口数量增幅较高，则其影响要大得多（在全球平均地表温度上升4℃的情形下，预期年度损失将增加约24亿英镑）。到2080年，若无气候适应措施，在升温4℃、高人口增长的情景下，将产生约92亿英镑的预期年度损失。因此，如果不采取气候适应措施和减缓措施，则前景将是黯淡的。

图8通过三种气候适应组合方案（CLA、EWS、RWS）对风险进行了拆解。可以发现，三种气候适应组合方案都限制了损失的增长。如果维持当前气候适应水平（CLA），在升温4℃、高人口增长的情形下，约有74亿英镑的预期年度损失可以被抵消，损失风险净增加18亿英镑。在同样的情况下，若采取强化整体系统（EWS）的适应方法，可抵消约82亿英镑的预期年度（总）损失，损失风险净增加控制在11亿英镑。简化整体系统（RWS）的方法所能抵消的损失要小得多（约64亿英镑），损失风险的净增加因此也将大得多（约28亿英镑）。

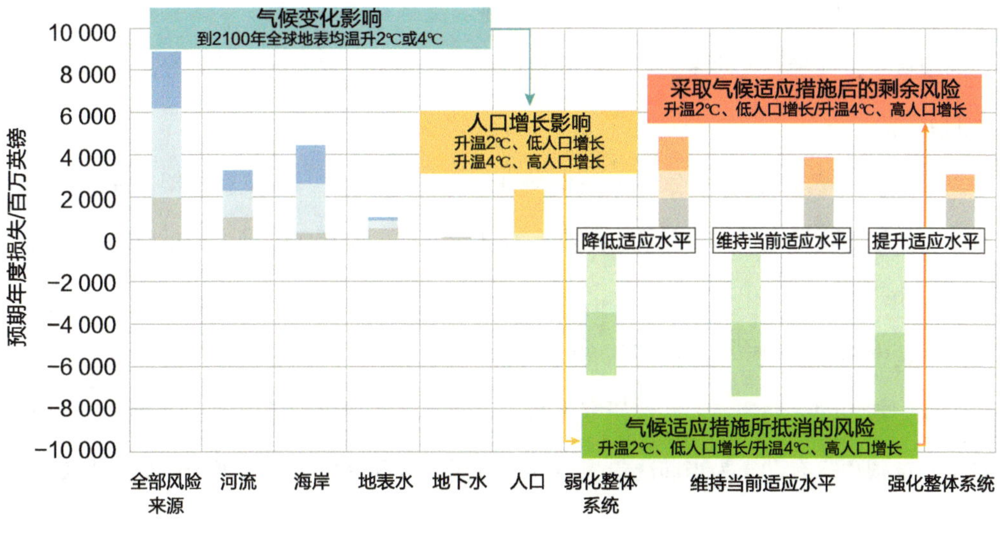

图8　2080年风险变化的驱动因素——预期年度损失

注：①正值表示当前风险以及到2080年气候变化或人口增长导致的风险增长，负值表示如何通过应用三种气候组合方案抵消升温4℃、高人口增长情形下的预期年度损失。
②灰色代表当前风险，浅色代表在升温2℃的情景下2080年比当今增多的风险，深色表示升温4℃情景比升温2℃情形多出的风险。

三 经验与启示

（一）充分发挥《法案》的作用

在英国实施12年以来，《法案》在很多方面起到了显著的积极作用。

一是长期目标使人集中精力。无论是最初的80%目标，还是最新的净零排放目标，《法案》都在促使决策者和企业集中精力应对未来挑战。树立长期目标还能确保制定政策时考虑到较长的时间跨度，这对于投资周期较长的能源部门来说是合适的。气候变化风险评估加深了人们对气候风险的理解。

二是明确的职责分工使气候变化受到重视。英国将法律义务明确落实到各具体部门的职责中，并确立《法案》重要的立法地位，有助于气候变化在政府最高层得到更多的关注。

三是将气候适应纳入国家气候法律有助于建立必要的法律和支持框架，并最终将气候变化纳入政策决议。这就要求定期在实证的基础上确定各领域中最重要的风险和机遇（如开展气候变化风险评估）。

四是中期路径和定期进展评估有助于改进政策制定。气候变化委员会已成为英国气候变化知识网络的焦点，并在研究人员、企业和决策者之间搭建了一座桥梁。提前12年制定碳预算有助于为当前决策提供一个有用的时间聚焦点，也便于在政治上设定长远目标。

五是设立独立顾问有助于解决政治分歧。在2008年《法案》最终敲定之前，政客就2050年的长期目标是否适当产生了分歧，但最终仍根据气候变化委员会的建议设定了该目标。2010年，当新的联盟伙伴就可再生能源和核能在能源领域的作用产生分歧时，气候变化委员会应邀在联盟项目中为政府提供了相关方面的建议。

（二）《法案》实施以来的经验

一是针对国际航空航运产生的碳排放，目前尚无明确应对方案。在制定中期碳预算及最终目标时，考虑到英国在国际航空航运碳排放中所占的份额，但这些排放量不属于《法案》规定的碳预算核算范围。虽然政府已同意将其纳入英国2050年净零排放目标，但还未正式明确该如何实施。这凸显了在这一过程中要保持灵活度，以应对气候变化风险评估在更新中出现的问题。

二是碳预算的核算方法可能很复杂。2050年长期目标明确的是在1990年英国碳排放量基准之上所要降低的比例，但中期碳预算标定的是绝对排放总量。因而，碳排放计算方式的变化影响了实现碳预算目标的难度。

三是英国在应对气候变化方面的其他贡献没有得到展示。根据国际碳排放计量规则，英国的碳预算聚焦于国内活动的碳排放，在应对全球气候变化方面的其他贡献，如海外碳足迹和对国际气候融资的贡献都不在《法案》范围之内，尽管气候变化委员会向政府提供的建议中曾考虑到这些问题。

（三）有效实施气候变化风险评估的启示

一是在不同事实基础上整合证据虽然困难，但并非不可能。英国的方法是在不同气候变化情景、社会经济状况和气候适应目标的假设下评估风险或机遇水平。气候变化风险评估要求对每种风险或机遇进行评分，这种方法进而演变成一个基于风险紧急程度的原则框架（图3），而非基于气候预测的单一定量评估。这有助于使评估涵盖更多具有不同基本假设的事实证据，并具有一系列不确定性的证据。

二是气候变化风险评估依靠的是一个庞大的方案，大量专家人才必须得到妥善管理。为了高效地组织评估，需要具备良好的管理框架以及明确的决策制度，否则可能很难将事实证据和专家意见及时结合起来。气候变化委员会是这项工作的中心协调机构，以确保工作按计划进行。该委员会设有三个独立的审查小组，还吸收了技术同行评审、政府评审和其他外部专家，可以确保实证报告产出的可靠性。

参考文献

[1] Climate Change Committee. Reducing UK emissions：2020 Progress Report[R]. 2020.

[2] Watkiss P，et al. UK Climate Change Risk Assessment Evidence Report：Chapter 2，Approach and Context[R]. 2013.

[3] Rsk Adas Ltd. Research to Provide Updated Indicators of Climate Change Risk and Adaptation Action in England[R/OL]. [2017-06-29]. https：//www.theccc.org.uk/publication/updated-indicators-of-climate-change-risk-and-adaptation-action-in-en.

[4] HR Wallingford. Updated Projections of Future Water Availability for the Third UK Climate Change Risk Assessment Technical Report[R/OL]. [2020-07-17]. https：//www.ukclimaterisk.org/wp-content/uploads/2020/07/Updated-projections-of-future-water-availability_HRW.pdf.

[5] AECOM. Understanding How Behaviours Can Influence Climate Change Risks Main Report of Research Findings[R/OL]. [2020-07-17]. https：//www.ukclimaterisk.org/wp-content/uploads/2020/07/Understanding-how-behaviours-can-influence-climate-change-risks-Main-Report_AECOM.pdf.

[6] Jones L，Gorst A，Elliott J，et al. Climate Driven Threshold Effects in the Natural Environment[R/OL]. [2020-07-17]. https：//www.ukclimaterisk.org/wp-content/uploads/2020/07/Thresholds-in-the-natural-environment_CEH.pdf.

[7] WSP. Interacting Risks in Infrastructure and the Built and Natural Environments Research in Support of the UK's Third Climate Change

Risk Assessment Evidence Report [R/OL]. [2020-07-17]. https：//www.ukclimaterisk.org/wp-content/uploads/2020/07/Interacting-Risks_WSP.pdf.

[8] ASC Interacting Risks Map[DB/OL]. [2020-07-17]. https：//kumu.io/wspdigital/asc-interacting-risks-map.

[9] Cambridge Econometrics. A Consistent Set of Socioeconomic Dimensions for the CCRA3 Evidence Report Research Projects[R/OL]. [2020-07-17]. https：//www.ukclimaterisk.org/wp-content/uploads/2020/07/Socioeconomic-Dimensions-Final-Report_CE.pdf.

[10] Sayers P B，Horritt M S，Carr S，et al. Third UK Climate Change Risk Assessment （CCRA3）Future flood risk Main Report [R].2020 .

美国旧金山

适应海平面上升行动计划

编　者：孙天印　祝　韵　吴　越（清华大学绿色金融发展研究中心）
关键词：海平面上升，旧金山，应对和适应计划，洪水，风暴潮，脆弱性风险，风险评估

案例介绍：

海平面上升已经成为一个逐渐显现的气候灾害，为降低未来海平面上升带来的淹没风险，海滨区域需要提早采取应对和适应措施。本案例介绍了旧金山在应对和适应海平面上升方面采取的行动计划。首先，分析了旧金山当前和未来面临海平面上升的可能情景、敏感区域和财产类型、潜在经济损失；其次，介绍了已经采取和候选的应对措施方案、监督跟踪手段；再次，介绍了各利益相关者的协同和参与形式，以及项目实施计划的融资模式；最后，介绍了旧金山应对和适应海平面上升行动计划的特点和可被借鉴的经验。

一 海平面上升带来的风险

为了应对和适应未来气候变化引起的海平面上升风险，旧金山在2016年发布了适应海平面上升行动计划（以下简称行动计划）。行动计划的愿景是在面临海平面上升的短期和长期威胁时，通过采取措施将旧金山的海岸变得更加有韧性，从而保护公共、私有财产和自然资源，并提高辖区内全体公众的生活水平。

行动计划的执行步骤框架如图1所示，包含6个步骤。第一步：回顾气候变化和海平面上升最新科学进展。持续跟踪和回顾最新的气候变化和海平面上升相关科学信息，并保持与当地和国家层面相关专家的沟通咨询。由于科学发现和信息是在不断演化进步的，今天认为对海平面上升的正确了解和适应性措施随时都有可能被纠正和修改。第二步和第三步：资产暴露的脆弱性和风险评估。脆弱性和风险评估是为识别某一资产在遭遇气候灾害时（如洪水）可能要承受的潜在的物理破坏和经济损失，其结果有助于确定哪些是需要优先考虑采取适应性措施的财产。第四步：开发适应计划。一旦确定了需要优先保护的资产，就要制订全面的计划来评估用于降低资产脆弱性和风险的最有效的战略和措施。一个好的计划应该将可能被未来灾害影响或者需要对灾害影响负责的利益相关方全部纳入参考范围，并鼓励加入增强适应能力的创新举措、涵盖交叉学科的设计思想和解决方案。第五步：实施适应方案。现有的适应计划会在必要的信息、资金和合作伙伴就位时持续地实施。如果在实施的过程中识别了更大规模的干扰措施并将其纳入适应行动计划，那么这些适应措施应在较长的过程中分期实施。第六步：监督实施过程。持续监督至关重要，它可以识别哪些行动最有效，判断是否有意外后果，并发现可能改变计划方向或激发其他策略的新数据。有效的监督方案应包括监督方式和监督的时间框架、触发响应的阈值、报告的要求和确定需要联系的责任方。

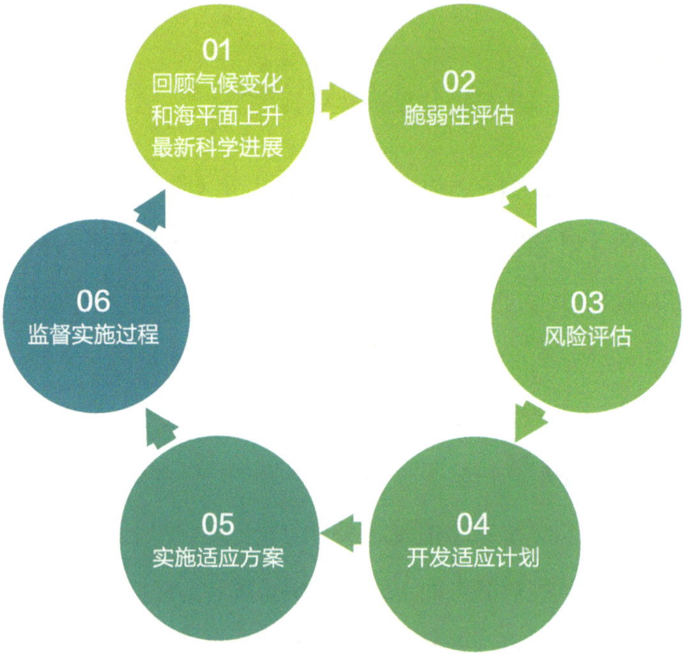

图1　行动计划的执行步骤框架[1]

（一）海平面上升可能引发的风险

据美国国家航空航天局（NASA）、国家海洋和大气管理局（NOAA）称，自1880年有现代温度记录以来，地球平均气温已经上升了1℃。根据潮汐记录，旧金山湾的海平面自1900年以来已经上升了8英寸[1]。而且，根据预测，到21世纪末，海平面很有可能在此基础上进一步上升36英寸，如图2所示。当前，海平面的有限上升已经加大了海水对旧金山地势低洼的海岸线的影响（图3），如对被淹没地区的冲刷和侵蚀、对旧金山地区污水处理厂的破坏。如果在降雨的同时还有超过常规的潮汐存在的话，增大的潮汐高度有可能会减慢雨水通过地面和地下排水系统流入大海的速度，这样会加大城市部分地区被淹没的可能性。图4展示了旧金山湾区在没有海平面上升和

1　1英寸≈2.54厘米。

不同海平面上升高度（0.8英尺[1]、1.6英尺和5英尺）下被海水淹没的面积。

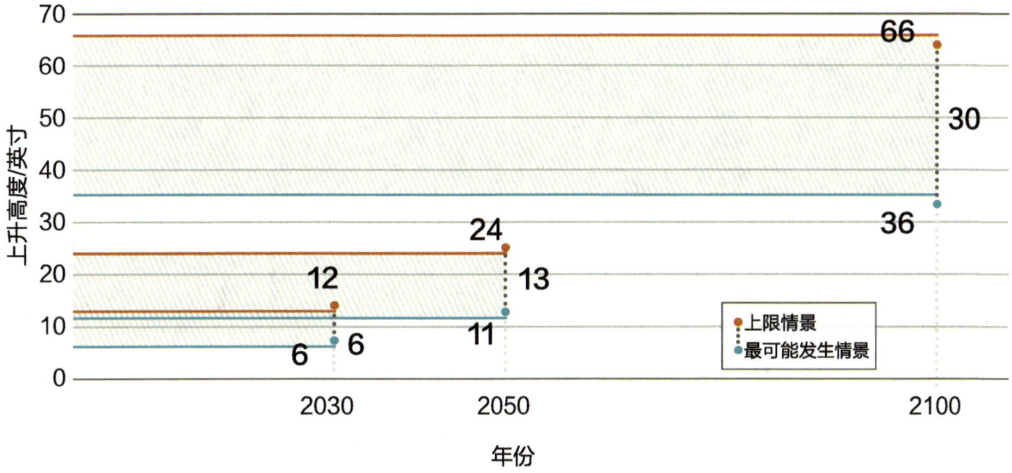

图2　旧金山相较于2000年的海平面上升预测[2]

注：因为预测的下限一般不会用作计划的参考值，因此这里并没有被显示出来。

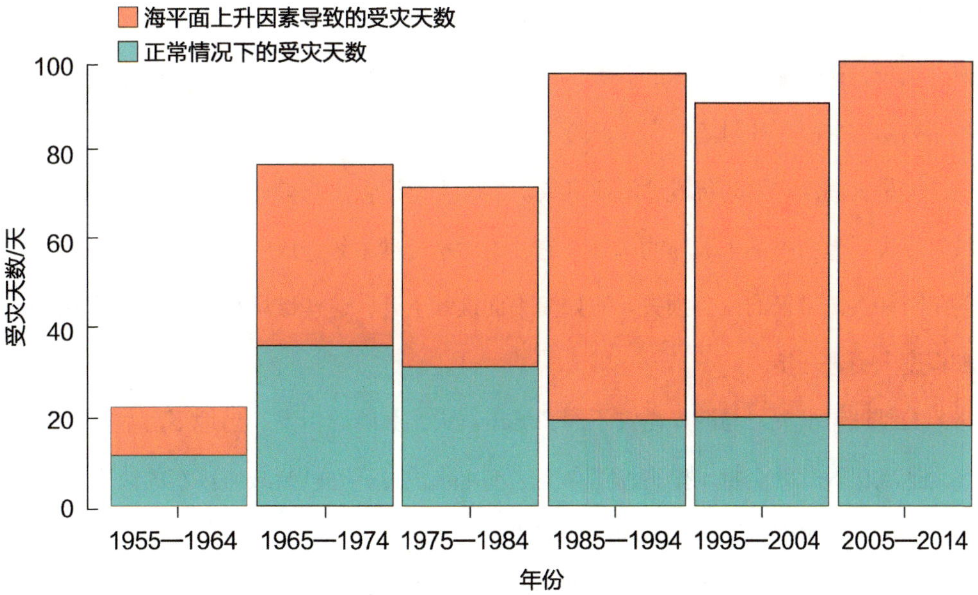

图3　旧金山地区正常情况下和因海平面上升导致的受灾情况对比

[1] 1英尺≈0.30米。

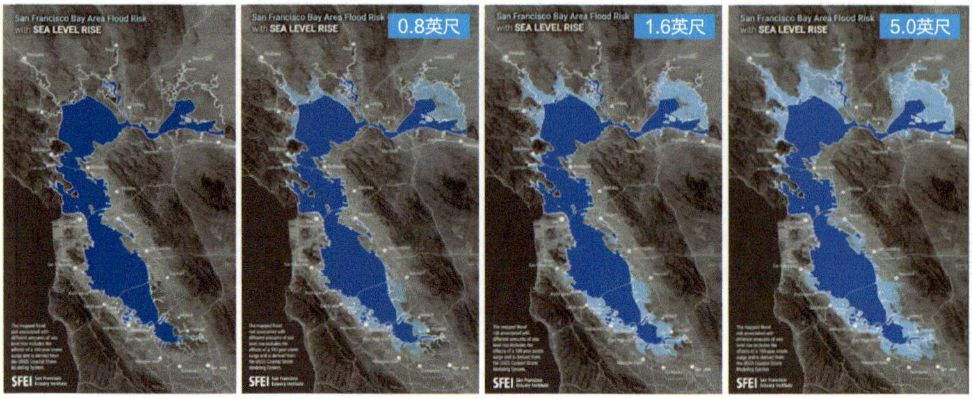

图4　旧金山湾区在不同海平面上升高度情景下被淹没的区域（周边浅蓝色区域）[3]

（图片来源：San Francisco Estuary Institute）

可以预测的是，未来几十年海平面上升导致的负面影响会更加频繁，且波及面更广，也将会有更多的地区面临被阶段性淹没的风险。这些海岸线正好位于垃圾填埋场所在地区，如旧金山机场就面临着严重的地面下沉危机。下沉的地面会加剧资产被水淹的风险，还会提升地下水的高度，在地震时使风险加大。如果不采取措施，将出现一系列由海平面上升引发的海岸风险（图5）。

一是大潮汐引发的阶段性海岸洪灾。实际上，旧金山当前已经在承受洪灾导致的破坏损失，包括被洪水破坏的基础设施、给污水处理系统造成的损失以及道路和交通的阻断和关闭带来的社会损失。假如海平面继续上升，这些破坏和影响将在发生频率和程度上更进一步。

二是城市洪灾。与海岸洪灾不同，城市洪灾由强降雨引发。当地下污水管道排水能力达到极限时就会把水排进海湾，而当海水水位过高时就会减慢排水的速度，严重的时候城市污水就无法排入海中，从而造成城市洪灾。

三是海岸后退。海岸后退又名海岸侵蚀，是在自然力（包括风、浪、流、潮）的作用下，因海洋泥沙支出大于输入而造成沉积物净损失的过程，即在海水动力的冲击下造成海岸线的后退和海滩下蚀。一些旧金山湾区的海岸线区域，如克理斯场公园很容易受到加剧的海岸侵蚀的破坏。如果不采取保护措施，上升的海平面将使这些区域

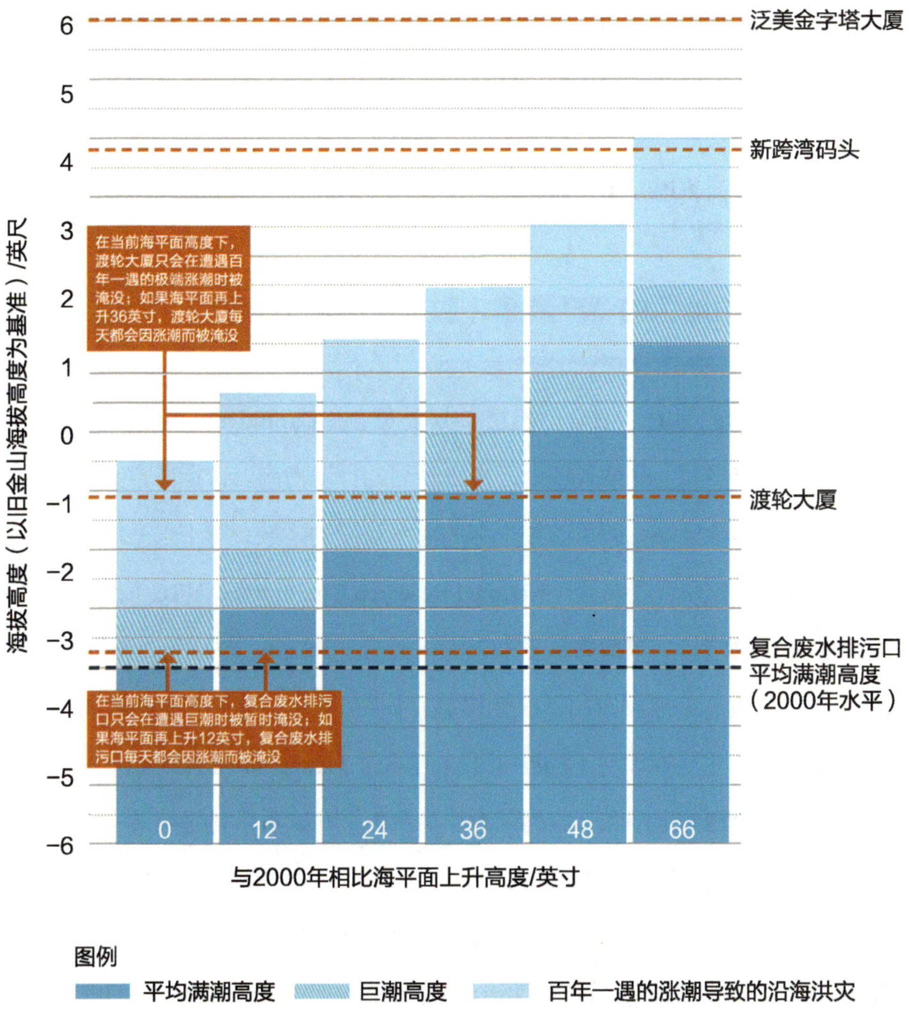

图5　海平面上升和暂时性沿海洪水混合作用下的潜在危害[1]

面临更加严峻的海岸侵蚀的危害。

四是规律性的巨浪洪灾。内河码头海滨和码头附近的区域在当前没有风暴潮的最高潮汐水位下已经出现规律性的洪灾，随着海平面的上升，如果不采取相应措施，这种规律性的洪灾会发生得更加频繁，影响的面积也会不断加大。

五是日常潮汐造成的洪水灾害。如果海平面上升，潮汐的日常平均高度就会持续升高。如果不采取措施，到21世纪末旧金山6%的土地将会被日间潮汐永久地淹没。

六是气候变化加剧导致的气候灾害。气候变化会改变近海风暴潮发生的频率和强度、厄尔尼诺现象发生的周期和其形成过程。尽管人们当前就未来这些变化的程度和方向还未达成共识，但是有一点是确认的，那就是未来在南加利福尼亚州附近的风速和浪高会增加，进而将增强潮汐对海岸的侵蚀，并加大海湾极端海浪的发生频率。

（二）旧金山地区的资产暴露（脆弱性区域）分析

本着长期规划的目的，旧金山投资计划委员会（Capital Planning Committee，CPC）制定了将海平面上升纳入该地区投资计划的行动指南。该指南定义了海平面上升可能导致的脆弱性区域，即可能被上涨的海水淹没的区域。对于未来海平面上升的预测，还有美国国家研究委员会（National Research Committee，NRC）提出的“未必但有可能发生”的情景。该情景基于未来海平面会上升66英寸的假设，同时考虑百年一遇的涨潮，且没有采取相应的适应性措施，如图6所示。这里考虑的百年一遇的涨潮情况和美国联邦应急管理局（Federal Emergency Management Agency，FEMA）发布的洪水灾害保险费率地图和开展的西海岸海平面上升试点研究的结果一致[4]。

1. 靠近旧金山湾一面的潜在风险

旧金山公共设施委员会基于10个可能的海平面上升情景分析了旧金山湾附近的海岸面临的因海平面上升导致的永久性淹没风险和因极端风暴潮导致的暂时性淹没风险。这10个情景下的涨潮高度比当前的平均水平高12～108英寸[5-12]。假如不采取任何适应性措施，在海平面上升的情况下，旧金山地区地势比较低的后海岸地带被间接性的洪水淹没的频率会大大增加。若这样的情景持续恶化，最终将导致后海岸地带被永久性淹没，如图7和图8所示。

2. 旧金山国际机场面临的风险

旧金山国际机场位于旧金山南部，毗邻圣马刁县的密尔布瑞和圣布鲁诺，是美国加利福尼亚州的一座大型商用机场，也是旧金山湾区和北加利福尼亚州最大的机场和主要的国际门户。旧金山国际机场周边海岸线的最高潮平均高度（Mean Higher High

图6　在不采取任何适应性措施的情况下，到21世纪末旧金山地区被海平面淹没的区域（蓝线以外）

注：图中显示的可能被淹没的地区（海平面上升脆弱性区域）指在“未必但有可能发生”的海平面上升情景下会被涨潮淹没的区域。在该海平面上升情景下，21世纪末相对2000年海平面将永久性地上升66英寸，同时考虑百年一遇的涨潮（可高达42英寸），即与当前相比合计将出现108英寸的海平面上涨。如非特殊说明，本题注适用于本文中所有关于海平面上升淹没区域的图片。[1]

图7　受到巨浪冲击的位于英巴卡迪诺海湾大道边的渡船大楼和吉尔德利广场

（图片来源：Flickr）

图8　海平面上升导致的从城市中心到后海岸地带可能被淹没区域（蓝线以外）[4, 11]

Water，MHHW）是6.83英尺（基于北美垂直基准，NAVD）。而旧金山国际机场的地面高度是2.5～12.5英尺不等，说明部分区域远低于最高潮平均海拔。旧金山国际机场的资产包括跑道、出租车行驶道、机场大厅、应急设施以及租户运营中心等，未来可能会在海平面上升和极端风暴潮的双重因素下面临被淹没的风险，如图9、图10所示。位于旧金山国际机场的极端风暴潮以后会越来越频繁地发生且影响程度也越来越大。这会造成旧金山国际机场运营和来往旧金山地区航线的中断，将对机场本身和旧金山地区造成巨大的直接和间接经济损失。因此，旧金山国际机场正在积极地采取海平面上升适应性措施。

图9 旧金山国际机场周边可能会被淹没的区域（蓝线以外）[4, 11]

图10 旧金山国际机场位于较低地势的机场跑道和其他设施

（图片来源：GEOTRavelPhoto.com）

3. 对太平洋沿岸的影响

在海平面上升的情况下，靠近太平洋一面的海岸将越来越多地受到增强的巨浪冲刷的影响[6, 8, 13]。美国联邦应急管理局曾分析了在百年一遇的涨潮与海平面上升12英寸、24英寸、36英寸、66英寸的情景下，旧金山地区靠近太平洋一面的海岸可能承受的包括洪水淹没、侵蚀以及海岸线后退等综合灾害效应（图11）。

（三）潜在影响和风险

对海平面上升带来的潜在影响和损失的准确理解是做好海平面上升适应性规划和行动计划的重要前提。影响和损失的评估可以包括两个部分：脆弱性评估（Vulnerability Assessment）和风险评估（Risk Assessment）。脆弱性评估描述当单个或一组财产被水短暂性或永久性淹没时可能产生的影响，重点考察被冲击对象和系统对外来冲击和变化（海平面上升导致的影响）的吸收及适应能力，其评判标准是当海平面上升时出现的海岸侵蚀程度、海上资产的物理性破坏程度和相关结构或系统的功能性中断程度等。脆弱性评估是风险评估的前提。风险评估是在脆弱性评估的基础上，通过定性或定量的方式描述资产在受到破坏失效时产生的后果。这些后果通常是损失性的结果，可以分为3类：①关键基础设施服务失效，如暂时性或永久性的供

图11　在多种海平面上升情景下旧金山地区南太平洋沿岸可能被淹没的区域（蓝线以外）[7, 13]

电、通信、供水、排水、交通或医疗设施运营中断等；②负面社会影响，指海平面上升可能会影响到公共健康和安全，并导致大量的人口迁移、无家可归或流离失所等，即产生“气候灾害难民”；③经济和金融损失，指受灾害影响而出现的因劳动力短缺，房产、设备设施受到破坏，产业或者企业生产经营活动中断导致的经济损失。

以上3类风险评估的后果中，经济和金融损失最常见也最易被量化。海平面上升会严重损坏旧金山地区的公共和私有财产。估算因海平面上升可能导致的财产损失是平衡成本与效益和科学决策的基础。为此，海平面上升协调委员会联合风险管理解决方案专业机构RMS公司估算了旧金山地区面临的因海平面上升而可能导致的财产损失。该估算基于到2100年相对现在海平面上升66英寸的预期，同时分为考虑或不考虑百年一遇的极端涨潮2种情景（如果考虑极端涨潮情景，则总的上升高度将比现在的水平高108英寸），估算结果见表1～表3、图12～图14。这些损失数字以2016年美元价值为单位，反映了在不采取任何适应性措施的情况下，旧金山地区的公共和私有财产将要面临的经济损失。这些损失既包括永久性淹没（海平面永久上涨）造成的损失，也包括间接性淹没（极端涨潮）造成的损失。

表1　旧金山地区面临的海平面上升可能导致的损失估算（2016年美元价值）

单位：亿美元

致损因素	私有财产损失	公共财产损失	总体预估损失
66英寸海平面上升（不考虑百年一遇极端涨潮）	200	350	550
108英寸海水上涨（考虑百年一遇极端涨潮）	390	370	760

数据来源：RMS。

表2　面临经济损失的私有财产种类和经济损失（2016年美元价值）

	损失价值/亿美元		受损建筑数量/座	
	66英寸海平面上升（不考虑百年一遇极端涨潮）	108英寸海水上涨（考虑百年一遇极端涨潮）	66英寸海平面上升（不考虑百年一遇极端涨潮）	108英寸海水上涨（考虑百年一遇极端涨潮）
商业或工业建筑	124	267	678	1 422
民居	42	76	396	1 049
混合用途	30	49	86	135
总计	196	392	1 160	2 606

数据来源：RMS。

表3　不同种类公共财产面临海平面上升时可能的经济损失（2016年美元价值）

单位：亿美元

	66英寸海平面上升（不考虑百年一遇极端涨潮）	108英寸海水上涨（考虑百年一遇极端涨潮）
公共建筑	15	23
港口建筑和设施	45	49
旧金山国际机场	250	250
北海岸防洪堤岸	25	25
市政设施和街道	18	28
总计	353	375

数据来源：RMS。

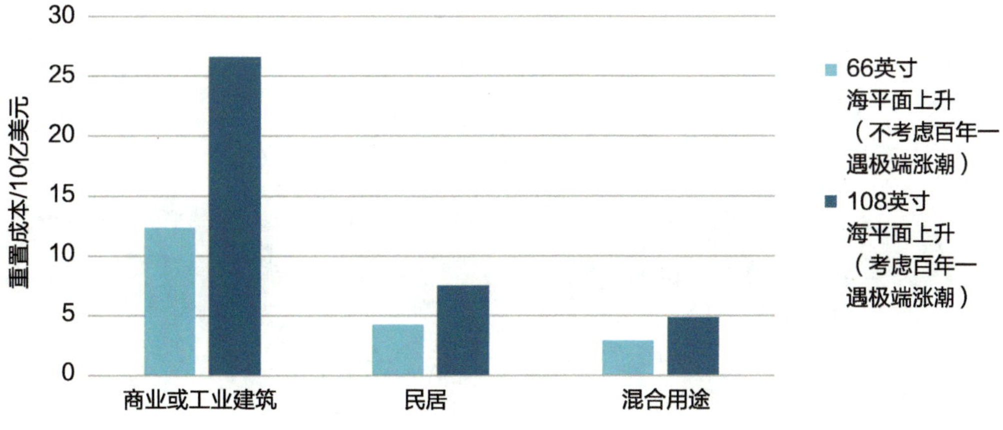

图12　不同用途的建筑物面临淹没风险时的重置成本

（数据来源：RMS）

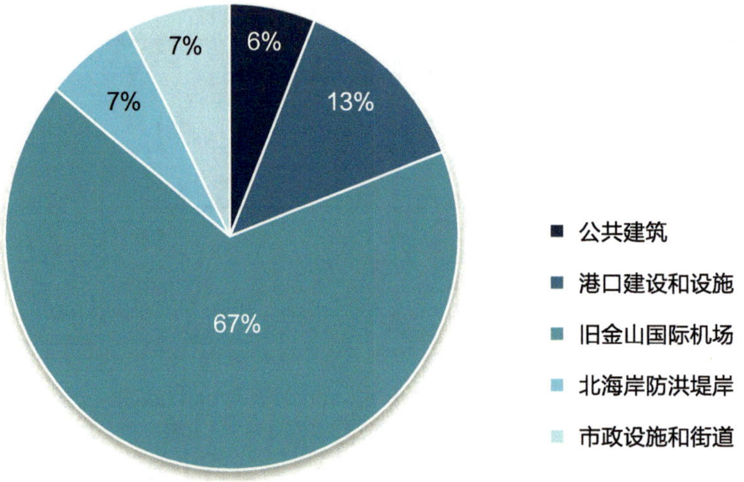

图13　不同公共财产类型在108英寸海水上涨情景下的经济损失占比

（数据来源：RMS）

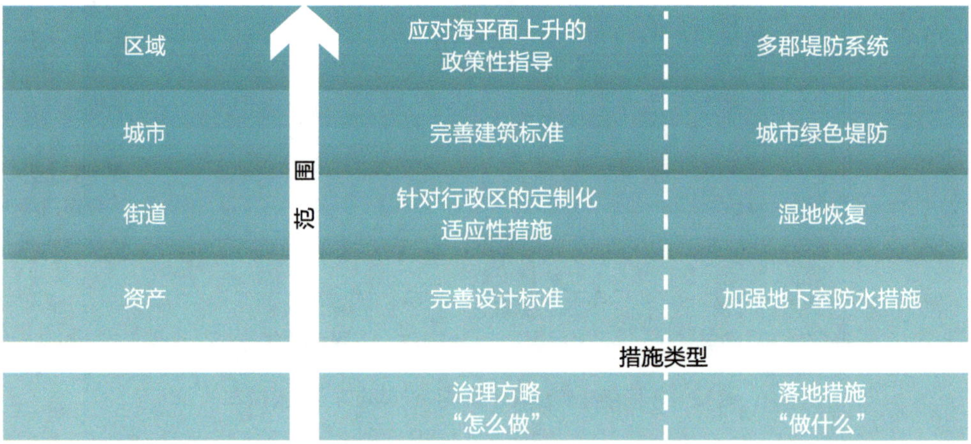

图14　不同的适应性解决方案[1]

二 适应性行动和措施

为了应对未来海平面上升带来的潜在风险，旧金山已经采取了部分应对行动计划。尽管如此，绝大多数位于旧金山湾区和太平洋海岸的资产在海平面上升时还是脆弱的，面临损失风险的。下面将介绍一些正在实施的行动计划和未来可能采取的措施。

2016年，旧金山启动了“旧金山湾区韧性设计挑战赛”（Bay Area Resilience Design），目的是将政府机构代表、社区领袖和相关人员以及世界一流的专业人员会聚在一起，通过设计手段来增强社区、公共设施和环境在面临海平面上升时的韧性。这个挑战赛是受纽约的“通过设计重建”（Rebuild by Design）活动的启发而发起的。“通过设计重建”活动在2013年启动，目的是在超级台风桑迪造成严重破坏的重建工作中，能够通过更先进的设计方案来提高城市应对灾害的韧性，是一个多期规划和设计竞赛。“通过设计重建”活动从全球提交的148个参赛作品中评选出10个团队的设计方案作为纽约实施韧性规划的项目方案。在项目招投标和实施的整个过程中有535个组织、141个社区、181个政府服务机构参与其中并开展了64个社区活动。“通过设计重建”活动这种极具包容性的创新合作模式已经成为应对灾害规划和灾后重建方面先进合作模式的典范。

应对海平面上升带来的潜在危害、提高灾害来临时的城市韧性需要运用交叉学科的方法和措施。旧金山采取的整体措施主要聚焦在2个层面：①政府管理，包括改变现有分区规划、增强现有设计标准、调整现有维护手段和程序等；②技术手段，如修建更多的绿色基础设施、提升建筑结构的海拔、加强防洪堤的建设等。具体方案的实施是一个多阶段、多尺度推进的过程，而且还应将上述2个层面的措施混合并用，如区域划分的改变可能需要同时开展防洪设施的配套建设等。

（一）适应性方案总体措施

无论是通过政府管理还是采取技术手段，海平面上升的适应性解决方案无外乎以下一种或几种方法的组合。

1. 适应

适应（accommodate）措施是指（在一定时期内）维持资产在因海平面上升而被淹没的地区不受破坏，同时对有可能落入水淹高度的资产采取防水措施，如将地下室或地下一层进行加固防水。目前，已经出现了可以应对较低水位淹没的适应性建筑技术，即使在低水位淹没的情况下楼体结构也不会受到永久性的破坏。

2. 防护

防护（protect）措施包括建造临时性和永久性的防洪堤设施，包括自然型和工程型两种技术方案。防洪堤的类型和适用范围可以小到一座单体建筑自有的防洪墙，大到为保护社区建设的一片湿地，甚至是一片长达数千米的区域性防洪堤。

3. 后撤

后撤（retreat）方案是指将一些敏感性的财产，如住宅、学校、医院等移出潜在的受灾区域。这些潜在受灾区域可以保留一些受水淹影响较小的设施，如休闲娱乐区域和公园等。对旧金山这种高度城市化的区域来说，后撤方案的对象主要是发展水平相对低的海岸地区，特别是南部海岸。后撤一般是其他方案不能解决问题时才会采取的最后方案。

图15和图16展示了以上3种应对海平面上升解决方案的图示和具体案例。

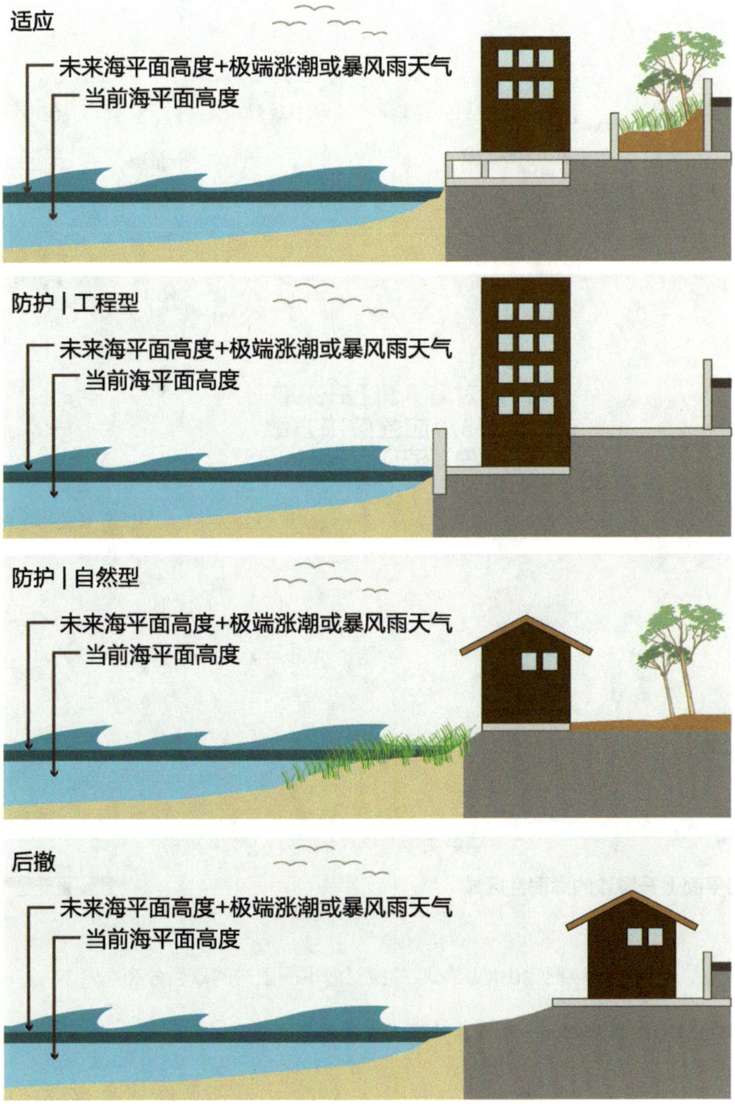

图15　应对海平面上升的适应性解决方案[1]

图16　旧金山地区采取的应对海平面上升的项目分布[4, 11]

注：每一个棕色圈内的区域都是一个适应性解决方案的海滨项目。

（二）旧金山太平洋沿岸应对海平面上升方案

针对旧金山靠近太平洋一边的海岸，适应、防护和后撤3种应对措施已经被综合地纳入应对海平面上升的总体方案中（图17）。该方案建议将部分高速公路后撤到动物园后方，加强莫赛湖污水处理通道的物理防护，同时增加自然设施（如沙滩、植被、公共开放空间等）。若最终采取后撤方案，这些区域可能完全失去原有功能，但在此前仍具有提供娱乐休闲、维持海岸线连贯性、降低海浪冲击强度和作为栖息地的功能。

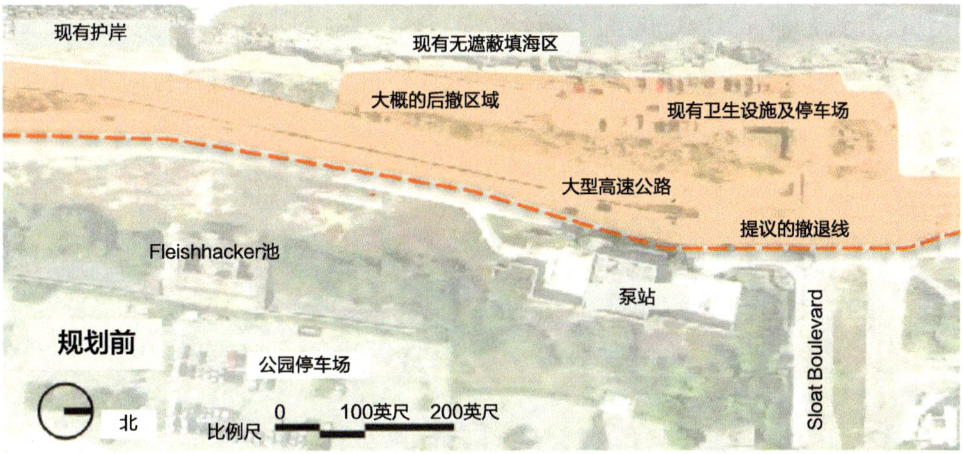

（a）斯洛特南部现有设施

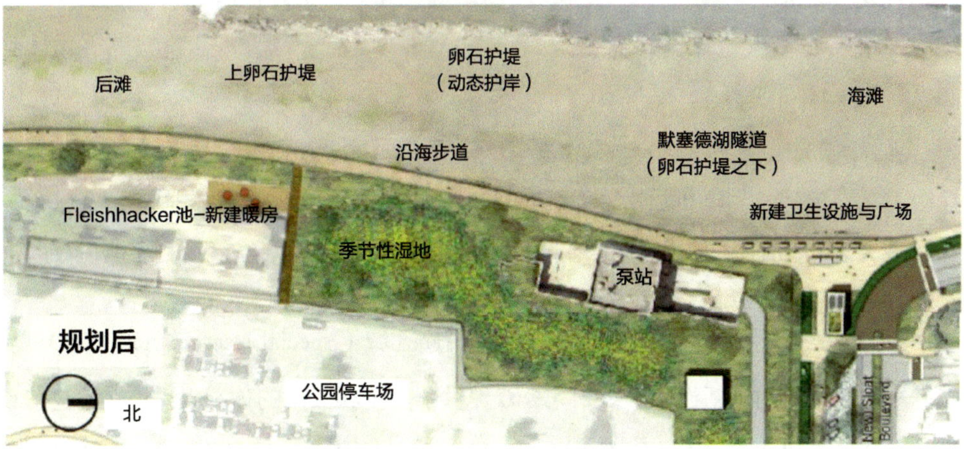

（b）斯洛特南部2050年多层次海岸保护设施

图17　海滩总体规划中斯洛特南部现有设施和2050年多层次海岸保护设施对比

（图片来源：SPUR）

（三）旧金山Crane Cove公园的应对措施

为应对未来的海平面上升，旧金山政府对Crane Cove公园附近的部分海岸线进行了改造，使其同时具有休闲和栖息的功能；同时，对一些重点区域进行梯度化处理，以便在海水退潮时部分地面空间还可以被重新利用（图18）。已经存在多年的入水滑道基本上无须改造，天然就可以适应不同等级的涨潮。在北部的海岸线防护工程则可以更好地保护临近的街道设施。

图18　旧金山港口附近的Crane Cove公园海平面上升应对措施示意图

（图片来源：Images courtesy of the Port of San Francisco，Forest City，AECOM，and JCFO）

在70号码头（Pier 70）附近构建了特殊用途区域（Special Use District，SUD）。特殊用途区域里的创新性海滨规划为公众提供了安全和实用的休闲娱乐设施，这些设施同时还能有效适应未来海平面上升的情景。该规划因地制宜，依据地势采用了多样化的分层设计和处理，基于“与海湾和谐共生”和“受控的后撤”原则设计的海岸区域可灵活地适应海平面上升，如图19所示。

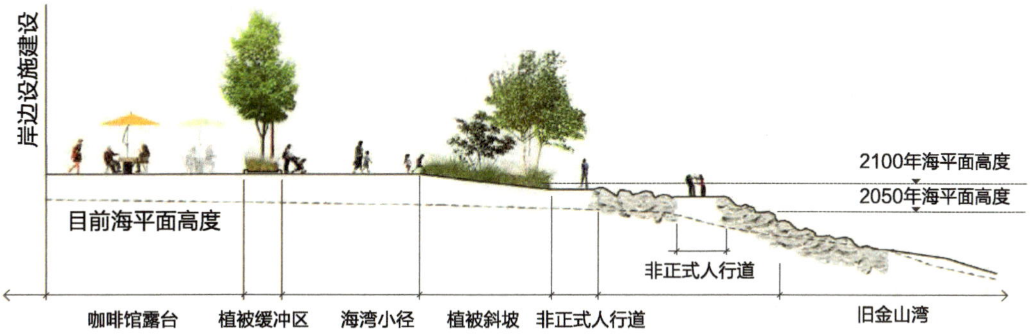

图19 70号码头附近适应海平面上升的特殊用途区域规划[1]

（四）金银岛的适应行动计划

金银岛（Treasure Island）原为一处重要的海军基地，近年来被开发成一个居民社区，其目标是成为一个具有可持续生活方式的典范社区。由于金银岛地势较低，因此在规划之初，就要考虑应对和适应未来海平面上升的挑战。

为适应未来70年后可能发生的海平面上升，并同时改善海岸居民居住条件，金银岛主要采取了4项应对措施：①提高建筑物地基的高度，以适应未来70年后可能发生的海平面上升，所有的建筑物和街道必须比百年一遇的海岸涨潮高36英寸，同时楼层要比海岸涨潮高度高42英寸；②建设环岛防护墙并加强内部排水系统；③提供有适应性的栖息地；④设立海平面监测工程，监测海平面上升情况和环岛的地面高度变化，周期性地评估洪水灾害风险，根据涨潮和海平面上升情况加高环岛防洪堤和防洪墙，在岛内设置抽水站，同时开发湿地。图20展示了部分应对措施的规划。

（五）旧金山国际机场附近的海岸线保护

旧金山国际机场附近的海岸线之前已经采取了包括长达数千米的防波堤、坡台和板桩墙等在内的防护措施（图21），用以防止机场区域受到洪水的影响。即便如此，在某些位置还有空缺，水可以流进去。考虑到未来随着海平面上升被水淹的风险越来越大，机场开始了新一轮的海岸防护计划，以阻止由极端涨潮、风暴潮和永久性海平面上升造成的水淹危害的发生。

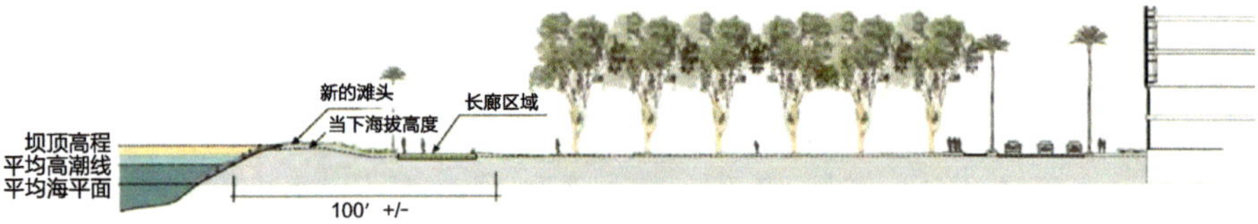

（a）海平面上升16英尺

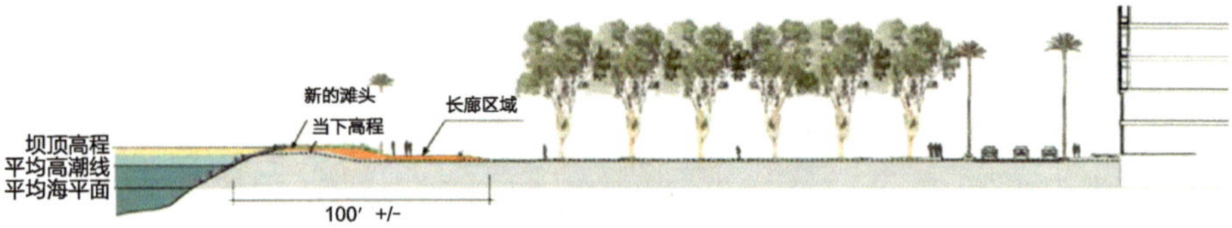

（b）海平面上升36英尺

图20　金银岛靠近市区一侧应对海平面上升的规划

（图片来源：Images courtesy of the Treasure Island Community Development Sea Level Rise Risk Assessment and Adaptive Management Plan）

图21　位于机场跑道旁的防波堤、坡台和板桩墙[1]

此外，旧金山还借鉴了纽约和休斯敦采用的自动升降防汛墙措施，这是一种可根据使用对象定制的地下永久性防护装置，如图22所示。它们平时隐藏在地表以下，与周边建筑群融为一体，完全不影响交通，但在遭遇汛情时会被激活并自动升起，以防止内部区域进一步受灾。

图22　自动升降的防汛墙（左）和被防汛墙保护的纽约市卢尔德医院（右）

（图片来源：Courtesy of FloodBreak Automatic Floodgates）

2006年6月，纽约萨斯奎汉纳河洪水泛滥，导致卢尔德医院损失惨重。洪水泛滥涌入医院破坏了医疗设施，造成2 000万美元的直接损失，还导致医院瘫痪2个星期，并使成百上千的病人被迫撤离。类似的情况还发生在2001年，台风“艾利森”带来3个小时的强降雨，使得克萨斯州休斯顿市的降雨量达几英寸，造成严重的水灾，对包括得克萨斯州医疗中心在内的关键基础设施造成了严重破坏。自动升降防汛墙的投入使用，正是纽约市和休斯敦市的医院为防止类似灾害损失再次发生而采取的应对措施。

三 进程跟踪

监督管理是保证适应性措施成功有效实施的重要组成部分。通过监督可以了解最有效的应对措施是什么，可能出现哪些没有意料到的后果，并识别一些有用的信息和数据。这些信息和数据有可能会帮助改变原有策略，进而采取一些新的行动方案。有效的适应性行动方案应该包含监督的内容和时间表，以及明确的激发条件以便改变行动策略、技术方案、报告要求和需要牵动的责任方。

鉴于此，旧金山海平面上升应对计划也采取了监督机制。尽管当前大幅度的海平面上升还没有发生，由其造成的影响也未大规模显现，但是由于厄尔尼诺现象（结合大的风暴潮）抬升了海潮水位，引发洪水的破坏程度和频率加大，这种结果可能与将来海平面上升6～12英寸后导致的结果类似。旧金山各重点部门已建立了针对这些风暴事件的跟踪系统和应对措施的响应系统。各部门持续跟踪监测一些重要指标（包括洪水范围、路径和淹没深度）的发展，并注重从大的风暴和潮汐相关洪水事件中提炼成功经验或吸取教训，以便为改进工作做准备。

当前对洪水事件的规划响应和监测系统实际上是对未来应对海平面上升导致的更严重、更频繁的洪水事件的演练和经验积累，将在很大程度上有助于规划应对海平面上升的措施并监测相关进程，以确保各级政府机构在这个过程中得到充分的参与和训练。在此基础上，各部门协调制定一个综合策略来跟踪洪水事件应对措施的效用及相应的成本，可以为下一步制定降低风险的方案和“经济风险分析”提供准确的成本/效益分析。

四 融资机制

根据《海平面上升优先行动计划（2016—2017年）》（以下简称《行动计划》），旧金山的城市规划办公室（SF Planning）将联合经济与劳动力办公室（OEWD）、社区投资与基础设施建设办公室（OCII）对潜在可行的政策和融资机制开展评估工作。其目的是寻求可为新公共部门和私营部门项目注资的投资工具，进而为全市海平面上升适应计划做准备。

可行的融资机制包括这些内容：建立成本共担的承包机制，实现跨部门合作投资，共同承担海平面上升的适应性建设成本；在联邦政府和州政府层面开发创新的保险方案，并积极寻求与私营部门合作；与海滨总规划开发商进行公益谈判，将海平面上升的适应性策略融入海滨基础设施设计和投融资计划中，以便使海平面上升适应性策略的建设成本由开发商的融资计划支付；金银岛的海平面上升适应性管理计划也提出了针对本地区的融资计划，未来海平面上升适应性建设产生的成本可由新的社区公共设施区征得的税费支付。

除《行动计划》中明确的融资方法外，以下融资机制也可用于海平面上升适应性建设。

一是韧性债券（Resilience Bond）。旧金山地区政府、在海滨地区拥有固定资产或进行商业运营的业主、地方发展银行及慈善捐赠者可联合出资或募资，该部分资金将用于对需要进行海平面上升适应性建设改造的基础设施投保。如果触发保险出现条件的极端天气事件没有发生，保额将用于为债券投资者发放利息；如果此类极端天气事件发生，投资者将会损失部分或全部资金，债券本金也将归还债券出资人以作为保险赔偿金。保险公司会对适应性建设改造前后基础设施遭遇灾难性天气导致的资产损失差额进行量化计算，并由此得出适应性改造建设前后投保人支付保额的差额。由于保额被用于向投资者支付利息，适应性建设改造后保额的减少也会使投资者收到的利息减少，但是投资者并不会因此蒙受损失：从金融产品的角度来看，投资者只是从持有高风险、高收益的产品（海平面上升适应性建设改造前的债券，灾难性天气对基础设施造成的经济损失高，投资者潜在的损失大）转向持有低风险、低收益的产品（海平面上升适应性建设改造后的债券）。

二是韧性建设服务公司（Resilience Service Company）。这种融资模式更适合对海滨地区小规模的固定资产进行改造，主要参与者为海滨地区业主、保险公司和韧性建设服务公司。韧性建设服务公司支付初期海平面上升适应性建设改造费用，而业主将直接向保险公司购买保险，保额按照海平面上升适应性改造前的较大经济损失情形计算。随着海平面上升适应性改造的逐步完成，保险公司重新估算保险标的资产可能的经济损失额度和保费，并将减免一部分保费。减免的保费由业主交给韧性建设服务公司，用于偿还公司初期为海滨业主资产投入的适应性改造费用。

三是韧性影响力债券（Resilience Impact Bond）。影响力债券是一种绩效制的合约，其投资回报是由初始投入及项目的成功程度共同决定的。韧性影响利债券融资模式的参与者主要有4类：①结果导向出资人，这类参与者可以是政府或者与当地利益相关的慈善捐赠者，负责确定影响力债券的结构及项目成功程度的评价体系，并在规定时间内偿还债券利息和本金；②影响力投资者，这类参与者作为海平面上升适应性建设改造项目的提供者，负责在实施代理人的帮助下在当地完成项目的实施落地，同时出于对项目中实物资产和未来营业收入的保护，还可以向保险公司购买保险；③实施代理人，这类参与者负责项目的落地实施并保障项目的成功，以及在当地项目建设运营期间与当地保险公司的接洽沟通；④保险公司，若项目遭遇灾难性天气，则保险公司将向投资者赔付，赔付金会被实施代理人用于当地项目的基础设施和服务建设，若不遭遇灾难性天气且项目正常运转，则以后的年度保费会逐渐降低，以减少投资人的支出。当地政府及捐赠者会向投资者偿还债券本金和由项目成功程度评价体系所计算的绩效投资收益。但是，当地政府与利益相关的捐赠者并不是完全没有收益：与眼前的项目投资相比，他们更关注海平面上升适应性建设改造完成后，目标地区或者项目长期减少的经济损失、降低的维护成本及增加的运营收益。

五 利益相关方的参与形式

在旧金山应对海平面上升挑战的过程中，所覆盖地区的利益相关者以不同的方式参与其中，在这些相关的组织和机构之间建立良好的合作关系对长期目标的实现至关重要。其中，最核心的参与者是多级管辖机构和当地土地所有者，社会公众也起到重要的作用。

（一）监督与管辖机构

监督与管辖机构通过公共政策法规的途径参与、协助和推进海平面上升的应对行动。本案例涉及的监督与管辖机构一般分为联邦、加利福尼亚州、旧金山地区3个级别，沿海的开发保护项目根据其类型和位置，受到多级政策法规的约束。各级政府机构参与的具体方式可总结为以下几类：出台支持应对海平面上升的政策法规和规划方案、审核相关项目资质并颁发许可、监督项目开发过程与生态影响。

联邦政府机构主要从国家层面对沿海项目进行法律约束和监督管辖。在联邦法规和资质许可的管理方面，根据海平面上升的相关法规（13690号总统级行政命令），美国运输部和联邦航空局负责对相关项目补贴和许可证进行把关。同时，一个沿海的或与海平面上升有关的项目需要得到以下机构颁发的许可证：美国陆军工程部队负责审核授权各类环境影响项目，协助认证国家洪水保险计划（National Flood Insurance Program，NFIP）防洪堤。针对具体的应对方案，美国联邦应急管理局负责公布洪水保险费率图，管理国家洪水保险计划，旧金山是该计划的新成员之一。鱼类和野生动物局及国家海洋和渔业服务部则通过由《联邦濒危物种法》规定的管辖权，对项目可能影响受保护物种的开发行为进行监督。

在满足联邦政府机构政策法规要求的基础上，沿海开发项目还受加利福尼亚州政府机构的监管和约束。例如，太平洋海岸加利福尼亚州沿海委员会（CCC）2015年出台了海平面上升政策指南草案，包含当地海岸项目（LCP）的认证和更新、“沿海开发许可证”的颁发等内容；海湾保护与发展委员会（BCDC）对位于湾岸平均高潮线100英尺内的内陆区域中现有和拟议的土地用途、结构具有监管管辖权。同时，加利福尼亚州土地委员会（CSLC）负责管辖海涂及淹没区的开发，监督合法受资人的行为；旧金山湾区水质控制委员会（RWQCB）监管地表水（河流、海洋、海湾等）和地下水（包括雨水）排放；加利福尼亚州土地委员会管辖整个沿海地区以及离普通高水位线3海里以内的海涂和淹没区。

同时，旧金山的政府机构已开始调整各种政策以应对海平面上升，如2008年通过了洪泛区管理条例，2014年发布了旧金山投资计划委员会指南。沿海或与海平面上升有关的项目可能需要获得以下机构的授权：旧金山规划局（在城市规划委员会指导下监督项目是否符合总规划要求）、旧金山投资计划委员会（监督项目资本性支出情况）、社区投资与基础设施部门（对部分项目拥有土地使用、开发和设计的审批权）、旧金山港口（在港口委员会指导下对根据《伯顿法》授予的信托土地进行广泛监管）。

（二）土地所有者

旧金山沿海易淹没区的土地分为公有和私有两部分。其中，公有土地的所有者包括本地、本州和联邦级的机构，如旧金山港和金门国家休憩区；私有土地包括处于不同开发或再开发阶段的商业用地和住宅用地，如旧金山港管辖的长达7.5英里[1]的滨水区，覆盖渔人码头、轮渡大楼等地标，属于本地公有土地，而金门国家休憩区覆盖的太平洋海岸线地带的相当一部分区域属于国家公园服务体系。

（三）公众参与

应对海平面上升的挑战，除了政府机构的推进和土地所有者的配合，社会公众的参与协作也不可或缺，其对于规划制定、资金支持和实地实施的成功十分关键。旧金山致力于为公众参与规划过程提供丰富的机会和渠道，并在该过程中将关于海平面上升和抗险的思维深植于旧金山的管理基因中。

一个良好的公众参与机制包括宣传教育和公众反馈2个部分。旧金山协调和利用现有全市性及地区性的社区参与渠道向公众进行宣传和教育，使公众认识到海平面上升会对当地住房和经济造成负面影响。

外展工作是对公众进行宣传教育的一种重要形式，旧金山的外展工作分为覆盖全市社区、针对湾岸社区和针对太平洋沿岸社区3类（图23）。例如，旧金山抗灾和恢复部门是在与其他政府部门、私营企业、非营利性机构、当地社区负责人等多方合作关系的基础上成立的，为旧金山制定了全面的抗灾战略方案，并于2016—2017年

[1] 1英里≈1.61千米。

在旧金山所有社区开启了为期一年的外展工作。针对湾岸社区公众，旧金山湾推出了《滨水土地使用规划》，成立了专门向公众宣传该规划内容的工作组和负责处理反馈、完善规划的顾问组，以便向公众科普旧金山湾管辖区的土地使用法规政策。在中南部湾岸，覆盖多个住宅、商业和开放空间的再开发项目正在规划，为了统筹协调各个项目、实现最大化的整体效益，经济和劳动力发展部门牵头成立了跨机构的南部海湾协调委员会，每个子项目都将应对海平面上升的适应性措施和设计考虑等因素纳入其总体规划中，并同时安排独立的和总体的外展宣传规划。在太平洋沿岸社区，旧金山公共设施委员会在2011年针对大洋滩总体规划提出了沿海管理框架，并在此框架内为公众参与持续地提供机会。

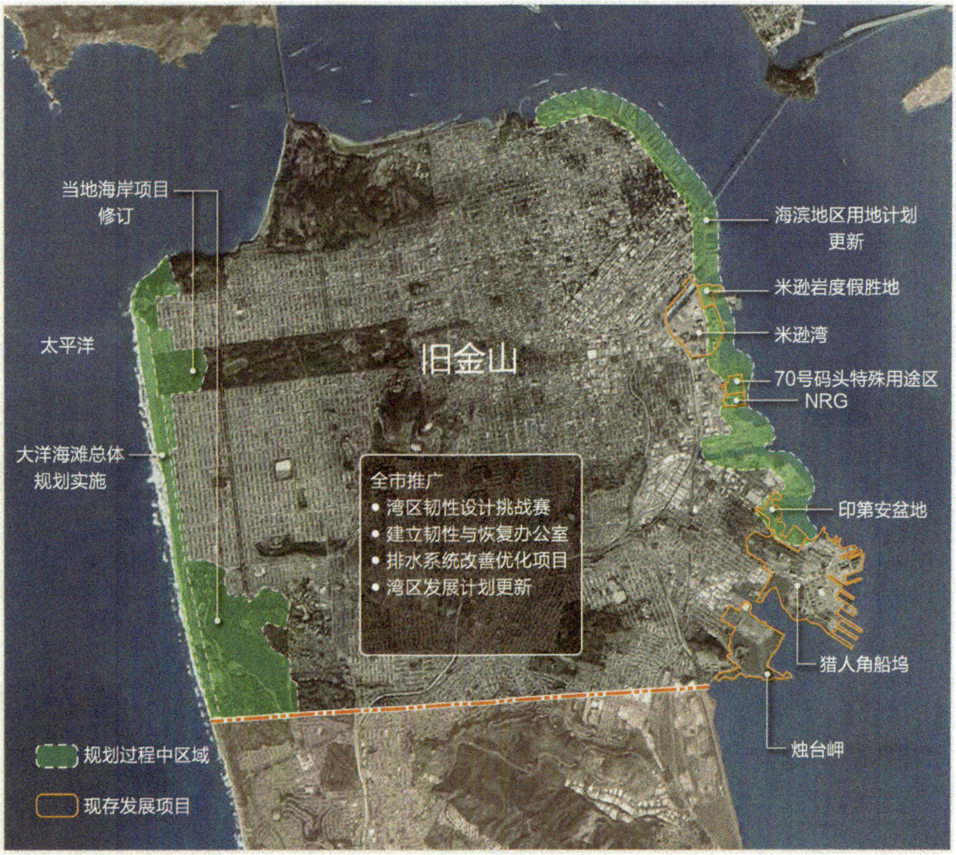

图23　旧金山的外展工作[1]

（四）区域性合作

由于海平面上升挑战的区域性属性，过去10年间旧金山产生了许多区域性合作计划，包括湾区抗险设计论坛、湾区区域合作、气候准备研究所、湾区抗险社区倡议等。通过组织或参与这些合作计划，区域性乃至全球的相关行业协会、学术机构、政府部门都可以相互交流抗险经验，共同应对海平面上升带来的挑战。

六 经验和启示

从旧金山出台的应对气候变化行动方案可以看出，海平面上升虽然是缓慢发生的危害，但已经不是遥不可及的概念，而是正在逐渐显现的挑战和事实。图3的历史数据证实了过去几十年气候变化导致的海平面上升已经大幅影响了海岸水灾发生的频率。中国科学院的研究显示，过去仅近30年全球海平面平均上升了近10 cm[14]。因此，应对气候变化导致的海平面上升的挑战已经刻不容缓。

旧金山采取的适应海平面上升行动计划的经验和特点值得其他地区借鉴。

一是建立了体系化、流程化的应对行动方案。早在2016年，旧金山就出台了适应海平面上升行动计划，为缓解未来海平面上升和制定沿海洪灾规划提出了总体愿景和目标。该行动计划描述了一系列应对措施，以便使旧金山在面对海平面上升时更具弹性，确定了海平面上升规划的目标和指导原则，并制定了开展脆弱性分析、风险评估及适应战略的路线图。这样积极、深思熟虑的适应规划将使旧金山能够应对海平面上升带来的挑战，并将风险降至最低。

二是总结最新的气候和海平面上升相关科学进展、相关政策法规，以及迄今为止的脆弱性和风险评估。最新的科学发现确定了近期海平面上升的发展趋势和结果，分析了未来气候变化和海平面上升发展的几种情景，以此来评估旧金山未来可能面临的海平面上升挑战。同时，旧金山还分析总结了现有应对海平面上升的有关政策法规以及做过的脆弱性和风险评估，以为下一步通过查漏补缺来制定应对方案和措施奠定基础。

三是确定数据差距，并建立进一步评估、适应性规划和实施的框架。在已有的风险分析、政策法规框架和应对措施的基础上，对照未来应对挑战的目标，得出用于风险分析与监督跟踪的数据和需要采取措施的缺口，并在此基础上建立进一步评估、适应性规划和实施的框架。

四是确保多部门、多层次的有效协调。海平面上升的应对需要政府部门、地区、私营企业、非营利性机构、当地社区之间的有效协作。应对海平面上升是一个全局问题，其涉及的事务范围往往跨越规划、住房、交通、港口、机场、环境、电信和给排水等多个行政部门，应对方案应在地理上超越既有的行政区划范围，并关系到被淹区域的所有机构和个人，这就使部门、企业、社区、个人之间的有效协作以及他们在规划过程中的深度参与变得尤为重要。2015年，旧金山由时任市长牵头成立了海平面上升协调委员会，这是一个由12个城市管理部门组成的跨部门工作组，由旧金山规划局与复原和资本规划办公室共同主持，以全面了解海平面上升的威胁，并制订行动计划。此外，旧金山通过宣传教育和公众反馈有效实现了公众参与，利用既有的区域间合作平台和渠道建立了有效的海平面上升应对行动协作机制。

参考文献

[1] City and County of San Francisco. San Francisco Sea Level Rise Action Plan— Working Together to Build San Francisco's Resilience to Sea Level Rise[R]. 2016.

[2] National Research Council. Climate Change：Evidence，Impacts，and Choices[M]. Pittsburgh National Academies Press，2012.

[3] Rogers P. San Francisco Bay：New Plan to Combat Sea Level Rise[EB/OL]. [2019-05-02]. https：//www.mercurynews.com/2019/05/02/san-

francisco-bay-new-plan-to-combat-sea-level-rise/.
[4] FEMA. FEMA West Coast Sea Level Rise Pilot Study[R]. 2015.
[5] BakerAECOM. Intermediate Data Submittal #4. Draft Floodplain Mapping[DB]. 2014.
[6] FEMA. California Coastal Analysis and Mapping Project[Z]. 2013.
[7] Knowles，N. Potential Inundation Due to Rising Sea Levels in the San Francisco Bay Region[R] . 2010.
[8] SFPUC. Climate Science Data Inventory and Technical Memorandum[G]. 2014.
[9] SFPUC. Climate Stressors & Impacts：Bayside Sea Level Rise Mapping Technical Memorandum[G]. 2014.
[10] SFPUC. Climate Stressors & Impacts：Westside Sea Level Rise Mapping Technical Memorandum[G]. 2014.
[11] SFPUC Climate Stressors & Impacts：Shoreline Assessment Technical Memorandum[G]. 2015.
[12] URS/AGS. Sea Level Rise and Adaptation Study[R]. 2012.
[13] DHI. Regional Coastal Hazard Modeling Study for North and Central Bay[R]. 2011.
[14] 张文静. 25年，海平面上升了约8厘米[EB/OL]. [2021-04-17]. http：//www.cas.cn/kx/kpwz/201809/t20180914_4663634.shtml.

德国柏林

气候适应的策略、方法和案例

编　者：毕云青（德国国际合作机构*）
关键词：柏林，气候适应，高温，水风险

案例介绍：

柏林是德国的首都，面积约为892 km^2，2020年的人口规模约为356万人[1]，是德国人口最多、面积最大的城市。柏林对气候变化十分敏感。近年来，柏林强调要采取气候减缓和适应举措，并发布了相关规章框架，启动了相关项目，以支持气候综合适应型城市发展。其中，最重要的措施包括高温适应和水灾害应对。

本文依据柏林应对气候变化的主要文件，详细介绍了柏林建立热适应和水敏感城市的策略，包括修建绿色及蓝色屋顶、改造成排建筑及学校、加强雨水管理系统等。此外，通过对柏林《城市气候发展具体规划》[2]中的两个案例——Flussbad河流生态修复工程和ufaFabrik绿色屋顶的研究，展示了城市局部改造如何助力高温适应和水灾害应对。

* 作者创作此文时的工作单位。

一 柏林气候适应政策框架

自2000年以来，柏林陆续出台了多部法律法规（表1）以推动城市减排和应对气候变化。无论是在环境管理上，还是在土木工程和城市规划过程中，柏林都十分注重创建公共绿地、扩建排水系统等，这些都是向市民传达城市发展目标的第一个接触点。这些不同类别的法律法规多次提及气候变化：①建筑方面，在《联邦建筑规范》第1条和第1a条中，气候变化减缓和适应被列入明确考量，在第5条（土地使用规划）和第9条（发展规划）中明确提出了气候保护措施；②城市规划方面，在《城市气候发展规划》第1（6）节第11条中，气候变化被纳入城市规划，并由市政当局详细审查；③环境评估方面，根据《联邦建筑规范》第2条，环境评估应考虑气候因素。

表 1　柏林出台的气候变化相关法律法规

年份	工作计划/文件	年份	工作计划/文件
2018	柏林能源环境保护项目	2011	《柏林城市景观战略》
2016	柏林景观项目（包含物种保护项目）	2011	《城市气候发展规划》
2016	柏林适应气候变化影响研究（AFOK）	2011	《城市交通发展规划》
2016	《城市气候发展具体规划》	2011	《城市工业与贸易发展规划》
2015	《柏林土地利用规划》	2011	《中心城市规划》
2015	城市发展概念（StEK）2030	2009	《东南部区域规划》
2014	柏林气候中立可行性研究2050	2006	《东北部区域规划》
2014	城市生活发展规划2025	2004	《西部区域规划》
2012	柏林生物多样性战略	2001	《柏林污水排放规划》

柏林的气候适应战略建立在3个相互关联的文件上。2009年，柏林参议院发布了第一份关于气候变化后果的报告，随后又于2011年发布了《城市气候发展规

划》（*StEP Klima*），并于2016年更新为《城市气候发展具体规划》（*StEP Klima KONKRET*）[2]。二者均是在气候变化背景下进行空间规划的指导性文件，提出了专门针对柏林的建议和战略。总的来说，《城市气候发展规划》提出了战略规划手段，力求保障未来城市的生活质量，并确定了以下主要行动领域：气候变化和生物、绿色和开放空间、水体质量和强降雨，辅之以总体气候减缓。自2016年以来，环境地图集作为一种空间分析工具，为《城市气候发展具体规划》提供了补充，展示了气候相关影响（如热压力）及潜力（包括冷空气走廊或夜间降温）的地理空间信息[3]。

2016年，柏林参议院环境、交通与气候减缓部门发起了柏林适应气候变化影响[4]研究（以下简称AFOK研究）。该部门由2个秘书处组成，其中环境与气候减缓秘书处也负责气候适应工作（图1）。2018年，AFOK研究被纳入柏林能源环境和气候保护计划（BEK ）2030[5]，后者也由参议院同一部门提出并负责执行，并在柏林众议院得到通过。

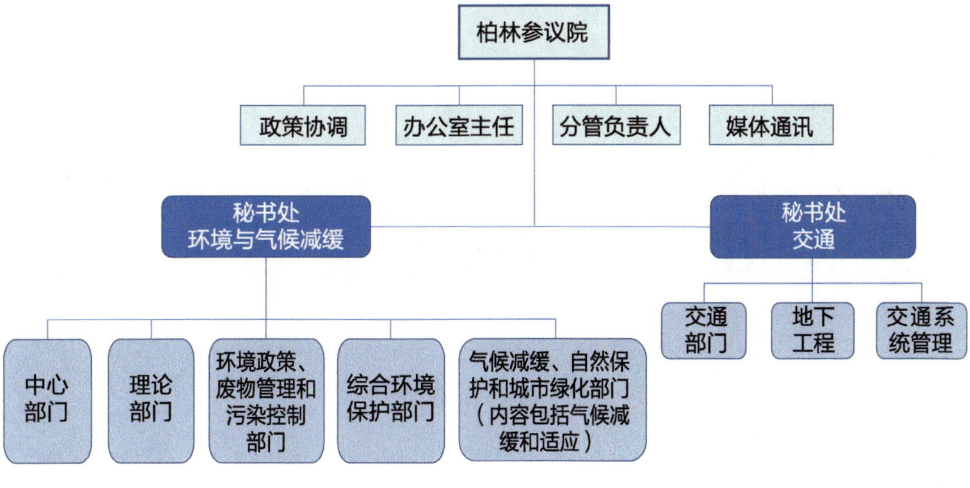

图1　柏林参议院环境、交通与气候保护部门组织结构[6]

注：气候减缓、自然保护和城市绿化部门负责气候减缓与适应的工作。

基于当前全球和区域的气候情景，AFOK研究概述了柏林在近期（2050年）和遥远未来（2100年）可能遭受的潜在气候影响，明确了气候脆弱性。此外，它还包括有关城市基础设施和建筑设计的专业方法和具体战略，以及组织和行为方面的内容（图2）。AFOK研究被纳入正在实施中的BEK 2030，该计划旨在增强城市基础设施（如下水道系统、绿地、交通）和生活质量在气候变化中的韧性（表2）[4]。

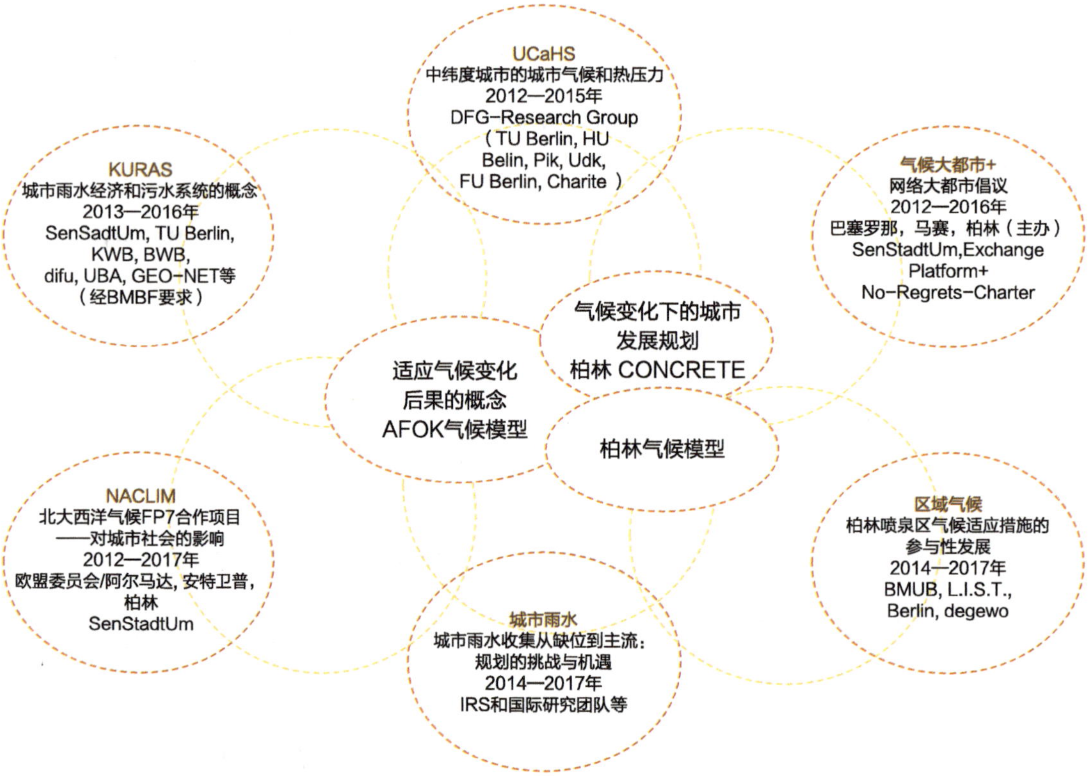

图2　柏林气候适应战略

表 2　柏林气候适应领域与目标

人类健康与公民保护	建筑、城市发展和公共绿地	水供应与分配
• 升级预警系统 • 提升个人身体健康 • 调整药物治疗和咨询 • 加强救援服务与公民保护 • 气候适应（老年）关怀项目 • 气候适应医院项目 • 确保充足的饮用水供应 • 适应、改善公众工作环境的安全 • 弹性工作和开放时间 • 热适应食品与饮料供应 • 探索气候相关的健康风险 • 绿色安全的景观规划	• 保护气候缓释区 • 创设合格的绿色开放场地、系统的屋顶和立面绿化策略 • 增强城市绿化韧性 • 新建设项目的气候去耦化 • 城市表面气候合格 • 社区层面的气候适应策略 • 气候适应试点项目 • 现有规划手段的气候防护 • 炎热期提供冷却空间 • 限制传统空调系统 • 更好地为租客和房主提供信息 • 风暴和水管理的公共辩论	• 集中系统中雨水管理的去耦化 • 适应洪水的表面设计 • 使基础设施适应暴雨事件 • 使基础设施适应干旱和炎热 • （饮用）水质量保护 • 增强水体的气候有效性 • 扩展自动饮水器网络 • 建立沐浴设施与游泳池 • 将水敏感气候适应视为公共事务 • 为脆弱城市地区提供信息 • 探索水平衡的气候变化效应
交通	**环境和自然**	**工业、服务和金融部门**
• 应用改良的路面覆盖层 • 改良道路排水系统以适应更多暴雨 • 减少与交通有关的氮氧化物排放 • 确保运输方式符合环保原则 • 保护自行车骑行者的安全 • 改善公共交通的降温系统 • 确保行人安全 • 由专责小组推行运输基础设施检查	• 预防性土壤保护 • 升级现存土壤监测 • 保护和恢复柏林泥炭地 • 扩大柏林泥炭地监测 • 支持、维护和开发柏林森林 • 森林环境监测 • 有气候韧性并与当地适应的种植园 • 建立分区池水、生态核算 • 复检现存保护区域 • 柏林文化景观的安全保护与维护 • 增加城市绿色容量 • 以拨款形式开展气候适应运动	• 提供可靠的天气预报 • 为防止极端天气造成的损害进行培训 • 以圆桌会议的形式交流经验 • 政府建设援助和实施期限的调整 • 设计公司特有的气候适应概念 • 设计部门特有的气候适应概念 • 调整工作弹性和坐班时间 • 夏季改善热量保护 • 改善户外建筑工作的风险防范措施
能源供应与固体废物管理	**教育**	**旅游、文化和体育**
• 推广能源有效型冷却系统 • 为电力供应干扰做提前准备 • 在变化的环境条件下进行能源系统规划 • 优化能源基础设施（焦点：网络） • 优化能源基础设施（焦点：储存） • 高温事件下确保废物收集和人员健康保护 • 努力减少废物的产生	• 加强校舍建设 • 推广学校花园 • 调整（学前）学校组织 • 将学校作为经验交流场地 • 将气候适应纳入教育方案 • 将气候适应作为BEK网络及延续计划的一部分 • 在课程中强调气候适应 • 成人教育中心的气候教育 • 与合作伙伴一起推动教育运动	• 在文化和体育场地改良服务 • 免费提供饮用水 • 活动中的休息设施 • 营销理念：气候适应城市旅游 • 将游客纳入民防和预警系统 • 改善运动场地排水

二 关键措施

（一）热适应城市

城市聚集区受气候变化的影响尤为显著。由于空间有限，城市比开放地区升温更快，夜间降温较慢。有充足水源的植被覆盖区可以通过蒸发降温，但这类区域只占据很小的城市空间。热岛效应和热事件（高温和热浪）使这一情况更加严重。随着柏林城市密度的不断上升，热量控制将成为越来越紧迫的问题。

城市应采取更多适应高温的措施来应对热量问题。在建筑中，过多的热量会影响室内小气候，从而影响人们的生活质量。室内温度过高会降低工作效率和经济生产力，因此需要采取有效措施来替代能源密集型空调系统，以便为建筑物降温。柏林物理研究所（Lise-Meitner-Haus）的绿色冷却立面就是一个例子。

城市温度的升高使户外工作变得更加困难，需要采取相应的温度控制措施，如调整工作时间。更多的炎热天气也会对教育系统产生影响，炎热事件会基于学校的建筑结构而影响室内气候，进而使学校不得不根据温度安排课程。为了保证良好的学习条件，新校舍必须进行隔热设计，现有校舍也要进行相应改造。

1. 屋顶绿化措施

在柏林的气候适应过程中各种措施相互联系。雨水蓄积、建筑绿化、绿化灌溉等措施使柏林成为气候适应型城市的典范。在柏林已经有4 000 m^2的屋顶区域实现了绿化，一些建筑立面也装上了绿色帘幕。建筑绿化可以保留雨水、遮蔽阳光并隔离楼板，从而有助于降低温度。目前，柏林已经采取了一系列屋顶绿化措施，以便使屋顶变得气候友好（图3）。这些措施可以对外部环境起到冷却作用，平衡城市的整体气候，还可以改善顶层的室内气候，提高室内的生活质量。在柏林，这种做法仍有很大的推广潜力。

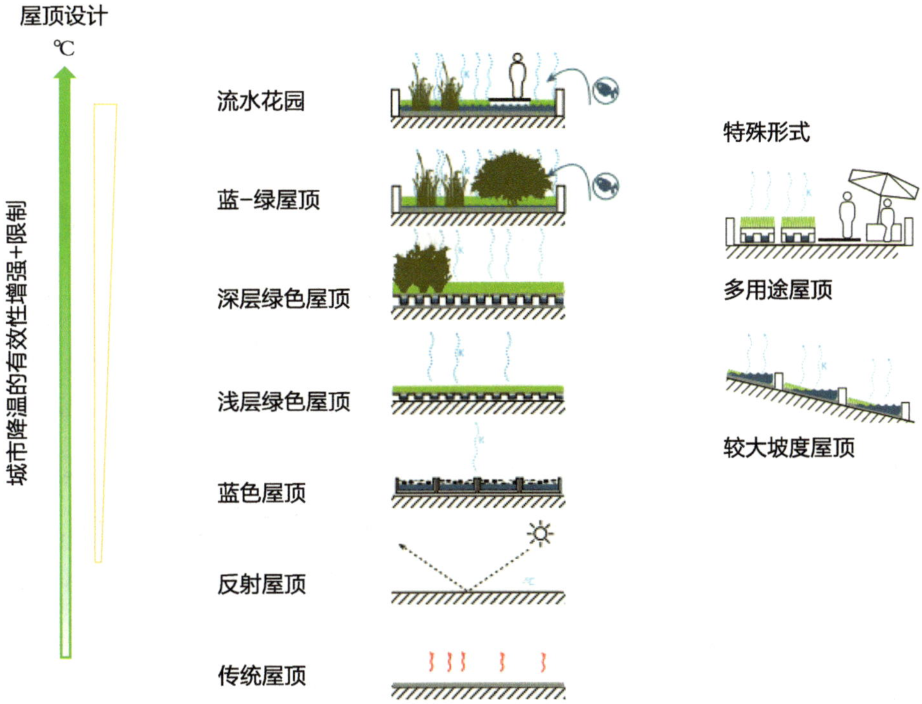

图3　气候适应屋顶设计示意图[2]

（1）反射屋顶

增加屋顶表面的逆向反射是一种气候适应的有效措施，而且所需费用较低。在翻新或扩展屋顶时，这一步可在现有建筑物中得到很好的实施。如果反照率较高，建筑获得的热量就会比较少，夜间散发的热量也会比较少，因此可以减少城市和房屋中的夜间热量。

（2）蓝色屋顶

通过增加限流设施使屋顶雨水径流能临时停留，或对少量径流进行暂时储存，以延迟雨水径流到达下游管道的时间，从而降低峰值流量。蓝色屋顶（Blue Roofs）就是采用限流措施调节雨水径流的屋顶[7]。与传统屋顶相比，蓝色屋顶对气候适应更加有效，如砾石屋顶可以在暴雨时阻滞大量雨水，再通过在屋檐上增加矮墙并节流排水，就可以使屋顶暂时成为蓄水区域，由此可以控制排放到下水道系统的水。蓝色屋顶的颜色也可以被设置成具有较高反射率。另外，在设计中需要房屋具有平屋顶，或至少屋顶斜度较缓。

（3）绿色屋顶

绿色屋顶（Green Roofs）也被称为生态屋顶（Eco-Roofs）、植被屋顶（Vegetated Roofs）、生长的屋顶（Living Roofs），是指建筑屋顶的部分或全部由绿色植物、植物生长基质及屋顶防水结构覆盖的一种景观屋顶形式。它通常还包括植物根系阻隔层、屋顶排蓄水层、灌溉系统等结构。根据栽培基质深度和景观复杂程度，可将绿色屋顶分为浅层绿色屋顶（Extensive Roofs，ER）和深层绿色屋顶（Intensive Roofs，IR）[8]。绿色屋顶作为改善城市气候的有效元素，可以将完全封闭的屋顶变成有蒸发和蓄水能力的区域。现在也有针对倾角大于5°的屋顶的绿化方法。传统的浅层绿色屋顶采用10～15 cm的土壤来阻滞雨水，但只有些微冷却效果：在长期热量暴露下，它们将很快干涸，水不再继续蒸发。而深层绿色屋顶（如在地下车库中）的基质层有40～60 cm厚，这增加了土壤可以储存的水量，提高了绿化潜力，并因此增强了气候适应的效果。绿色屋顶的特殊结构有利于在室系统中吸收和储存雨水，即使只有较薄的基质层。

绿色屋顶和太阳能系统的结合利用了气候保护和适应之间的协同效应，保证了更多的能源生产。光伏系统部分遮蔽了建筑。生物多样性也得到提高，因为很多物种现在可在植物下定居。一些屋顶区域在夏天进行灌溉，可以进一步增强它们的降温效果。屋顶、柏油路和广场上的雨水被收集起来用作加工用水，或在炎热时期用于灌溉绿地。由芦苇和灯芯草组成的植物/土壤过滤器也可以作为冷却工具。

（4）蓝-绿屋顶

蓝-绿屋顶将前者结合起来。在炎热时期，绿色屋顶只在有充足水源供应的情况下才会起到冷却作用——无论是通过灌溉还是自身储水，但如果屋顶结构被设计成几乎完全阻滞降水的形式，这种效果就会增强，植物可以不断地通过排水层蓄水或自动灌溉来获得水分。平屋顶特别适合采用这种形式，对于坡度在9°以内的屋顶也有解决方案。这种蓝-绿色屋顶近年来得到了发展，现在已作为现成的解决方案提供。它们具有相对较低的自重，因而可以在现有的建筑物上应用。

此外，对植物的选择也会影响冷却效果。实际上，植物的蒸发能力是增加冷却效果的核心参数，选择绿色屋顶的植物时应考虑到这一点。几乎或完全不会关闭气孔、即使在炎热的天气下也保持蒸发的植物具有最强的降温效果，如芦苇和一些水生植物。而像景天属（*Sedum*）这样的厚叶植物则适合生长在浅层绿色屋顶上，因为它们很少进行蒸发（和冷却）。

2. 成排建筑改造中的适应措施

在20世纪30年代，柏林的居民区建起了平行的长排建筑。房屋大多有4层，其间有延伸空间和开放式的侧面。独立于公共街区空间的小道形成网络，将这些房屋连接起来。战后重建计划对这类建筑进行了恢复建设。为避免均一性，成排房屋的间距被放宽，在空间上形成群组，并彼此偏移。开放空间被布置为景观绿化空间。每公顷的成排房屋中约有165人居住。对一个市中心区域而言，此密度格外低。在某些情况下，容积率平均仅为0.9。

开发成排建筑物时，密封区域的比例平均约为45%。鉴于相对较低的密封程度、建筑密度和较高的绿化比例，该城市结构类型的气候压力较小。房屋通常沿东西方向排列，因此公寓能获得充足的阳光：为人和城市提供阳光和空气是20世纪初塑造城市规划的样本。天气炎热时，这些建筑会承受较大的热量压力，因为它们的休息室朝南。绿色空间通常在可用性、设计和维护状态上显露出不足，因此必须对它们（包括通道）进行翻新、升级。尽管开放空间比例很高，但通常情况下雨水还是通过下水道系统排出。而绿色屋顶和外墙则是例外。

考虑到其低密度、中心位置与良好的开发情况，成排建筑在密度改造方面具有很大潜力。其面临的挑战是如何在城市密度增大的情况下，保持该建筑类型在城市气候方面的固有优势。事实上，成排建筑的投资组合通常由较大的房地产公司管理，这有利于让其密度变大的同时能与气候缓解相结合。

成排建筑开发中的开放空间通常按比例分配，但仅在有限范围内被使用。这为进一步优化提供了潜力。因为从适应气候的角度来看，绿色不仅仅是绿色。无论是现有绿色建筑的水平检测、密度加大背景下新建筑的位置设置，还是与高密度相关的变化，都为成排建筑积极适应气候变化提供了机会。如果这些措施得到有效实施，密度再次加大不会对气候造成任何负面影响。相反，它可以成为适应的动力，推动生活环境的改善。

成排建筑开发强调通风的重要性。在密度加大的情况下，保持这种优势很重要。若考虑局部环境，根据其热负荷有3种理想方案，它们应与个别地点相适应（图4）。同时，气候专家也可以为城市规划的相关工作提供支持。

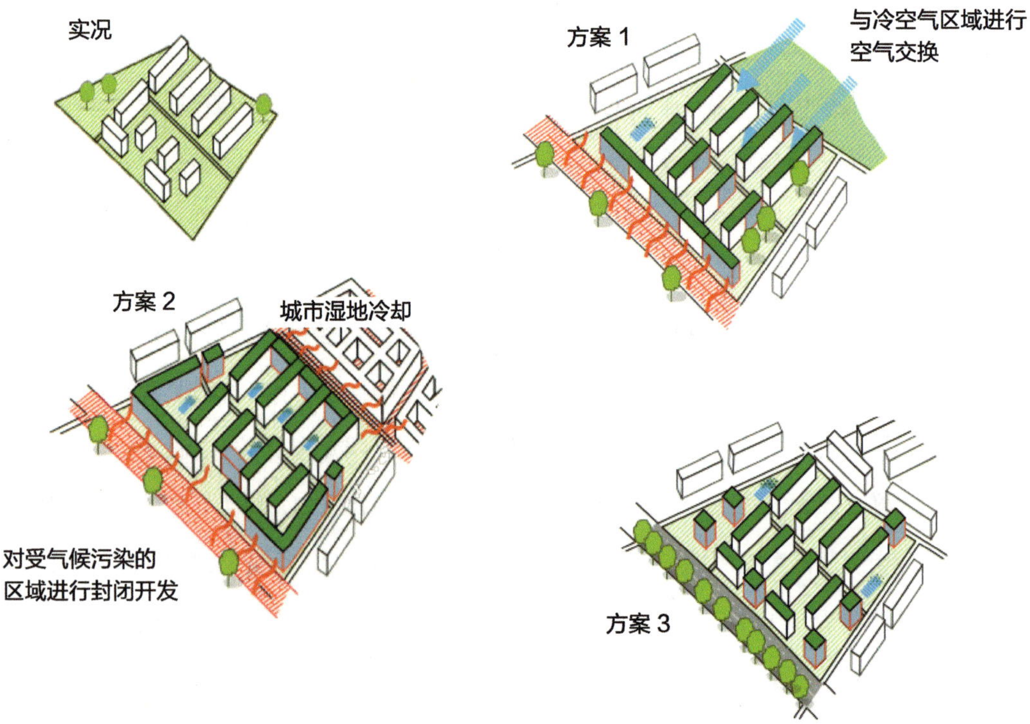

图4　成排建筑改造中的适应潜力[2]

方案1：对于负荷区和缓释区，可优化通风路径。与较大绿化区相关的通风通道必须远离建筑物和茂盛植被，使凉爽的空气在相邻的绿色建筑之间流动。气候压力较大的区域可以关闭为阻挡热释放而留出的空隙。只要不损害风管，区域内部可以再次加大密度。新工程的智能布置可以改善负载状况，因为街道的沥青会散发白天存储的热量，尤其是在炎热的夜晚。用工程遮挡宽阔而繁忙的街道也可以防止噪声。

方案2：对于受到较大气候压力的环境，可以创建内部冷却空间。如果居住区位于受污染的城市环境中，可以对其边缘进行限制，而内部必须保持开放性，并采取冷却措施。

方案3：对于没有气候压力的环境，应保持渗透性。对于普通气候条件下的成排建筑，应采取更有选择性的致密措施，新的建筑措施可以与气候风险缓释措施相结合。

此外，减少受热也是措施之一。在柏林，成排建筑的住宅房间大多朝南，因此绿化立面、进行遮阴并增加反照率非常重要。许多建筑目前正在进行翻新，并增加了一两层，这改变了建筑的围护结构，从而使适当的一揽子措施成为可能。

如果将建筑物加高，则可以创建绿色、蓝色或蓝-绿色屋顶。成排建筑之间的车库也可以采用绿色屋顶。在炎热天气下进行灌溉，可以在小区域内保证明显的降温效果，因为蒸发降温发生在比屋顶更靠近地面的位置。

被绿化和遮蔽的南外墙比单纯的绿色外墙有更显著的气候影响。南立面应始终被遮蔽，由落叶乔木组成的蔽光网可以补充或替代遮阴。

3. 学校的气候适应措施

柏林有许多社会、技术和文化基础设施的建筑和用地，包括学校、日托中心、医院、疗养院、大学、泵站、火车站、博物馆和许多其他设施。在柏林，学校占地总面积为1 302 hm^2。随着城市的发展，学校区域将会扩大。到2030年，6～18岁的儿童和青少年的人数预计将增加23%，学生数量也将随之增加。这意味着必须扩大学校空间容量。为了在短时间内取得成效，柏林需要重新启用旧校舍、开发新校舍，并在新建筑中采用模块化设计。

学校是城市发展中应特别关注的一个方面。柏林街区边缘的学校大多建于1945年之前，其操场比之后的类似设施小得多。这些学校建筑的容积率平均为1.0。1945年以后修建的学校有更宽敞的开放空间，以用作操场或体育设施。其容积率为0.6。近期，面对学龄儿童和青少年人数迅速增加的趋势，柏林在一些地点建造了额外的组合式建筑，以保障学校设施的全天候工作。

在过去，当气温达到一定数值时，学校就会停课。而在现在，学校应适应天气条件。这一决定符合学校管理部门的要求。由于建筑物的结构条件和位置（阁楼/地下室，南面/北面）不同，在同一室外温度下，教室之间的情况会有很大差异。为了给所有学校创造相同的学习条件，在高温城市的现存和在建校园建筑中采取气候适应措施非常重要。为确保学校建筑仍是高质量的学习和工作场所，在翻新和新建校舍时应采取适应措施。如果进行提前规划，几乎不会产生额外成本。在实际运行中，这些措施甚至可以节省大量资金，并优化学习条件。其适应潜力取决于地点类型：市中心的老学校可采取小规模措施，如绿化外墙和遮挡阳光。在全日制教学中，学生和老师在学校中度过了比过去更多的时间，因此校园变得越来越重要。柏林在学校的气候适应方面采取了一系列措施（图5）。

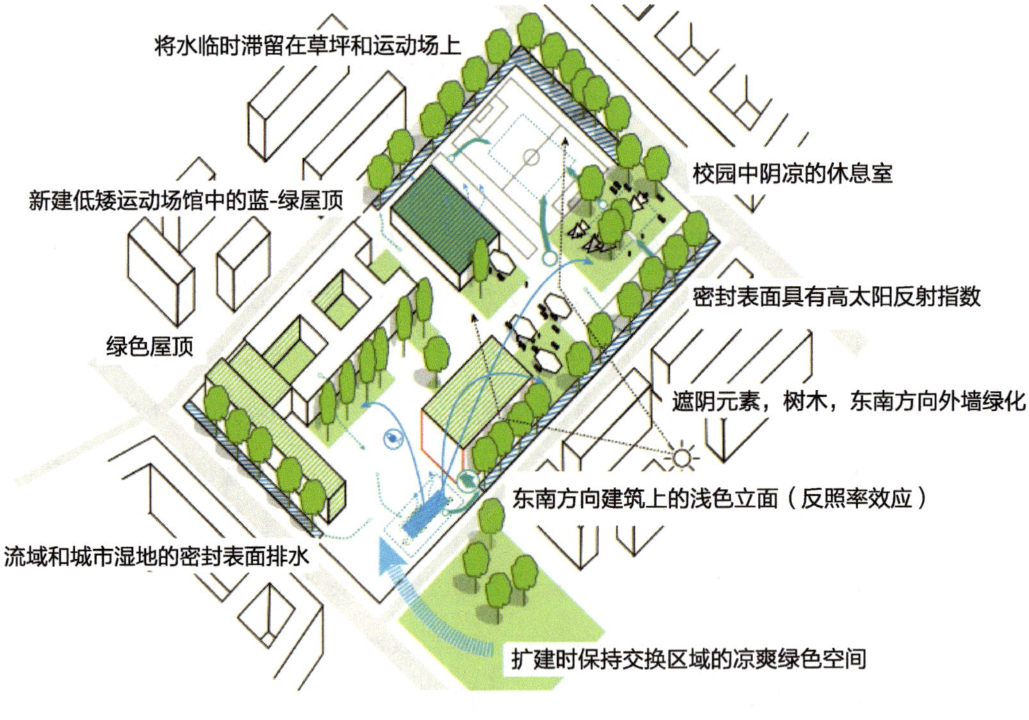

图5 学校的适应潜力[2]

一是上课时间集中冷却校舍。为了确保集中学习和放松休息，学校必须在上午和下午保持温度适宜——无论是室内还是室外；在炎热时段也是如此。因此，应优先在这些时段采取有效措施，如在早上得到浇灌的植被会在上午时段起到很好的冷却效果，即使未经人工灌溉，城市湿地也可以达到这种效果。因此，防热的重点是为土壤和植被提供足够的水，以便于其蒸发。

二是保证通风。如果学校操场与绿色空间或低密度建筑区域接壤，那么在建设时应保持通透性，使凉爽的空气可以流通到学校。

三是遮阴。建筑物的东侧和南侧表面尤其需要被改造。应该在此种植树木，以便为建筑物遮阴。落叶树木可在冬天让充足的光线进入屋内。另外，必须对暴露在阳光下的外墙进行外部防晒。

四是提高反射率。教学楼东部和南部的立面在上课时间会受到太阳照射，因此应首先提高它们的反射率。在可以迅速实施的扩建项目中，也可以采取该措施。通过为建筑和翻新项目选择正确的材料和颜色可以使反射率得到优化，并不需要额外成本。同样的道理也适用于学校操场：大面积的密封表面比平整的浅色表面更容易发热。

五是绿色建筑。有效的屋顶和立面绿化可以为学校的各种建筑提供适应措施。教室得益于绿色外墙和外部气候。低矮建筑（高度在10 m以内）上的绿化也能给周围环境降温，这可以被体育场采用，前提是符合其静力学。另外，可以给屋顶供水，以便通过蒸发保证冷却运行。

六是（重新）设计开放空间，为邻里创造良好空间。气候适应的校园设计的不同之处在于应从课间到傍晚提供阳光充足且阴凉的区域。在空间有限的社区中，在课后或晚上开放的校园可以为社区居民带来良好体验。但是，这通常意味着更高的保险覆盖率。

七是雨水管理和防洪。雨水应该能够渗入校园，包括从屋顶渗入。这样就减轻了污水管网的压力，因为没有额外的雨水排放。极端降雨事件发生后，短时洪水会造成相当大的破坏，特别是对于无障碍学校而言。因此，建筑表面和连接处的设计必须能够应对这种洪水，并能在短时间内滞蓄洪水。蓝色屋顶和临时蓄水槽对此会有帮助。校园内的斜坡应远离有无障碍水平通道的建筑。汉堡学校的雨水管理手册（BSU 2013）展示了如何在学校成功地实施雨水管理，通过利用样本计算、技术辅助和模型项目可以提供执行、生产成本和维护方面的信息，并包含计划检查清单。

柏林的学校是气候适应方面的先锋。在学校能源与气候适应项目中，参议院城市发展与环境部根据气候适应检查问题清单（表3）对学校进行评估，并向通过检查的学校授予柏林气候学校印章。该行动为气候适应提供了平台。

表 3　柏林学校气候适应检查问题清单

检查项目	检查问题
通风	是否与附近温度较低的绿色空间进行空气交换？ 是否有让空气流通的开放通道？
反射	室外的屋顶、立面、砌面等是否光滑，以实现吸热少且反射率（反照率）高？
遮阴	南立面是否有足够的阴凉？ 受充足光照的外墙是否有足够的外部防晒措施？ 是否运用了落叶树（植被过滤器）的遮阴潜力？ 是否了解一天中各时段的阴影区域？如果是，阴影是否与时间表保持一致？
建筑绿化	屋顶和外墙是绿色的吗？ 是否留有余量以实现最大的基材覆盖率？ 是否对屋顶和外墙进行了灌溉？若否，是否选择高效灌溉方式？
蒸发冷却	是否储存了雨水，使其可以在炎热季节从土壤和植被中蒸发出来？ 是否有城市湿地要素，即潮湿土壤、潮湿植被、水池和带有植被的小水域？ 海绵城市原则是否已（至少部分）实施？
渗透和雨水管理	雨水管理是否与下水道系统脱钩？ 是否对没有排水设施的学校进行检查？ 雨水是否暂时储存在屋顶上？ 从屋顶和建筑物流出的雨水是否未被污染，因此适合渗漏？如果是，雨水是否会渗入学校的开放空间？
防洪	是否采取了预防措施以确保学校不会被大雨淹没？ 斜坡是否避开地面入口处？ 建筑表面和连接处是否可以暂时储水？ 是否有紧急水道可安全排放多余的水？ 是否有可以在紧急情况下临时储水的洞池或其他深层空间？
开放空间	是否整个校园都提供阳光充足和阴凉的地方？ 校园中是否有用于户外课程的空间？

（二）水敏感城市

城市易受极端天气及其伴随的暴雨的严重影响。城市的结构密度和高度封闭性使其易受洪水侵害。与此同时，人口、物资、建筑和基础设施的高密度使城市的脆弱性增加。由于气候变化，暴雨事件将显著增加。柏林通过水敏感城市发展战略来应对这一挑战。水敏感城市建设追求以下目标：

- 避免暴雨导致的地表水污染；
- 避免暴雨后城市洪涝带来的损害和危险；
- 蓄水以便蒸发降温；
- 补充地下水。

1. 雨水管理

当前，柏林建设了由154个泵水站构成的下水道管网系统[9]、约9 600 km的污水管道和约1 170 km的水渠。150年来，柏林水务公司（BWB）为柏林都市圈的370万人管理着这套高度复杂的供排系统，并持续开展技术研发。

水框架指南、地表水条例和水工作小组框架概念等都提供了水管理的目标。柏林与勃兰登堡州之间建立了一个联合建设项目，其中涵盖了减少水体富营养化的具体目标。为了在水框架指南的指导下实现环境目标，并达到水主管部门向柏林水域排放混合水的要求，柏林启动了一个水质建设项目，并与柏林水务公司建立了长期融资协定。在项目实施期间，国家每年将提供高达700万欧元的预算拨款，因为国家需要承担总体系中60%的水质测量成本，甚至承担100%的单独费用。

该项目旨在于现有的污水管网中创造储水空间，以显著减少流入柏林水网的混合水的溢出频率和数量。该项目计划到2024年在市中心的混合污水系统中创建总计30万m^3的储水空间（目前已有23.5万m^3的储水容量）（图6）。

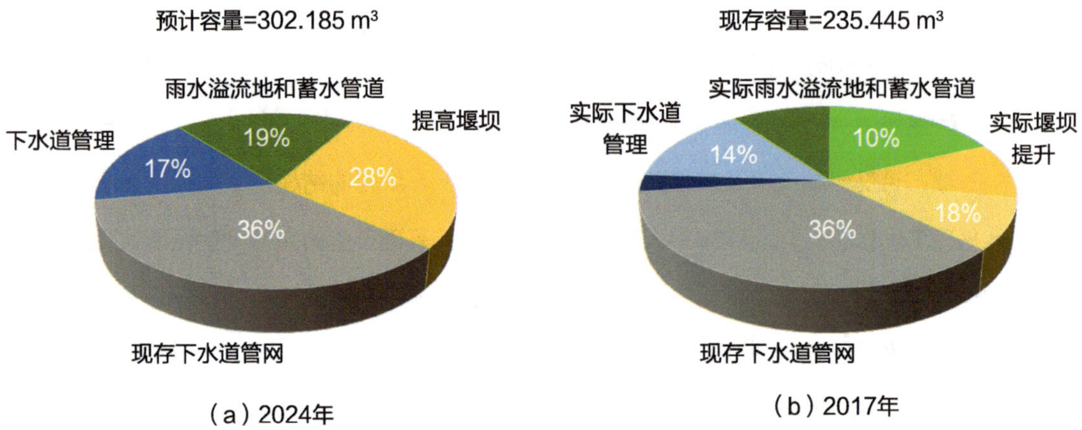

图6　项目计划与现有混合系统储存容量对比[10]

2. 防洪措施

由于极端天气事件的增加，采取防洪措施越来越必要，阻止混合下水系统外溢排水也同样重要。这两项措施都着眼于城市地表，有助于柏林的水敏感城市建设（图7）。柏林采取的主要措施如下：

一是减少密封的地面。未密封或仅部分密封的地面可以减轻下水道网络的压力：当更多的水可以渗透缓释，就会有更少的水需要通过下水道排出。发展中的城市很难避免地表密封，但应尽力减少这种现象。上文提到过的绿色和蓝-绿屋顶就是一种重要手段。

二是渗透代替排水。由于分散的蓄水和渗透，污水管网无须应对雨水涌入，负担大大减轻。在柏林的许多地方，雨水渗流已经是公认的规划方法，并被大规模实施。德国水、污水和废物协会的DWA-A 138工作表和《道路建设指南——排水部分》（RAS—Ew）中提到了污水处理厂的规划、建设和运营规则。柏林冰蚀谷（柏林的一个区域，该区域内有众多河流源头）的大部分沙质土壤很适合降水渗透。在Barnim和Teltow等高地，其排水系统可以补充绿色水槽，以达到必要的渗透能力。对于这种分散的雨水管理而言，考虑土壤渗透能力和水槽深度，有必要设置10%～20%的密封区域。在建筑密集的市中心，即使有分散的排水系统也不能保证渗流。当地表空间有

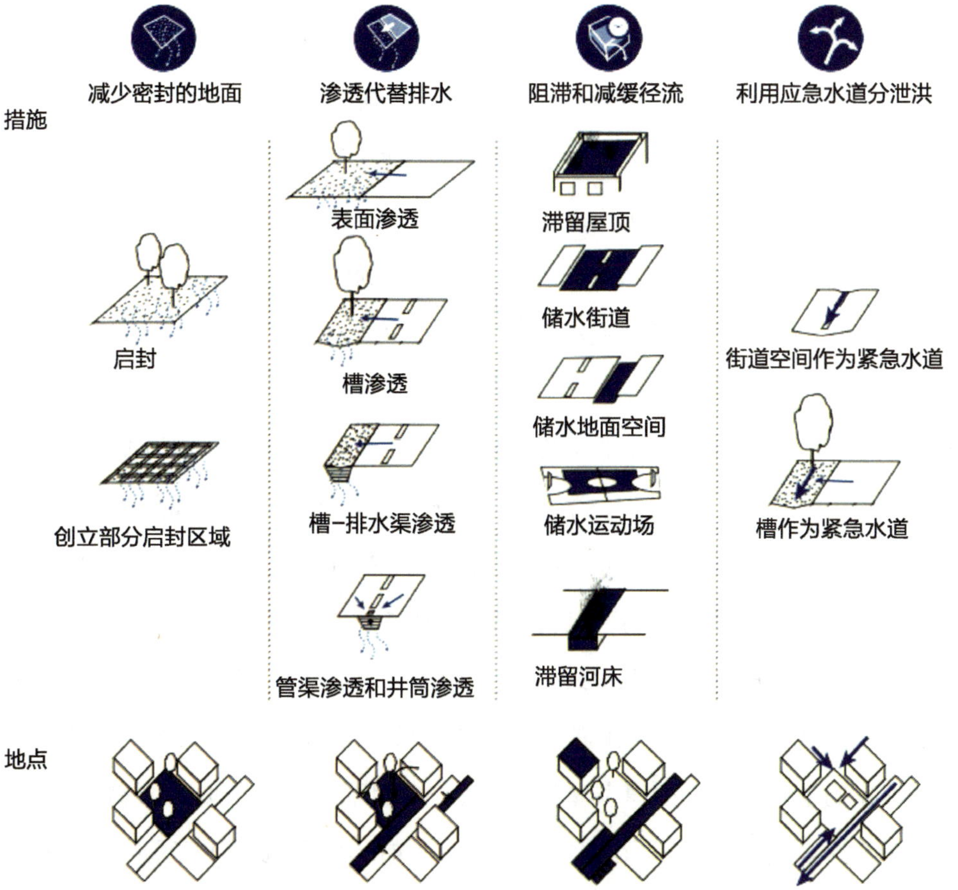

图7　雨水管理的部分措施在防洪方面的潜力[9]

限时，可采取排水管道和竖井渗透等替代解决方案，但它们只在暴露于降水时（如在屋顶表面）才被允许使用。

三是雨污分流。这是一种排水体制，指将雨水和污水分开，各用一条管道输送，再进行排放或后续处理。雨水通过雨水管网直接排入河道，污水经污水管网收集后被输送到污水处理厂进行处理，避免直接进入河道造成污染。雨水的收集利用和集中管理排放可降低污水处理厂的负担，保证污水处理厂的处理效率。新建设区域中，雨水和污水系统应分开。长期来看，以后关注的重点将是如何将已建成区域的雨水和污水系统分离。

四是阻滞和减缓径流。暴雨来临时，河道很快就会超出可容载水量。然而，以技术手段为罕见暴雨事件设定蓄水空间容易达到融资极限，因此将城市表面看作一个临时滞蓄系统更有意义。可以将新区域利用起来，使其变为蓄水空间：短时被淹没的屋顶区域、较低的停车位、树木围水圈、运动场、城市广场、绿地和开放空间等都可以达到此目的。这需要在所有责任人之间进行更密切的协调，因为之前分开的责任（水管理、道路或绿化）现在重叠在一起了。在经历气候变化的发展城市中，这种多方式利用将是不可或缺的解决方案。

五是利用应急水道泄洪。为了防止破坏建筑物和基础设施，可将地表雨水引导到破坏风险较低的地方，如公园、绿地、运动场、校园、交通服务区或大型停车场等。具有合适形状和坡度的道路、带有沟槽的绿化区域都可以作为应急水道。这些应急水道不是常规排水系统的一部分，但应将极端事件考虑在内。

六是对象保护。防洪应与对象保护相辅相成。地下商铺、公寓、地下室和地铁竖井最先受到洪水的影响。对它们的保护措施通常容易实施，并具有很好的效果，如提高地下室的竖井、在地下停车场增加枕木或者调整地面入口前的坡度。需要对此采取智能解决方案，同时需保障无障碍通道。通常，如果不再将贵重和脆弱物品存放在靠近地面的地方，就可以避免严重财产损失。联邦建筑、城市和空间研究所（BBSR）的《建筑气候适应建设指南》列出了特别脆弱的建筑部分，以及与暴雨适应有关的建筑技术法规。

三 案例研究

（一）Flussbad河流生态修复工程

城市湿地是蒸发冷却过程较强的湿润地区，是海绵城市的中心元素。城市湿地可以是水平或垂直的，可以围绕在建筑周围或设置在水平地面。水饱和绿化包括蓝绿色立面和屋顶、蒸发床、植被覆盖的水面或植被浮岛。喷泉和水雾等水景也有助于城市降温，以创造令人愉快的居住场所。

只有当植被有充足水源时，蒸发冷却才起作用。透水性土壤上的绿色屋顶或草坪通常在几天后就会干燥，其之后产生的气候影响与混凝土表面类似。

为了建设适应气候变化的水敏感城市，恢复城市湿地河流成为柏林采取的主要措施之一。Flussbad河流生态修复工程（以下简称Flussbad项目）是一个以未来为导向的城市发展项目，旨在以共享的方式利用柏林中心的一条河流。在施普雷运河1.9 km长的两岸建造生态小区景观和河水自然净化区，在运河接下来的约850 m的部分建造开放的楼梯，以提供几个入水点方便居民下水游泳。

融资方面，Flussbad项目于2014年成为官方“国家城市发展项目”。2015—2019年，为了使该项目得到进一步协调发展，非营利组织柏林Flussbad河流整治协会从联邦环境、自然保护、建筑和核安全部获得了260万欧元的资金，又从柏林参议院的城市发展和环境部获得了140万欧元的财政支持。2019年，该项目获得了总计640万欧元的资金，用于在洪堡论坛（Humboldt Forum）修建第一个室外楼梯。此外，该项目还因获奖得到了奖金支持：Flussbad项目在2011年和2012年分别获得了欧洲豪瑞奖的金奖和铜奖，接连赢得了10万美元和5万美元的奖金。2014年，该项目又从柏林乐透基金会获得了11万欧元的资金，以发布一份更有深度的设计草案和一份受认证的水文报告。

柏林在市中心对河流进行了重新开发，创建了河浴。施普雷运河将为散步者、寻求放松和开放游泳水域的人提供崭新体验。在生态植物过滤网的帮助下，Flussbad项目净化了施普雷运河，让游泳者可以沉浸在净水中。长达1.9 km的河道被划分为三段：近天然河道、过滤区域、游泳区域。

1. 发现：近天然河道

第一河段位于费舍林塞尔（Fischerinsel）东端和格特劳登桥（Gertrauden Bridge）之间。在这里，以石为底的运河被改造成一条接近天然的水道，顺带建有一座新的人行桥，并在旁配备了座位。人行桥离岸边只有几米高，刚好高出水面。接近天然的河道为鱼类、昆虫和植物创造了一片宁静的区域，有助于恢复城市的生态平衡。

2. 探索：过滤区域

在第二河段的河床中央有一个天然的植物过滤器，可以净化河水。这个系统在世界上尚属首例。为此，河床上堆砌了超过 300 m 的一层砾石，以便种植芦苇。在重力驱动下，水缓缓流过砾石层到达下面的排水层，并从那里继续流向下游的游泳区域。

砾石层内的生物降解过程可以清洁水中的细菌，并过滤掉悬浮物质。反过来，芦苇的根部为土壤提供氧气，并保持过滤器的渗透性。该系统为游泳池不断提供过滤后的水。施普雷运河的污染有明显的波动性，特别是在大雨之后，因柏林的下水道溢流，未经处理的废水流入施普雷运河，从而加剧了污染。过滤系统是为应付这些极端情况而设计的，以便使游泳区域水的纯度始终得到保证。同时，过滤区域设有研究交流的场所。河水被净化，水质也被监测。通过2017年成立的Flussbad花园信息和活动平台，人们可以对这条河有更多了解。例如，当学校被告知这一区域有水污染问题时，师生们可以结合展板、游览和课程将该段河水作为一个主题样本项目。

3. 沉浸：游泳区域

经过之前的过滤，游泳者可以在干净的施普雷河水中畅游——从市中心施普雷的最后一次河浴（1925年由于卫生原因关闭）算起，已经过去了大约一百年。开放水域的游泳区占地面积很大，宽15～45 m、长835 m。这部分从欧洲管理技术学院（ESMT Berlin）的溢流堰平面开始，流经联邦外交部、洪堡论坛，一直延伸到博物馆岛的北端。此处的水域可以通过两个楼梯到达，它们取代了柏林ESMT和洪堡论坛的垂直河岸墙。带顶棚的私人更衣室、淋浴间、厕所和储物柜设置在岸墙上的木制浮桥上，靠近大学区域，可以从外面的楼梯或通过坡道进入。第三个下水通道在波德博物馆（Bode Museum）的对面，海堤前也有一个狭窄的浮桥，水面上方有带顶棚的更衣室和储物柜。

河浴是一项不寻常的城市发展措施。柏林以新方式利用了旧的和现有的水域，而非营建新水域。施普雷运河是柏林最古老的水路之一。16—19世纪，它是船只通过城市的主要交通路线。直到1894年Muhlendammschleuse大坝开通后，流经该岛东部的斯普雷主河才开始通航，这也使施普雷运河中止运作。

运河穿过旧柏林的中部，并流经不同的地方：南部有Fischerinsel渔岛的高层建筑、历史港口Markischer Ufer岸边上的历史建筑，中间是Friedrichsgracht河上的公寓楼、联邦外交部（Federal Foreign Office）、柏林经济学院（ESMT Berlin School of Economics）、洪堡论坛（Humboldt Forum）和建筑学院（Building Academy），北部是位于Zeughaus军械库的德国历史博物馆、游乐花园（Lustgarten）和博物馆岛。生活和行政设施以及科学、文化和公共场所都位于运河沿岸。柏林Flussbad河流整治协会与这些机构和居民建立了联系网络，以回应他们的利益和需求。经过讨论，项目进行了多次调整。例如，通往波德博物馆的水通道最初为了测试运行而暂时开放，并与Pergamon博物馆的建设工作相协调。项目与柏林ESMT建立了密切合作——Flussbad花园就建设在其场地上，未来还将在这里建造一个通往运河的室外楼梯。

施普雷运河还受到特殊的法律和操作条件的约束。它是由政府管理的“联邦水路”之一，运河的桥梁和河岸由柏林政府维护。最大的挑战之一是地下环境：为了运行该项目，柏林一些地方的污水系统必须实现现代化。此外，运河将继续泄洪，并为此制定了复杂的技术解决方案。通过与柏林技术大学等院校的合作，柏林在悠久的传统之上不断升级生态导向和气候适应举措。

（二）ufaFabrik绿色屋顶

从1921年到20世纪70年代中期，ufaFabrik曾是柏林的电影制片厂。1979年6月，人们决定建立一个以社区为导向、环境友好的文化中心，并开始了18 500 m^{2}的“城市更新”项目。这就是今天柏林国际文化中心ufaFabrik的由来[11]。

目前，该中心有4 000 m^{2}的绿色屋顶或绿色外墙，上面种有原生植物、草本植物和灌木，还有太阳能电池板和各种测试区域[12]。自1992年以来，该中心设立了一项监测计划，用来跟踪植被的生长、微气候和降水的保持。自1998年以来，绿色屋顶研究加入了太阳能电池板。该阵列由10个2 kWp光伏电池板组成，用于监测固定板与转向板的效率。同时，该项目还研究了屋顶绿化与光伏板之间的相互作用。

为了密封绿色屋顶，ufaFabrik使用了可回收聚烯烃制成的无毒箔片。屋顶基质由土壤、膨胀黏土和膨胀页岩组成。这种基质含水时比普通土壤轻，但一次能含更多的水。衬底和植被也起到保护密封屋顶的作用，使其免受风化，从而增加其耐久性。

在种植绿色屋顶时，各色开花植物被精心栽种在一起，如小叶花、花梨花和不同的景天属植物。在最初的几年里，ufaFabrik的园丁定期给植物浇水，这对不同类型的三叶草和其他敏感物种产生了积极影响。但由于现在所有雨水都被收集起来用于冲厕，屋顶已很少浇水。植被已经适应了水供应的减少，生长良好的景天属植物更加兴旺——它们现在覆盖了约50%的屋顶面积。景天属植物是这类区域的典型物种，因为它们适合干燥的天气条件。但也有许多植物是从之前规律浇水时在土壤中作为种子存活下来的，并在特别多雨的年份茂盛生长，比如2004年。这不仅使每年都有不同植生长出来，还有助于提升城市的生物多样性。40～50种不同植物生长在每个屋顶上，这比在柏林大多数其他绿色屋顶上的数量要多得多。

并非每个屋顶的条件都相同。剧院的屋顶接受最直接的光照，景天属植物在那里最茂盛。学校楼顶上的光伏系统如同屏障，保护屋顶不受阳光和风的直接影响，因此这片屋顶上的植物长得更高，如艾蒿和团扇荠。高大树木包围着低矮建筑（如Café Olé和展览馆）的屋顶，为屋顶边缘提供了阴凉，这对于绿色屋顶来说是独特的。在这种保护下，草地和各种类型的天竺葵、蚕豆等喜阴植被在这里生长。

Ökoausstellung屋顶（1994年种植）上的基质更薄，只由几厘米的土壤构成。作为测试，这片屋顶种植了各种景天属植物，其中许多已经非常繁盛了。这里不仅有常见的景天（白花景天）或六角景天（黄花景天），还有灰叶景天，生物多样性丰富。

绿色屋顶能产生以下积极效果：①它们过滤雨水并吸收污染物、有害物，从而大大有助于保持地下水和地表水的清洁；②它们增强了建筑物的隔热性能，并每年从每平方米空气中吸收大约500 g的灰尘，相当于真空吸尘器内一个除尘袋的重量，总的来说，绿色屋顶每年可吸收大约2 000 kg的灰尘；③通过建造绿色屋顶来提高屋顶表面反射效果（优化反照率）是有效的，而且不那么昂贵。这可以首先在需要翻新或扩建屋顶的现有建筑物上实施。反照率越高，建筑物升温程度就越低，因此在夜间散发的热量也就越少。这可能会降低白天建筑物内的温度和夜间城市的热量。

此外，由于基质可以吸收大量的水，因此绿色屋顶可以减少雨水的排放。一年当中，大约有75%的雨水被植物蒸发回空中。在大雨的情况下，绿色屋顶减少了污水从下水道流入地表水的机会。建造雨水蓄水池也可以达到同样的效果，但每个蓄水量为1 m^3的水池建造费用为2 000欧元。如果使用相同的资金，可以种植50 m^2厚度为10 cm的绿色屋顶。当遇到30 mm的强降雨时，这些屋顶将吸收1.5 m^3的水。这意味着，除了对生态和气候产生积极影响之外，绿色屋顶比雨水滞留池更具成本效益。

近年来，绿色屋顶已成为柏林理工大学和新勃兰登堡大学研究项目的主题。每年的5月和6月，工作人员将对植物多样性进行科学研究，以确定屋顶的持久性和长期发展预期。一些被选中的屋顶会用收集的雨水进行浇灌。屋顶上的植物种类丰富，包括很多生命力强的植物，如旱雀麦（*Bromus tectorum* h.）、羊茅（*Festuca ovina* h.）、加拿大早熟禾（*Poa compressa* h.），还有各种类型的景天属植物以及蝶形花科植物，比如紫苜蓿（*Medicago sativa* h.）、天蓝苜蓿（*Medicago lupulina* h.）。总体而言，在ufaFarbik的绿色屋顶上可以找到约100种不同的植物，这个数量超过了大多数城市草地上的植被种数。生物多样性令观者愉悦，也为很多昆虫和鸟类提供了充足的菜单。

参考文献

[1] Berlin Population 2021（Demographics，Maps，Graphs）[EB/OL]. [2021-07-25]. https：//worldpopulationreview.com/world-cities/berlin-population.

[2] Senatsverwaltung für Stadtentwicklung und Umwelt. Klimaanpassung in der

WachsendenStadt：Stadtentwicklungsplan Klima KONKRET[R]. Berlin：Senatsverwaltung für Stadtentwicklung und Umwelt，2016.

[3] Senatsverwaltung für Stadtentwicklung und Wohnen. Klimamodell Berlin [EB/OL]. [2021-04-11]. https：//www.stadtentwicklung.berlin.de/umwelt/umweltatlas/kb410.htm.

[4] Reusswig F（ed.），et al. Anpassung an Die Folgen des Klimawandels in Berlin（AFOK）[R]. Berlin：KlimaschutzTeilkonzept Zusammenfassung，2016.

[5] Senatsverwaltung für Umwelt，Verkehr und Klimaschutz. Bericht zur Umsetzung des BerlinerEnergie-und Klimaschutzprogramms（BEK 2030）Berichtsjahr 2018[R]. Berlin：Senatsverwaltung für Umwelt，Verkehr und Klimaschut，2019.

[6] Senatsverwaltung für Umwelt，Verkehr und Klimaschutz [EB/OL]. [2021-06-21]. http：//www.berlin.de/sen/uvk/ueber-uns/organisation/.

[7] 黄涛，王建龙，王明宇，等.蓝色屋顶调节城市雨水径流的方法及可行性分析[J].中国给水排水，2014，30（23）：149-153.

[8] 张善峰，宋绍杭.绿色屋顶——建筑屋顶雨水管理的景观学方法[J].装饰，2011（9）：112-113.

[9] Berlin Patner for Business and Technology. Water Industry in Berlin：Pursuing innovation throughout the hydrological cycle[R]. Berlin：Berlin Partner für Wirtschaft und Technologie GmbH，2016.

[10] Berliner wasserbetriebe [EB/OL]. [2021-04-24]. https：//www.bwb.de/content/en/html/1584.php.

[11] Ufafabrik [EB/OL]. [2021-04-16]. https：//www.ufafabrik.de/de.

[12] Greenroofs. ufa-Fabrik Berlin[EB/OL]. [2021-04-16].https：//www.greenroofs.com/projects/ufa-fabrik-berlin/.

英国伦敦泰晤士河

洪涝风险与气候适应规划

作　者：Ing. Paul Sayers（Sayers and Partners）
译　者：朱正康
关键词：基于风险的决策，伦敦，泰晤士河，洪涝，防洪系统

案例介绍：

伦敦是英国的经济中心。当前伦敦的防洪系统建成于20世纪80年代，但在2000年时伦敦的洪水管理呈现出职责分散、九龙治水的态势，导致中央政府接到很多关于改善地方防御的资金请求。中央政府质疑这些提议的合理性，并要求制定一项涵盖整个河口、基于风险的战略，即《泰晤士河口2100年规划》（*Thames Estuary 2100 Plan*，TE 2100）。

为了将基于风险的决策和气候适应能力纳入战略计划的核心，英国有必要开发创新型的工具和技术，以评估不同管理战略在未来气候情景下的表现。由于气候变化预测具有极强的不确定性，有必要制定一项由关键变量变动触发投资决策且在多种气候情景下均有较强适应性的管理战略。

本案例研究总结了泰晤士河的背景、风险分析（风险暴露度和脆弱性）以及由此产生的适应战略。

一 概述

英国伦敦为制定泰晤士河长期防潮战略，于2003年出台了《泰晤士河口洪涝风险适应管理规划》（又称《泰晤士河口2100年规划》）。该规划项目一直持续到2009年，并在此后不断更新，主要驱动因素有三：

一是气候变化。泰晤士河的河堤及水闸的设计使用寿命为60年，依据的是20世纪70年代初对气候变化的假设。由于认识到这些预测的不确定性，以及对泰晤士河防洪系统进行大幅改造需要较长的前置期（估计需要20～30年），研究人员建议在2000年初进行一次重大的中期复审。

二是现有防洪基础设施老化。整个河口的线性防护工程已建成多年，有的甚至超过300年，很多河段需要改造。然而，改造所有防护工程将是一项重大任务，估计需要高达40亿英镑的投资。中央政府对这一需求以及环境署（通过地方研究后）给出的零星理由提出了质疑，并要求采取一项更具战略意义、能涵盖整个河口的方案。

三是在潮汐泛滥地区生活和工作的人越来越多。河口沿线的发展压力很大，如作为泰晤士门户倡议的一部分，从伦敦码头区到埃塞克斯郡（Essex County）的索森德（Southend）和肯特郡（Kent County）的施尔尼斯（Sheerness）之间40 km的狭长地带内将建造多达12万套的新住宅，其中75%的住宅可能位于洪泛平原上[1]。越来越清楚的是，泰晤士河缺乏明确的洪涝风险管理战略，因而导致管理人员可能会在缺乏适当的战略技术支持的情况下作出长期发展决策。

为了回应上述问题，本案例研究团队对当前及未来的洪水风险进行了详细评估，并制定了短期（未来15年）、中期（未来30年）和长期（至2100年）的风险管理战略方案。以下将介绍相关研究背景，以及气候适应战略和监测、融资方案。

二 泰晤士河口防洪情况概览

（一）背景介绍

泰晤士河虽然只有346 km长，但却是英国最长、最重要的河流。泰晤士河谷最早可追溯到大约40万年前，那时就已有人类居住，在新石器时代已经成为人类的永久定居地，有详细记载的历史可追溯到2 000多年前。自那时起，泰晤士河谷和河口就成为了世界上最重要的经济和文化中心之一，现今人口约800万人（2011年人口普查数据），人均国内生产总值约为6.75万欧元[2]。

如今泰晤士河口的洪泛平原上有大约50万户家庭、125万人（工作日）、国家政府和各行政部门，共计价值约2 000亿英镑的不动产，还有国内和国际的重要基础设施（包括伦敦地铁、16家医院和8个发电站）、国际重要自然保护区。伦敦也是英国的金融经济中心，每年为英国经济贡献约2 500亿英镑。金融业和商业、服务业是伦敦经济的核心，尽管伦敦金融城位于泰晤士河潮汐泛滥地区之外，但伦敦码头区商业中心（包括标志性的金丝雀码头）完全在范围之内（图1）。

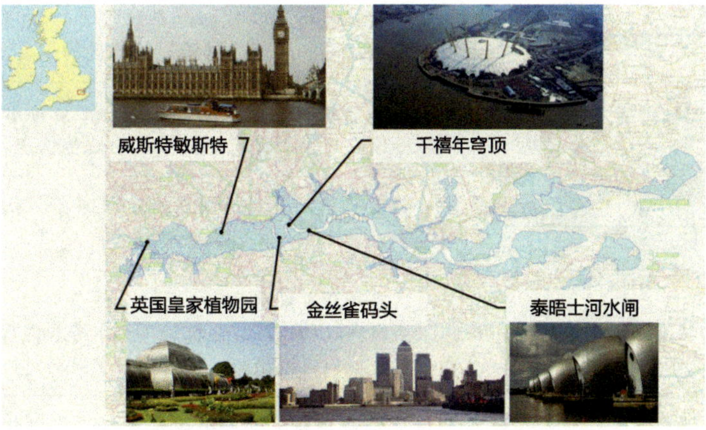

图1　泰晤士河畔洪泛平原上的重要资产[3]

［图片来源：Background map，英国环境署（第三洪涝区）；开源图片］

（二）相关管理机构

表1列举了英国参与洪涝管理的一些组织，其中，环境署负责对英国所有的洪水问题进行战略监督。在伦敦和泰晤士河口区域，环境署与民选产生的伦敦市长、伦敦议会的25名民选成员密切合作，为伦敦的战略发展作出贡献。由公务员组成的伦敦政府当局为市长和议会的工作提供支持，帮助其为伦敦制定和实施相关战略。

表1　英国负责洪水和侵蚀风险管理的组织

组织名称	职责
环境、粮食和农业事务部（Defra）	对英国境内的洪涝和海岸线侵蚀风险管理负有国家政策责任，并以拨款的形式向环境署及地方当局提供资金
环境署	对英格兰和威尔士的所有洪涝和侵蚀风险管理进行战略审查；负责预测和绘制洪涝风险，发出预警，为洪泛平原的开发提出建议，修建并维护防洪工程，参与应急规划和救灾；负责管理中央政府提供给地方政府和内部排水委员会的资本项目拨款
地方政府	在减少洪泛平原开发风险，管理排水网络、小型水道以及海岸线侵蚀方面发挥着领导作用；在帮助管理地表水洪涝相关风险方面将发挥越来越重要的作用；带头制订洪涝应急规划，处理受洪涝影响地区的恢复工作
内部排水委员会（IDB）	负责在有特殊排水需求的地区进行土地排水，这些地区大多是需要对水位进行积极管控的地势低洼地区
区域洪涝防御委员会（RFDC）	有责任关注其所在地区的所有洪涝事务，就环境署实施的年度改善及维护工作方案作出决定
地方气候韧性论坛	针对洪涝等所有紧急情况，将应急服务部门、环境署、国家卫生服务机构以及其他机构（如水务和能源公司）聚集在一起，共同规划预防、控制和减少洪涝对公众的影响
海岸组织	为所有沿海事务提供一个对话机制，其中包括数据收集和整合沿海政策与管理

续表

组织名称	职责
保险行业	英国保险协会及其成员在提供保险和处理洪涝损失索赔方面发挥了关键作用。根据与政府达成的协议，它们承诺继续为大多数不动产提供保险，甚至包括一些面临重大风险的不动产，以换取政府通过采取行动来识别和管理风险
国家洪涝论坛	作为一个注册的慈善机构，向处于洪涝风险中的人提供建议，并为更好地自我保护免受洪涝灾害影响而努力
各种非政府组织（NGOs），如世界自然基金会（WWF）、英国皇家鸟类保护协会（RSPB）	为开展洪涝和侵蚀风险管理行动发出强有力的声音
英格兰自然署、英国古迹署及其他法定顾问机构	为洪涝和侵蚀风险管理行动提供建议，在当洪涝或侵蚀风险管理活动对特定生态系统、物种或历史名胜产生影响时作为法律顾问

（三）历史上的防洪方法

对伦敦而言，洪涝一直是一个重要话题。关于泰晤士河口洪水最早的书面记录来自1099年的《盎格鲁-撒克逊编年史》，其中记载了“新月第一天”的一场洪水，此后又有很多场洪灾得到记录。17—18世纪经济的迅猛发展推动了人们以工业和农业的目的对泰晤士河沿岸的沼泽和泥滩进行大幅度的临时开垦，从而形成了当今伦敦的城市轮廓。在这一时期，洪涝事件频繁发生，但几乎没有什么正式的应对措施。1874年和1875年发生了2次创纪录的潮汐之后，这种状况在19世纪得到了改变。为此，英国议会采取行动，通过了《1879年大都市管理（泰晤士河防洪）修正法案》[4]。该法案确立了伦敦防洪设施的法定标准。1928年事件是伦敦市中心最近遭遇的一次重大洪涝事件。此后，依照1930年通过的新《陆地排水法案》，泰晤士河的防洪堤再次加高（图2）。在1953年毁灭性的北海潮水[5]和泰晤士外河口的坎维岛（Canvey Island）上58人死亡之后，洪涝问题重新获得重视。直到1972年，英国才通过立法（《泰晤士堤坝和防洪法》）设计和建造了今天所见的泰晤士河防洪系统。

图2 历史上的防洪方法导致“被动”地加高防线以应对重大事件

（图片来源：泰晤士河口2100年项目提供）

（四）当今伦敦的防洪系统

如前文所述，当今伦敦的防洪系统是过去各种决定的结果。然而，如今更强调使用一系列方法来管理河口的洪水风险，包括正式防洪措施和非结构性措施。

1. 洪水防御

1953年洪灾后修建的防洪设施（20世纪80年代初完成）构成了伦敦延续至今的防洪系统（图3），其中包括位于伍利奇（Woolwich）的泰晤士堤坝。泰晤士堤坝在1983年（1953年洪水发生30年后）由英国女王主持落成。除泰晤士堤坝外，伦敦防洪系统还包括另外5处堤坝——巴金（Barking）、本弗利特（Benfleet）、达特福德（Dartford）、东黑文（East Haven）和福宾马（Fobbing），以及皇家码头和蒂尔伯里（Tilbury）码头入口处的两个主要防洪水闸。这些堤坝和防洪水闸分布在337 km长的线性防洪工程（围墙和屏障）沿岸，其间还散布着300个河岸防洪闸门和400个小型可移动工程结构。泰晤士堤坝及相关水闸和防洪设施的设计是为了保护伦敦到2030年免受千年一遇的潮汐/河流洪水冲击，这是英国最高的防洪标准[1]。虽然防洪设施提供的保护在整体上受到欢迎，但是越来越被认为隔离了社区与河流，而且在部分地方不必要地限制了河流的自然功能。

图3　受防护的泰晤士河洪泛平原、当今防护标准和主要防洪堤坝

[图片来源：Background map，英国环境署（第三洪涝区）；开源图片]

2. 洪涝预报预警

防洪堤坝的运作依赖于准确的预报数据。泰晤士河堤坝控制室负责监测风暴潮、涨潮和高流量等灾害异常情况，全年每天24小时都有人值班。自1982年堤坝投入使用以来，这一程序就一直存在，并不断得到评估和改进。然而，未来存在因堤坝关闭频率增加而无法维护的隐忧（图4）。

1　设计过程中选择的最终波峰水位基于支持战略发展的分析（本章后面将讨论这点）纳入了较大的浮动空间，这意味着实际的防洪标准大约是万年一遇[6]。

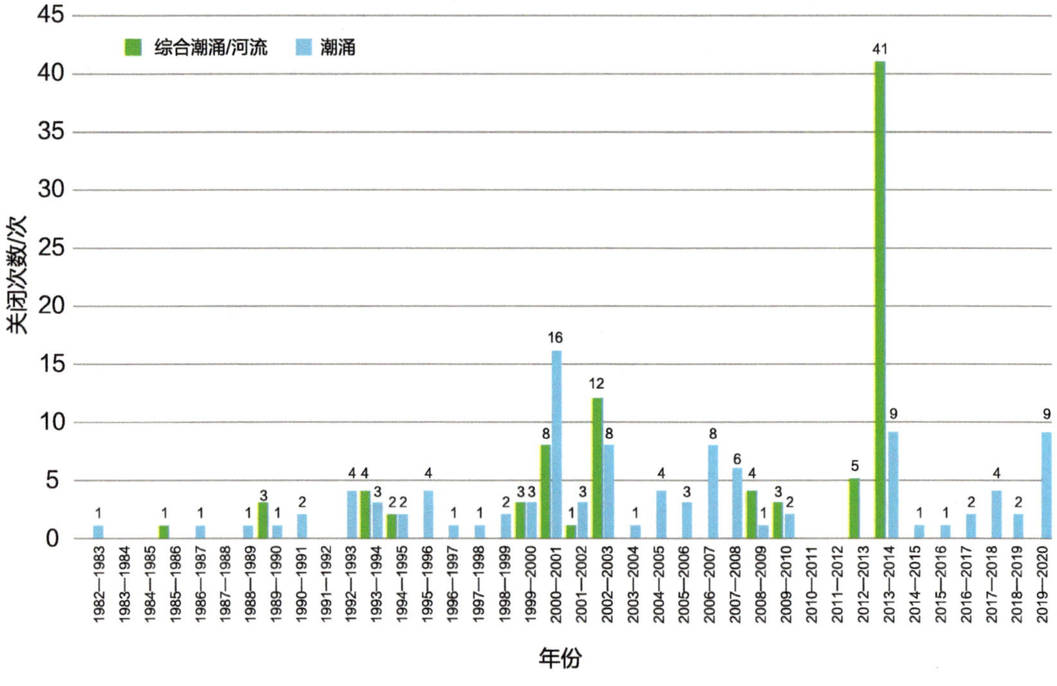

图4　泰晤士河堤坝关闭频率的变化（至2020年5月11日）

（数据来源：英国环境署）

3. 空间规划控制和风险管理

伦敦潮汐泛滥地区的开发压力很大。尝试阻止所有新的地区开发是不合理的，而应努力确保任何开发项目都符合安全标准，不会影响河口的功能。伦敦多个当局领导在开展规划工作时均与环境署密切合作。这些措施的成功与否仍待讨论。

4. 紧急事件与应急规划

地方气候韧性论坛的运作是为了规划和管理洪涝的潜在后果，如制定商业经营规划，为洪涝灾害做准备，规划紧急疏散、避难所和清理行动，就洪水发生前、发生期间和发生后可采取的行动向当地社区提供建议。作为综合应对措施的一部分，该论坛定期对规划执行能力进行压力测试。但由于自1953年以来没有发生过大范围洪涝，其运作是否成功仍有待证实。

（五）泰晤士河口栖息地和环境的重要性

在英国，任何重大工程项目都必须进行战略环境评估（Strategic Environmental Assessment，SEA）。《泰晤士河口2100年规划》在战略环境评估中强调了泰晤士河口作为野生动物栖息地的重要性（图5）[7]。泰晤士河口是欧洲动物种类最多的河口之一，也是欧洲鸟类最重要的5个河口综合体之一（养育了30多万只候鸟和野鸟），还有多样化的鱼类种群（自20世纪60年代以来已记录有121种鱼类，其中9种现今在河口内产卵）。外河口的大部分地区是指定的野生动物栖息地，为国家和国际上重要的栖息地和物种（尤其是鸟类，但也包括鱼类、无脊椎动物和海洋哺乳动物）提供支持。泰晤士河口还与北海南部和东大西洋空中航道（连接从加拿大到俄罗斯西伯利亚不连续的北极繁殖地）有内在联系。

图5　泰晤士河口保护了生物多样性并提供了重要的栖息地

［图片来源：Andy Wallace，英国环境署（左）；英国环境署，2006[7]（右）］

注：右图中绿色区域代表泰晤士河洪泛平原的天然沼泽，如河口外部的草地沼泽。

（六）洪涝灾害来源

潮汐洪涝并非唯一需要担心的问题，泰晤士河口还存在河流洪涝、支流洪涝和地下水洪涝的问题。英国环境署为所有洪涝问题提供了战略概览，但没有制定并提供综合解决方案。部分原因在于技术挑战，还有部分原因是英国对不同洪涝源头的责任划分不同。因此，《泰晤士河口2100年规划》以及后文重点关注的是潮汐洪涝和河流洪涝的管理，但为便于理解，以下简要介绍地下水和地表雨水面临的挑战。

1. 地下水

在18世纪50年代之前，伦敦的地下水位接近地表。自工业革命以来，伦敦及其周边地区兴起了工厂建设的热潮，对水资源提出了前所未有的需求。人们大量抽取地下水，导致地下水水位下降。近年来，随着商业活动从生产转向服务，这一趋势发生了逆转，地下水水位开始上升。对此，政府在整个伦敦地区批准了新的取水许可证。但是，制定和资助一个更具战略意义的地下水管理规划的责任尚不明确，进展也有限。

2. 雨水洪涝及地表水

伦敦位于黏土层和其他难以透水的冲积层上，许多曾作为地表排水通道的河流现已改为暗渠。因此，目前的径流是经过地下排水系统并通过泵站和重力片状阀的网络排入河口的。暴雨将很快淹没排水网络，而片状阀的出口常常会被潮水堵塞，因而无法将水从城市地表排入河口，就会导致局部水灾。

3. 地表洪涝也经常被污染

与很多老城类似，伦敦的大部分区域采用了联合下水道系统（Combined Sewerage System，CSS），这是一个管理污水和暴雨的单一系统。直到今天，由约瑟夫·巴扎尔杰特爵士（Sir Joseph Bazalgette）在1858年“大恶臭事件”（Great Stink）之后建造的污水截流网络仍是该系统的支柱[8]。巴扎尔杰特的设计是利用城市暗渠河网（如在维多利亚时代之前就已建成的“舰队街”和“泰伯恩”）将水输送到截流下水道的，然后再进入伦敦东部的平衡水槽。当发生严重暴风雨时，巴扎尔杰特设计的系统可以使水通过排放点溢入泰晤士河，而不是淹没街道和住宅。经过综合考虑可持续发展、气候变化和污染问题，泰晤士河潮潮汐略研究小组于2001年成立。之后，政府决定兴建一条宽7.2 m、长25 km、深至地下65 m的大型截流隧道作为首选解决方案，本案例编写时该隧道仍在建造中。然而，该解决方案也受到了部分批评。许多人强调，如果城市的“蓝绿化”分布更分散一些，可以付出更小成本、获得更大收益，如理查德·阿什利教授（Prof Richard Ashley）和ICE前主席让·维纳布尔斯先生（Jean Venables）对此的评论。工程对潮汐洪水的影响（此处关注的重点）预计将微乎其微。

三 系统风险分析

从一开始就很清楚，传统建模方法显然无法及时为河口洪涝风险评估提供其所需的整体系统风险分析，也无法充分展现防洪系统的性能和经济活动的复杂空间变化。为了应对这一挑战，研究人员应用“来源—路径—承灾体”概念（Source–Pathway–Receptor concept）（图6）建立了战略规划风险评估（Risk Assessment for Strategic Planning，RASP）概率分析方法，并以此为基础开发了整个河口洪涝风险评估方法[1]。[9-11] 其中，“来源”考虑了60个回归期洪涝事件，包括高达万年一遇的回归期洪涝事件，以确保超过千年一遇防洪堤设计标准，但是并未精确考虑与泰晤士河支流的空间一致性，只在简化模型中提及了这个问题；“路径”则通过系统风险模型展示了堤防、河岸闸和重要水坝的性能，包括其可用性（如洪泛未破防）和极限状态故障（如破防）的可能性；“承灾体”考虑了一系列样本的量化影响，对首要风险的度量基于直接经济损失（住宅和商业财产损失）[12]，同时也考虑了更广泛的因素，如对环境、人员和商业业务中断的风险，但使用的方法和技术比较基础，主要采取征求专家意见的方式。

RASP模型可以跟踪洪泛平原面临的风险，然后将风险归结为相应的防洪堤故障或长度不足。此功能用于突出显示未来可以改进的地方。图7显示了在当前情况下，若河堤坝完全运行，泰晤士河口被洪水淹没的概率。鉴于目前的防御水平，可以预期洪泛平原的大部分区域遭洪水淹没的可能性低于千年一遇。从图7中可以看到，在防御标准较低的潮汐支流和外河口有一些标注点。

---

1 随着《泰晤士河口2100年规划》的完成，RASP概率分析方法持续发展。自2008年起，RASP HLMplus 成为国家洪涝风险评估（NationalFlood Risk Assessment，NaFRA）的基础方法，并被转化为建模决策支持框架2（Modelling DecisionSupport Framework 2，MDSF2）软件，现在被英国环境署及其顾问团队广泛使用[13, 14]。

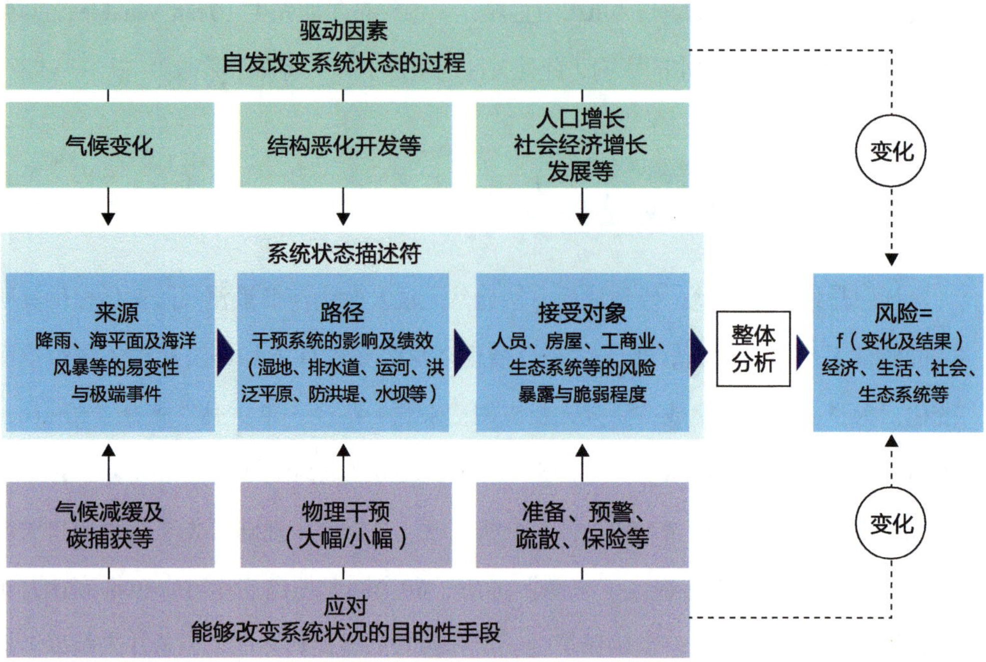

图6　基于“来源—路径—承灾体”概念的框架泰晤士河口风险分析[9]

图7　当前情况下泰晤士河口的洪水淹没概率[3]

RASP模型一经建立就被用于探究结构化规划下未来变化对当前风险评估的影响。①洪水来源的变化：需要探讨的重要主题是气候变化，包括海平面上升、河流洪水和可能出现的极强风暴潮。RASP模型提供了一个相对直接探究此类变化影响的框架。②路径的变化：RASP模型考虑了对水坝和堤坝的改建（升高、强化或移位）、财产防洪措施、更具野心的洪泛平原地形改造计划等，以及上述变量单独的影响。③承灾体的变化：通过修改RASP模型中的承灾体损失函数，可以反映洪泛平原上人口及财产数量、位置的变化或它们的脆弱性变化，以便通过加强警示和更完善的事前准备来改善。

四 支持气候适应的决策制定

《泰晤士河口2100年规划》采取长期战略框架来制定政策，该框架聚焦于4个关键步骤。

第一步：评估当前绩效

没有一个单一的指标可以全面了解风险。本研究使用了多重指标，以便更好地理解各种战略备选方案的剩余风险，从而为决策提供参考。

一是洪涝发生概率的空间变化。图8显示了假设泰晤士河水坝正常运行，在当前条件下每年的洪涝淹没（洪涝深度超过0 m）的概率。大部分洪泛平原受到了很好的保护，平均每年发生洪涝的概率低于千年一遇。从图8中还可以得出更细致的推论，通过系统分析（依据防洪系统的不同标准和状况）可以展示出洪泛平原洪涝发生概率的复杂变化。

二是经济效率及效果。为了了解收益与成本（效率）和所减少的风险（效果）之间的关系，需要了解洪涝的概率及相关后果（风险暴露和脆弱性程度）。图9是一个分析结果的样例，显示了住宅和商业不动产的直接经济损失与年度超标概率（以回归期表示）的对比。

三是防洪资产。承担最多剩余风险的是防洪资产。泰晤士河口现有的防洪系统非常重要，最大化利用这些现有资产是一个有效战略的基础。完善的资产数据库（采用良好资产管理原则设计[17]）与RASP模型有助于识别那些在管理风险方面最重要的防洪设施（堤坝、墙体、屏障）和承担最多剩余风险（通过倾覆或破坏）的设施，如图10中90%以上的剩余风险仅分布于10个防洪设施。

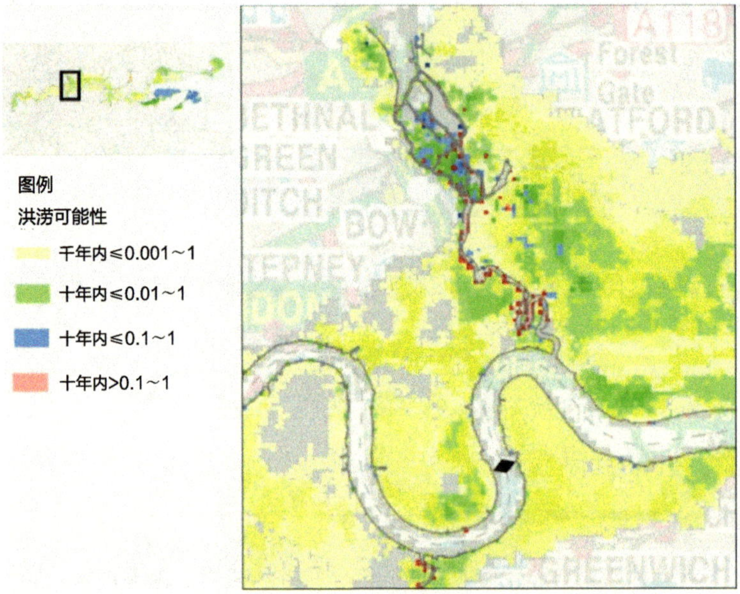

图8　当前情况下泰晤士河口的洪涝概率（所选视图）[15]

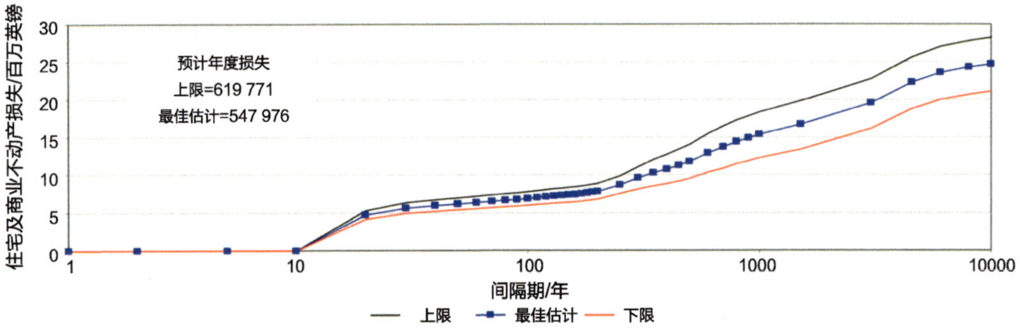

（a）西汉姆和皇家码头洪涝风险在风暴间隔期的增长趋势

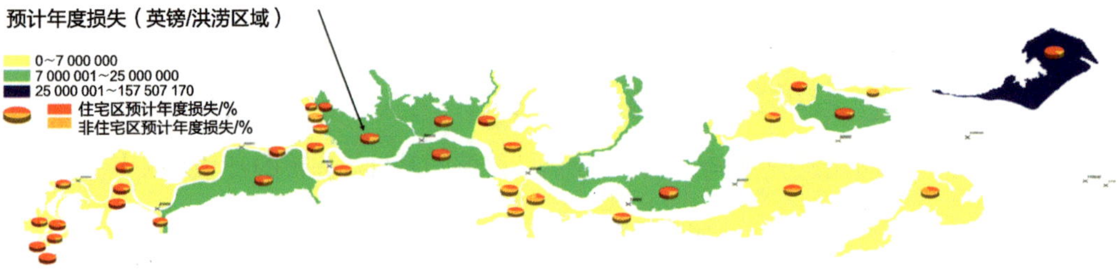

（b）年度预计损失

图9　当前泰晤士河口的经济风险概况及预计年度损失举例[16]

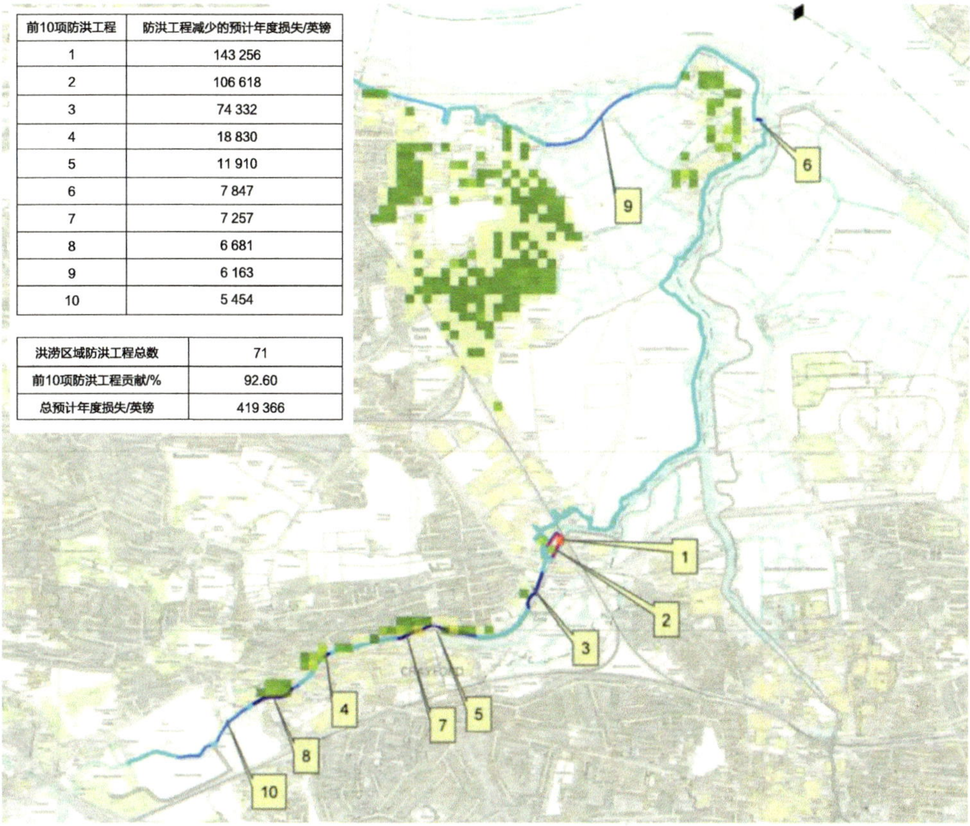

前10项防洪工程	防洪工程减少的预计年度损失/英镑
1	143 256
2	106 618
3	74 332
4	18 830
5	11 910
6	7 847
7	7 257
8	6 681
9	6 163
10	5 454

洪涝区域防洪工程总数	71
前10项防洪工程贡献/%	92.60
总预计年度损失/英镑	419 366

图10　各防洪工程资产造成的洪涝风险[15]

四是社会和环境影响。除经济影响外，社会和环境影响也是《泰晤士河口2100年规划》所考虑的重要部分，如暴露于洪涝影响的人数（因灾受伤人群）、在一定范围内确定环境风险暴露特征，以及公平和公正的问题，包括在利用复合贫困指数（Index of Multiple Deprivation）确定的贫困地区内提高街区物业的利益。《泰晤士河口2100年规划》在制定过程中还考虑了对文化遗产、经济增长和当地及河口社区的影响等因素。

第二步：确定外源性未来

泰晤士河研究中，气候变化和人口增长是两个重要的考虑因素。

1. 气候变化

20世纪70年代，最初设计泰晤士河水坝及相关防洪工程时，设计者预留了每年海平面相对上升8 mm的空间，并结合平均海平面上升及当地土壤成分，反映了工业革命后地下水开采量减少与冰川的静力调整过程的相互影响。

自20世纪70年代以来，人们对泰晤士河受气候变化的影响有了更深的理解，但还存在着重大的不确定性。基于对未来全球碳排放及极地冰盖冰川反应的预测，对泰晤士河流域未来相对海平面上升（relative Sea Level Rise，rSLR）的预测（包括标准化预测）也在改变，见图11。

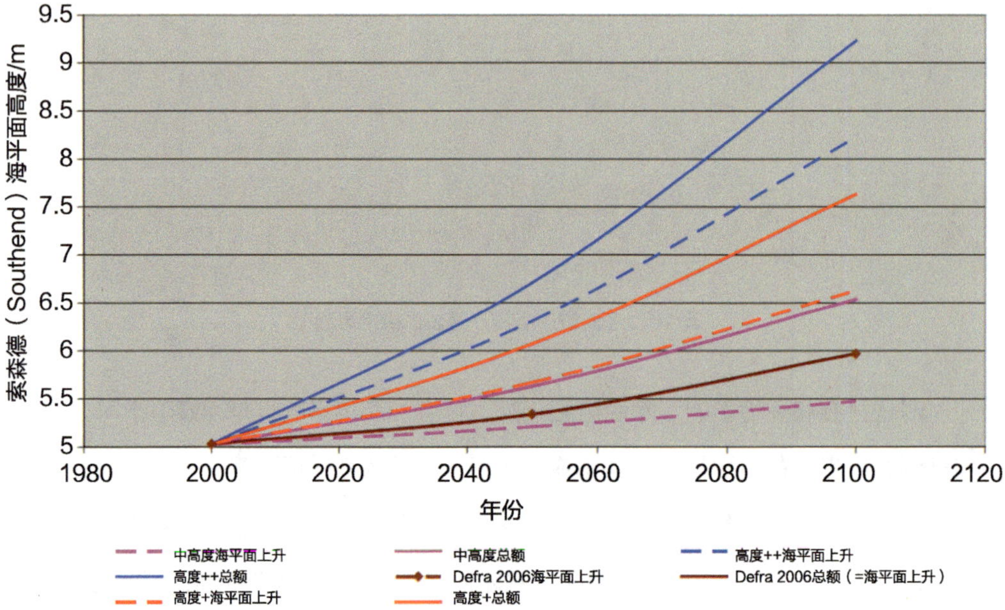

图11　海平面上升对泰晤士外河口1 000年水位的影响

基于此种不确定性，考虑到不同的相对海平面上升预测对各管理战略绩效的深远影响，《泰晤士河口2100年规划》采用了4种气候变化情景以评估不同战略的绩效：

- 低度：到22世纪初，平均海平面上升0.5 m。
- 中高度：到22世纪初，平均海平面上升1.5 m。

●高度+：到22世纪初，平均海平面上升2.2 m。

●高度++：到22世纪初，平均海平面上升2.7 m。

2. 人口增长

基于对2030年规划的分析，本研究提出了到22世纪3种不同的增长假设：

●低人口增长：假设无进一步增长。

●中等人口增长：假设保持计划增长。

●高人口增长：假设计划增长加速（两倍）。

通过结合使用这些人口增长假设与房屋占有率，本研究提供了洪泛平原上的房屋开发与新地产分布假设（图12），更多细节参见McGahey and Sayers于2008年的研究[13]。

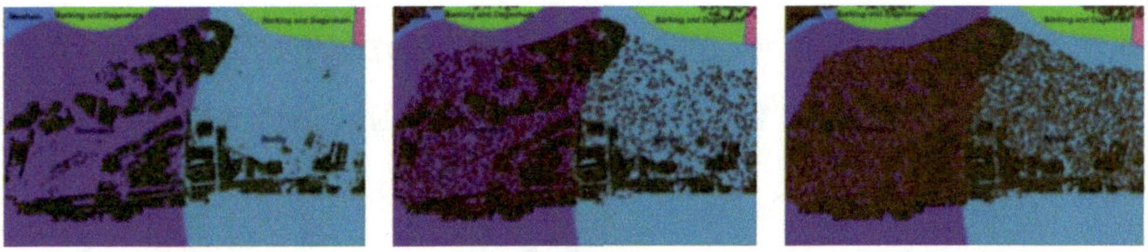

（a）当前　（b）21世纪40年代　（c）22世纪初

图12　洪泛平原上的房屋开发情况假设[13]

第三步：制定战略备选方案并评估其绩效

本研究使用了一种“反事实推论”的参考战略，以提供评价其他战略价值的基准。英国财政部将“反事实”（与事实相悖）定义为所谓的“不作为”，即不采取进一步行动来管理或使用防洪设施。

本研究考虑了4种战略备选方案。每一种备选方案都包括一系列行动的组合，如筑高防洪墙、改进现有/新建防洪堤及蓄洪区、实施财产保护措施等。为了将一套连贯的行动整合在一起，每种战略选择都应反映总体管理理念。

一是聚焦防洪工程。基于物尽其用的原则挖掘现有防洪设施的潜力（从过去的投资中寻求最大价值），并及时进行修缮。在这种情况下，战略重点是维持现有防洪系统的性能，并仅在必要时采取额外措施（加强预警或财产保护）来补充原有系统。

二是聚焦组合措施。在维护现有防洪设施的同时，建设新的后退防线（如为河流留出空间、开辟额外的蓄洪滞流区、保持流量和保护生物多样性收益），同时改进非结构性措施。重点拆除外河口老化、维护不善的线性防洪设施，以便重新连接河口和洪泛平原。这些老旧防洪工程在拆除后可以成为重要的生态栖息地，但由于它们位于外河口，意味着对伦敦市中心的极端水位的降低作用有限。

三是聚焦防洪工程（更高目标）。通过改善现有防洪设施和建造基础设施，包括新建一个主要的外河口水坝，来控制洪涝灾害。在该情况下，战略备选方案的重点是为整个河口提供中长期、高标准的保护。

四是聚焦组合措施（更高目标）。寻求洪泛平原蓄水滞留能力的最大化，利用所有可能的机会为河口腾出空间。在该情况下，战略备选方案的重点是发展“与河口共同生活”的概念，接受更高剩余洪涝风险的可能性，并通过非结构性措施管理剩余的风险。

第四步：明确一种强有力且适应性强的战略

英国政府制定的指导方针要求洪水风险管理规划应侧重3个方面：①保护人民福祉；②符合法律规章要求，如“欧洲鸟类和栖息地指令”（旨在保护国际重要的自然保护区的“完整性”）和“欧洲水资源指令”（旨在“维护和改善水环境”）；③公共投资的效率，即确保公共资金投资在所有公共支出中获得最大回报。《泰晤士河口2100年规划》所制定的战略承认未来的巨大不确定性。在这种情况下，没有一种单一途径（战略备选方案）能为解决所有这些问题提供首选方法。因此，应寻求建立一项综合性战略，囊括整个气候适应过程，并对其进行持续复审反思。

为响应气候适应战略的这个目标，本研究围绕“决策线路”或“适应路径”概念开发了一项灵活的战略[13]，以决策树状图（图13）的形式展示了可能采取的行动，其中强调了随着海平面上升要作出的选择：基于未来海平面上升的程度，可能会对防洪系统性质有不同要求，尤其是并不需要立即进行重大投资来强化防洪系统。在泰晤士河堤坝运行上采取创新措施可延长防洪系统的寿命，因此管理人员不必盲目作出高成本的决定，如建设新水坝；相反，他们可以暂时推迟决策，直到获取更多相关信息。

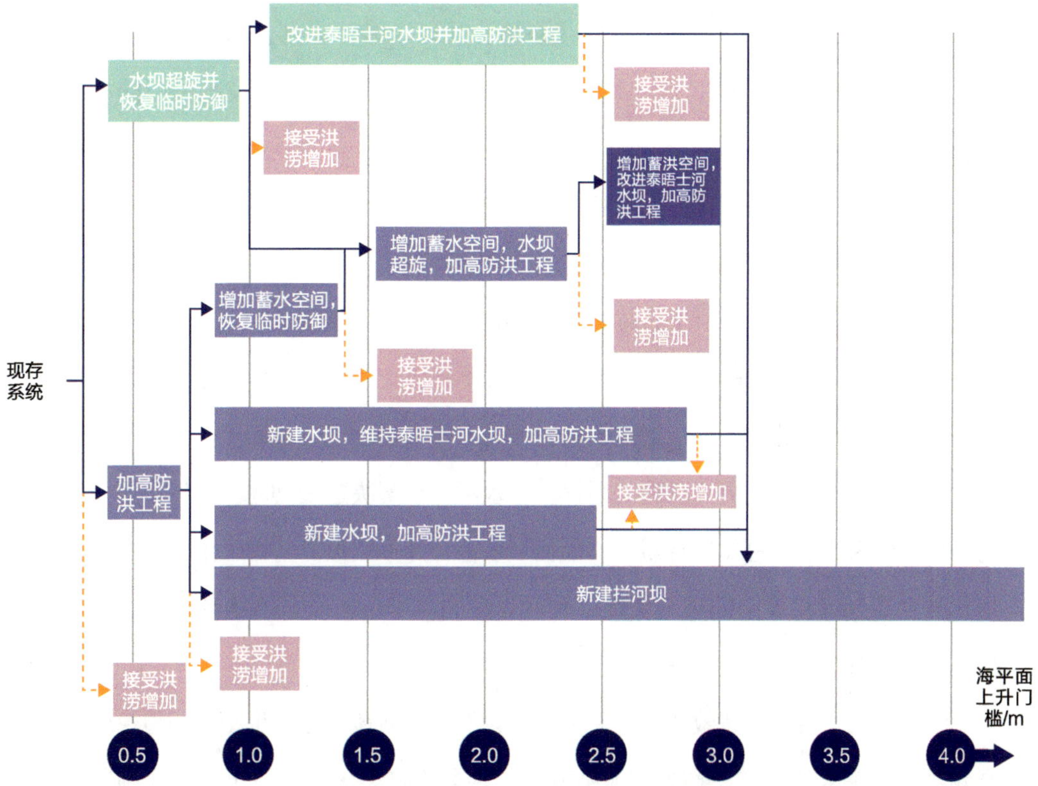

图13 《泰晤士河口2100年规划》决策树状图[20]

《泰晤士河口2100年规划》还包括监测和持续的再评估过程[7, 18, 19]。监管过程可以帮助触发决策[2]。例如，如果监测显示气候变化的速度比预测的更快或更慢，研究人员就可以根据新信息重新评估战略，推进或推迟相关措施。有些决策一旦作出，就需要相当长的前置期来实施。规划中允许这段从决定行动到行动实施之间的滞后时间（如泰晤士河堤坝的规划、设计和交付费时30年）。

五 话题延伸

在制定战略的同时，《泰晤士河口2100年规划》还进一步延伸到更广的领域推进发展规划并开展洪涝风险管理活动。

一是沟通及利益相关方的参与。《泰晤士河口2100年规划》认识到让利益相关方参与制定战略的重要性，因此计划花费约40%的预算用于与利益相关方的沟通与接触[3]。

二是更好的洪涝预报预警。应急服务机构应为泰晤士河制定应急预案，在制定泰晤士河规划与灾害应对规划之间仅有有限的法律联系，如洪涝风险管理者无权要求在发展规划中包含安全避难所或具体的紧急疏散路线。

三是与其他规划相联系。洪涝风险管理并不是孤立的，而应作为创建更好环境这一更广泛议程的一部分[21]，但这是很难实现的。《泰晤士河口2100年规划》是一项风险管理战略，并不涉及更广泛的规划议程，也不寻求解决这一问题。虽然有整合战略的机会，但因为缺少总体综合规划，如何加以整合并不明确。《泰晤士河口2100年规划》鼓励规划者在其空间规划决策中利用详细的洪涝灾害及风险地图（涵盖开发选址、类型和布局）。

四是为了社会和生态效益，重新恢复伦敦消失的河流。在18世纪，随着伦敦的发展和对空间需求的增加，许多河流被改建，并最终暗渠化。伦敦市长正在制定一项规划议程，寻求建立城市与自然更和谐的共生关系。这不仅包括尝试禁止在洪泛平原进行建设，更多的是通过战略性、系统性的规划来推动所要实现的目标。桂基河（River Quaggy）是一个很好的例子，在这里原本贫瘠的城市河流被重新自然化，产生了社会和生态效益（图14）。

五是利用潮汐堤坝发电。泰晤士河洪涝风险管理战略的基石是泰晤士河堤坝，应在短期内对其进行改造，并在必要时随着海平面上升将其移到河口。近年来，从泰晤士河开发潮汐发电的想法进一步形成，但仍停留在概念阶段。

图14　伦敦金布鲁克草地桂基河的生态恢复

（图片来源：www.qwag.org.uk）

六 结论

泰晤士河口洪涝风险管理规划提供了一些经验教训，也留下了悬而未决的问题。

（一）经验与教训

一是长远的眼光很重要。泰晤士河口的研究确定了未来100年管理河口洪涝风险的战略方向，并就短期（未来25年）、中期（未来40年）和长期（至2100年）需采取的行动提出了建议。这种长期观点使洪涝风险管理者可以挑战现状（继续对个别防洪工程进行临时维护），并推进更多不受当前政策和做法限制的创新方法。

二是保持广泛的战略视角。从环境利益到商业发展，泰晤士河口区域有许多相互竞争的利益需求。这些利益既有大规模的（如港口建设对整个河口区域的影响），也有地方性的（如滨水地区的可达性）。

三是需要应对气候变化并采取预防性的投资方式。未来的不确定性会对决策产生深远影响。“决策线路”或“适应路径”提供了一种结构化的方法，以应对未来气候的不确定性。很多用于制定规划的数据并不确定（如峰值水平等），但对未来洪泛平原的发展却可能很重要。未来100年，海平面变化可能非常大（增加4 m）或相对较小（增加0.75 m）。事实证明，制定一项既有意义又能推动坚定行动，既可以避免未来风险又可以避免不必要投资和建设的计划是可行的。

四是只在必要的时间和地点更换改进防洪设施。一个关键发现是，现有的防洪基础设施将继续在大多数领域提供充分和强大的性能，还可以物尽其用。基于风险的分析为评估现有防洪系统提供了一种结构化的透明方法。因此，管理人员可以推迟对基础设施进行重大升级的决定，并有机会考虑和规划实施其他非结构性措施。

五是有效、高效的战略依赖于组合措施。洪涝风险管理影响着环境、经济和社会问题[5]。在整个河口地区，针对不同风险的最佳风险管理方法各不相同。泰晤士河的研究认为，存在相当多的机遇来改善环境、提高生活质量并减少气候风险。这些目标并不是相互排斥的。泰晤士河研究的一个重点是制定结构性、非结构性以及整个河口的解决方案（如在外河口建立湿地）和地区解决方案（如加强某一组防洪工程）的组合。

（二）未解决的问题

一是管理所有种类的洪涝风险。《泰晤士河口2100年规划》关注的重点是潮汐导致的洪涝风险，但伦敦及周边地区还受到地下水、河流、降雨洪涝的影响，因此为所有形式的洪涝制定综合战略是接下来要面对的重要挑战。

二是将洪涝风险管理纳入更广泛的空间、经济与环境规划中。伦敦是一座有活力且在不断发展的城市，洪涝风险仅是一个考虑因素。如何更好地将经济、环境和空间规划与洪涝风险管理相结合是一个重要的讨论议题。如今，泰晤士河口洪水风险管理战略已成为空间规划决策的法律指南。风险管理战略不决定也不应该决定空间规划，但二者如何密切结合将引发更为激烈的讨论。

三是影响建筑管理和管控。《泰晤士河口2100年规划》鼓励避免在洪泛平原进行开发，但鉴于现实中这并不容易达成，因此强调对洪泛平原进行适当开发的重要性。泰晤士河口在洪泛平原上规划了大量新住宅。洪涝风险管理规划鼓励在新开发区建设具有洪水韧性的建筑，但并未强制规划当局及开发商遵循该建议。

四是促进、资助和提供多功能解决方案。应积极推动将资金流与伦敦正在推动的其他倡议结合起来，以提供具有社会、环境和经济效益的多功能解决方案。

五是保障土地储备。为了保持未来的适应能力，《泰晤士河口2100年规划》建议保护土地以用于未来的洪涝管理，如用于蓄水、建立湿地和扩建防洪工程。这样做会产生机会成本，但有利于气候适应能力的提升。

参考文献

[1] Thames Gateway[EB/OL]. [2021-04-16]. https：//21stcenturychallenges.org/the-thames-gateway/ Accessed.

[2] Eurostat. GDP aggregates per capita[EB/OL].[2017-07-07]. https://www.google.com/url?sa=t&rct=j&q=&esrc=s&source=web&cd=&cad=rja&uact=8&ved=2ahUKEwi0v8iouoryAhXbgVwKHTonCykQFjAAegQIBhAD&url=https%3A%2F%2Fec.europa.eu%2Feurostat%2Fproduct%3Fmode%3Dview%26code%3Dnama_10_pc&usg=AOvVaw3W-LLZH7scGgh1UMif8JBt.

[3] Tarrant Owen，Paul B Sayers. Managing Flood Risk in the Thames Estuary - the Development of a Long-term Robust and Flexible Strategy[M]//Flood Risk：Planning, Design and Management of Flood Defence Infrastructure. UK：ICE Publishing，2012.

[4] Orford, Julian. The Thames Barrier[J]. Journal of Coastal Research，1986，(2)：374-375.

[5] Sayers, Paul. Evolution of Strategic Flood Risk Management in Support of Social Justice，Ecosystem Health，and Resilience[EB/OL].（2017-05-24）[2020-12-21]. https://oxfordre.com/naturalhazardscience/view/10.1093/acrefore/9780199389407.001.0001/acrefore-9780199389407-e-85.

[6] Sayers，et al. TE2100-Technical Note IA8/10-Performance Based Asseset Mangement：Systems Aanlysis Model-V3 [R]. London：HR wallingford，2007.

[7] Environment Agenc. Managing Flood Risk through London and the Thames Estuary：Strategic Environment Assessment-Summary Report[R]. Thames Estuary TE2100 Environment Agency，2009.

[8] Halliday S.The Great Stink of London[M]. Gloucestershire：Sutton Publishing Ltd，2001.

[9] Sayers P B, Hall J W, Meadowcroft I C. Towards Risk-based Flood Hazard Management in the UK[J]. Civil Engineering, 2002, 150(5): 36-42.

[10] Hall J W, Dawson R J, Sayers P, et al. A Methodology for National-scale Flood Risk Assessment[J]. Proceedings of the Institution of Civil Engineers-Water & Maritime Engineering, 2003, 156(3): 235-247.

[11] Gouldby B, Sayers P, Mullet-Marti J, et al. A Methodology for Regional-scale Flood Risk Assessment[J]. Water Management, 2008, 161(3): 169-182.

[12] Penning-Rowsell, Edmund, et al. The Benefits of Flood and Coastal Risk Management：a Handbook of Assessment Techniques[M]. UK: Middlesex University Press，2005.

[13] McGahey, Sayers, Panzeri, et al. Modelling Decision Support Framework 2 (MDSF2)[DB]. Conference Flood Risk Management Consortium, 2009.

[14] McGahey C, Sayers P B. Long Term Planning - Robust Strategic Decision Making in the Face of Gross Uncertainty[R]. 2008.

[15] Sayers P B，Tarrant O，Gouldby B P，et al. Thames Estuary—Establishing a Robust Flood System Model to Support Engineering Investment Decisions[R]. 2006.

[16] Sayers，et al. Believe it or not? The Challenge of Validating Large Scale Probabilistic Risk Models[R/OL].[2021-04-25]. http：//dx.doi.org/10.1051/e3sconf/20160711004.

[17] Sayers PB，Wallis M，Simm JD，et al. Towards the Next Generation of Risk-Based Asset Management Tools[M]. Blackwell Publishing，2010.

[18] Environment Agency. TE2100 – Climate Change Scenarios[R]. 2009.

[19] Environment Agency. Thames Estuary 2100: Managing Flood Risk through London and the Thames Estuary[R]. 2009.

[20] Environment Agency . Thames Estuary 2100: Managing Risks through London and the Thames Estuary[EB/OL]. [2021-04-30]. https://brand.environment-agency.gov.uk/mb/CtyxlR.

[21] Sayers P, Gersonius B, den Heijer F, et al. Towards Adaptive Asset Management in Flood Risk Management: A Policy Framework[J]. Journal of Water Security, 12: 100085.

圣萨尔瓦多都市圈

城市气候风险研究

作　者：慕尼黑气候保险倡议组织（MCII）[1]
译　者：朱正康
关键词：气候适应经济学（ECA），圣萨尔瓦多，风险评估，洪水，热带气旋，滑坡

案例介绍：

圣萨尔瓦多是萨尔瓦多的首都，高速的城市化进程给其生态环境系统（如阿塞胡特河流域）增加了压力；同时，气候变化也增大了该地区河流洪水、热带风暴和山体滑坡的风险，超出了圣萨尔瓦多的适应能力范围。

本文旨在运用气候适应经济学方法分析、明确圣萨尔瓦多在应对气候变化中可利用的适应措施。针对圣萨尔瓦多可能面临的洪水、风和热带气旋、滑坡3种灾害，研究组评估了22种以上可能采取的措施，并逐一进行成本效益分析，最终确定了几种适当并具有成本效益的应对气候灾害的措施，为圣萨尔瓦多应对气候变化提供了参考。本文也对气候适应经济学方法在圣萨尔瓦多案例研究中的成果与经验教训进行了总结。

---

1 MCII是由保险公司、研究机构和非政府组织代表于2005年4月发起的一个非营利组织。正如《联合国气候变化框架公约》和《京都议定书》中提示的那样，人们逐渐认识到保险解决方案对适应气候变化的重要作用；MCII的成立响应了这种日益增长的意识。该倡议由联合国大学环境与人类安全研究所主持。作为气候变化和保险的领先智囊团，MCII致力于为发展中国家中最贫穷和最脆弱的人群开发应对气候变化风险的解决方案。

一 背景

2015年，德国复兴信贷银行（KfW）在孟加拉国（巴里萨尔）和萨尔瓦多（圣萨尔瓦多）进行了两项试点研究，测试了以气候适应经济学（Economics of Climate Adaptation，ECA）框架确定城市气候变化适应（Climate Change Adaptation，CCA）措施的可行性。德国复兴信贷银行认为，ECA框架是其开发CCA产品组合的有价值的方法，可帮助产品组合涵盖更多基于贷款/项目的融资与气候风险保险手段。

圣萨尔瓦多是一个少有的案例。它不仅展现出风险建模如何与能力建设相结合，也启发了如何调动利益相关者参与、如何帮助解锁气候融资。本文介绍了该研究的开展过程，并重点分析了为解决圣萨尔瓦多最紧迫的灾害而采取的战略和行动。该研究的结论、成果及经验教训推动了圣萨尔瓦多的利益相关者对成果的进一步讨论。

萨尔瓦多是中美洲面积最小、人口最稠密、城市化最密集的国家，拥有620万人口，其中29%的人生活在国家贫困线以下[1, 2]。萨尔瓦多的首都圣萨尔瓦多由一个大都市圈组成，目前正经历着快速城市化，给限制城市发展潜在空间的生态环境系统（如阿塞胡特河流域）增加了压力。气候变化使该国由河流洪水、热带风暴和山体滑坡带来的经济和环境影响加剧，从而进一步加重了这种压力。圣萨尔瓦多及其居民自该城市建立以来就开始应对水文气象风险，但是随着灾害事件发生的频率增加、强度提高，其所带来的风险不断增长，超过了城市的适应能力。

圣萨尔瓦多都市圈（MASS）构成了萨尔瓦多的政治、金融、经济和文化中心，其经济构架主要由服务、私立教育、银行、商业总部和工业制造混合搭配而成。都市圈中的片区经济依赖于工业、公共服务或发电，其他的一些片区还没有发展起自己的经济，但它们为临近片区的工业提供了劳动力。[3]

（一）气候风险

根据2017年全球气候风险指数，萨尔瓦多在180个国家中排名第16位。该指数基于该国在1998—2017年的极端天气事件暴露而计算得出，考量了人员死伤和经济财产损失[4]。过去30年来，萨尔瓦多见证了极端气候事件（如暴风雨、洪水和干旱）的稳步增加，这在厄尔尼诺季节尤其明显，影响着当地的人口和经济[5]。到2050年，预计可能发生的气候变化包括干旱时间的增长、极端天气/气候出现频率和强度的增加（如热带气旋来临时增加的降水）等[2]。举例来说，热带风暴艾琳（Irene，2011）造成的经济损失大约超过9.02亿美元，几乎是两年前热带风暴艾达（Ida，2009）影响的3倍。2000—2010年，极端气候事件给萨尔瓦多造成的损失接近其2011年GDP的6%[5]。

（二）灾害

圣萨尔瓦多的ECA研究使用了气候适应概率风险工具——CLIMADA[1]模型平台，主要关注3种类型的灾害：①洪水；②风和热带气旋；③滑坡。对这些危害的选择、对暴露的定性、对研究领域的定义都来源于利益相关方与项目主要伙伴的广泛协商。项目开始时，利益相关方举行了为期2天的初始研讨会以进行协商，来自政府、学术界、非政府组织的专业人士和国际专家对与该地区关系最密切的危害进行了定性和定量分析。这种做法已成为ECA方法的主流。此后，每种灾害类型都对应相应的研究领域。

1. 洪水

该研究将阿塞胡特河流域（Acelhuate River Basin）确定为洪水的研究区域，涵盖MASS的多个城市片区。阿塞胡特河是圣萨尔瓦多的重要排水系统，但受到家庭

1 CLIMADA由ETH Zurich开发，供免费使用。参考：Aznar-Siguan G，Bresch D N. CLIMADA v1：a Global Weather and Climate Risk Assessment Platform，Geosci. Model Dev. Discuss，2019. https：//doi.org/10.5194/gmd-12-3085-2019.

污水和工业废水排放的严重污染。在MASS内，阿塞胡特河河床在几条河道的影响下发生了很大变化。 ECA研究选择了阿塞胡特河流域的下部，该河在此与加罗伯河（Garrobo River）交界，并承受了更大的洪水泛滥风险。图1为阿塞胡特河研究区域的地图。该区域面积为9.6 km^2，占MASS的6%。许多位于城市通道附近的社区脆弱性很高，尤其是在极端降雨事件发生期间和之后。因此，考虑到不同气候变化情景，灾害强度/频率的量化及其对社区影响的量化至关重要。

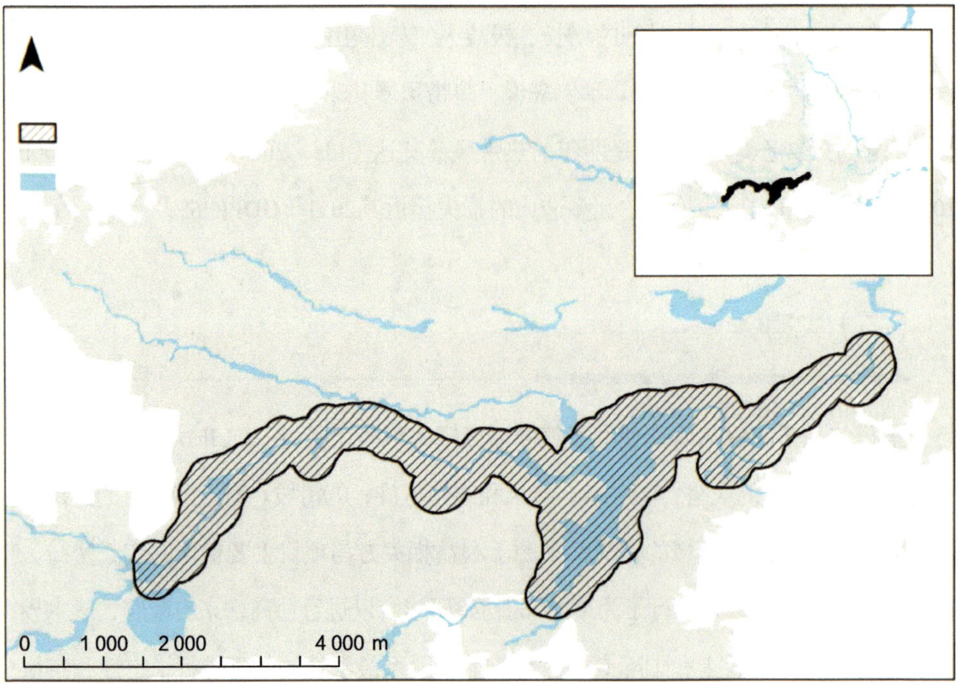

图1　MASS内阿塞胡特河研究区域

2. 风和热带气旋

风和热带气旋在地方尺度上的变化相对较小，因此ECA研究将整个MASS选作研究区域。MASS由14个城市片区聚合而成，总面积达169 km^2，人口约占全国人口的40%，其中10%的人口生活在极端贫困之中。已确定的措施聚焦在MASS中城市贫困地区（UPA）内的住房（图2）。

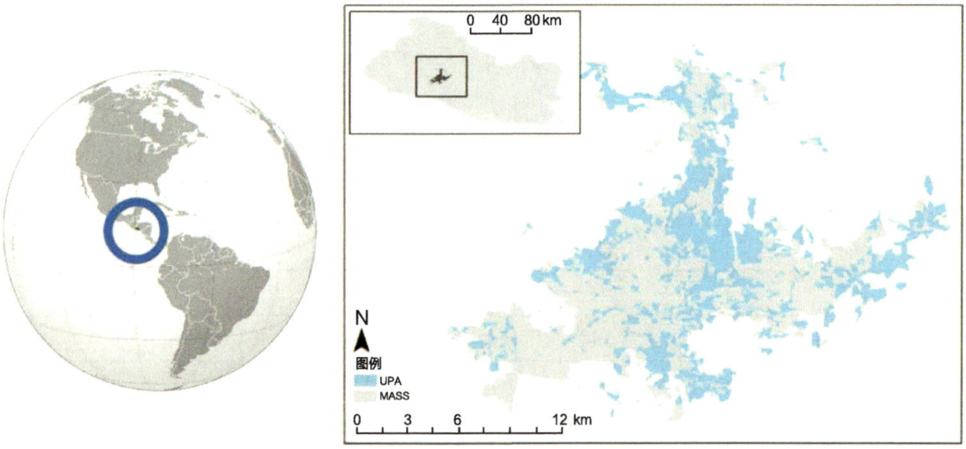

图2　MASS，其中UPA集群和脆弱人群用蓝色标注[6]

3. 滑坡

在萨尔瓦多的地质环境中，滑坡是一种常见现象，但在过去的几十年里，关于滑坡的记载很少。基于有限的可用资源，ECA研究确定了MASS中风险最大的区域。对降雨引发的滑坡而言，坡度是一个重要参数。大多数滑坡事件发生于MASS区域内的河床附近，因此本文选择阿塞胡特河作为研究区域。该地区坡度较大，其中一些区域存在着高密度的城市聚落。

（三）资产

ECA研究考虑的资产是住房、医院、学校、公路网和大型建筑物，这是基于当地和国际知识，各方在初始研讨会上做出的选择。另外，也可以同等选择其他实物资产，如环境资产、农作物、牲畜、关键基础设施（电网、污水处理系统、机场等）。某些资产的选择主要出于项目范围的考虑，而项目范围由利益相关方决定。此外，UPA中的住房和人员也被纳入考虑范畴。需要指出的是，在ECA研究的不同领域纳入考虑范畴的资产也会有所区别（表1）。

表1　不同研究领域的资产类别及数量[7]

资产类别	研究领域 / 灾害		
	阿塞胡特河研究区 / 洪水（资产个数）	阿塞胡特河研究区 / 滑坡（资产个数）	MASS / 热带气旋（资产个数）
UPA中的住房	10 842	10 842	648
住房	9 690	9 690	—
学校	21	21	—
医院	4	4	—
道路网	4 394	4 394	—
建筑物	47	47	—
UPA中的人	10 842	10 482	648
人	9 690	9 690	—

在一些地区，项目组已经进行了结合住户调查的实地访问，以提升空间数据的可用性和质量，并验证现有的资产数据集。图3展示了MASS中阿塞胡特河研究区的资产分布。在高度聚集的城市地区（包括贫困和脆弱人群），项目组收集了家庭层面的空间信息。

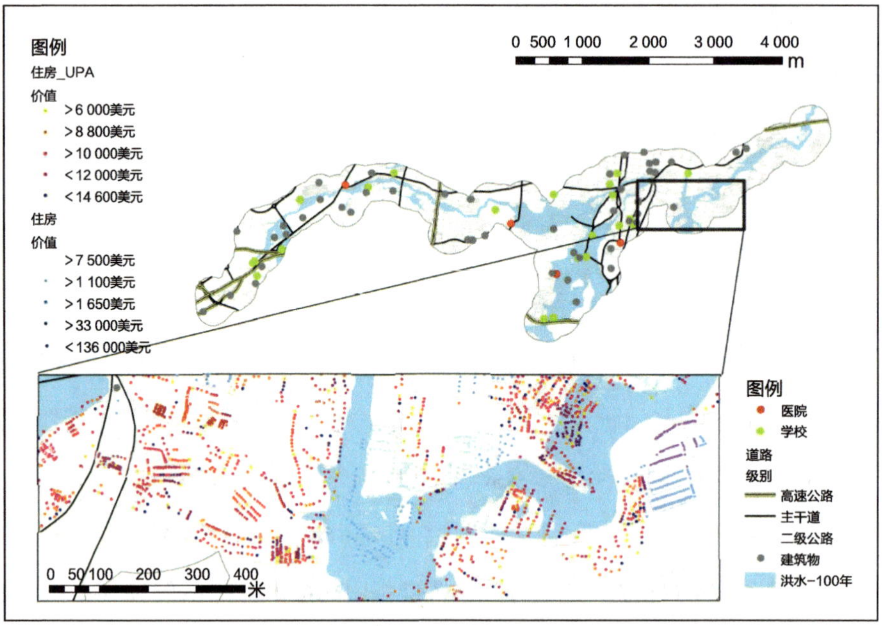

图3　阿塞胡特河研究区城市洪水危险区的资产地图[6]

二 适应策略

要确定恰当的适应措施组合及其成本效益比，就需要对局部总气候风险进行评估。总气候风险以资产的总预期年度损失表示，包括当前的气候风险、可能使更多人口和价值面临风险的经济发展路径、气候变化和多变性带来的其他风险。联合国政府间气候变化专门委员会（IPCC）的最新评估报告展现了气候变化和反复无常带来的风险[8]。图4以“瀑布图”的形式展示了圣萨尔瓦多的总预期年度损失情况，描绘了2015—2040年应用于所选资产和人员的中等及极端气候变化情景。

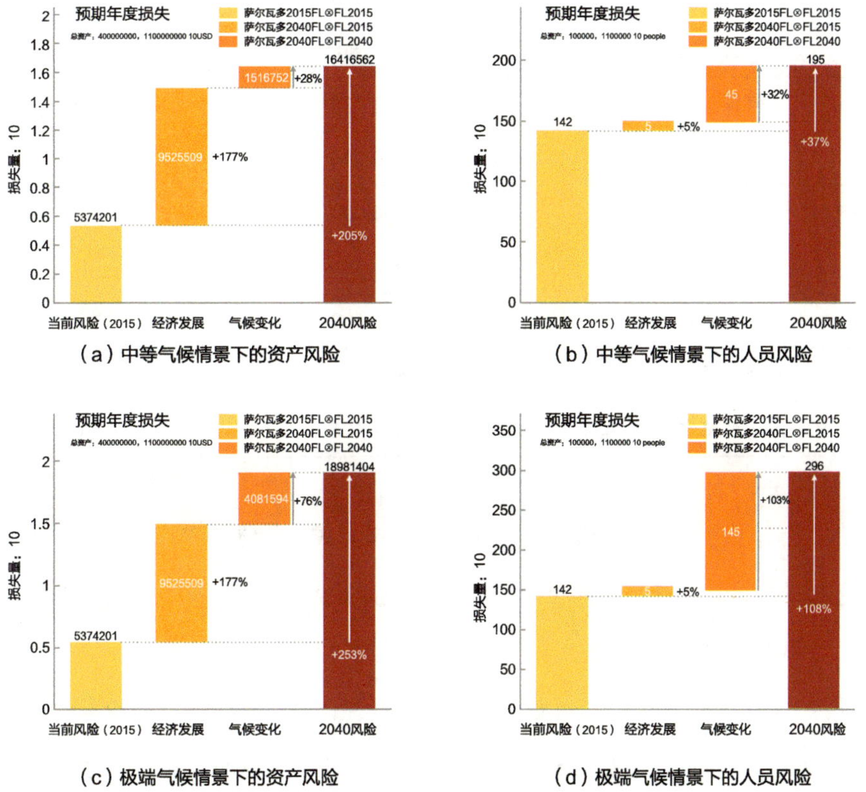

（a）中等气候情景下的资产风险

（b）中等气候情景下的人员风险

（c）极端气候情景下的资产风险

（d）极端气候情景下的人员风险

图4 圣萨尔瓦多研究中的瀑布直方图[6]

注：图中显示了当前风险（2015年的预期年度损失）及2040年前经济发展和气候变化带来的额外风险（在中等和极端气候变化情景下）。其中，因洪水给资产造成的风险（a和c）主要由经济发展驱动，因洪水给人员造成的风险（b和d）主要因气候变化而增加。

（一）洪水应对措施

表2总结了在研究中显示出最大止损潜力的11项措施。

表2　阿塞胡特河流域的洪水适应措施汇总[7]

措施名称	总成本/美元	灾害影响/%
生态修复	1 769 561	53
漏失井	4 500 000	36
拦截器通道	13 796 520	35
模块化保水系统	2 079 280	90
城市规划	26 692 120	100
深层渗漏	44 250 000	34
透水路面	22 500 000	60
液压提升	7 965 100	94
轧机池塘	61 327 500	76
处理与再利用	22 500 000	95
消除供水网络中的泄漏	41 212 405	96

研究分析了每一项特定措施的成本（包括投资成本和维护成本）与其所避免的净损失之间的关系。就气候变化而言，避免的净损失就相当于这项措施带来的好处。图5显示了每项适应措施的成本效益比（纵轴）与累计避免损失（横轴）。虚线（成本收益比为1）代表成本收益比的临界值，也就是说，高于它的值具有成本效益，低于它的值不具有成本效益。从图5中可以看出，11项防洪措施是具有成本效益的，如果将它们综合起来且排除重叠效应，一共可避免超过600亿美元的损失。可以说，这些措施在适应气候和经济变化方面是有效的。在这些措施之间，我们可以观察到其成本

效益（可避免的损害）方面的巨大差异。例如，作为典型的绿色措施，生态恢复不仅带来了可观的效益（超过35亿美元），而且成本效益比也很高，即每1美元的投资可以避免40多美元的损失。

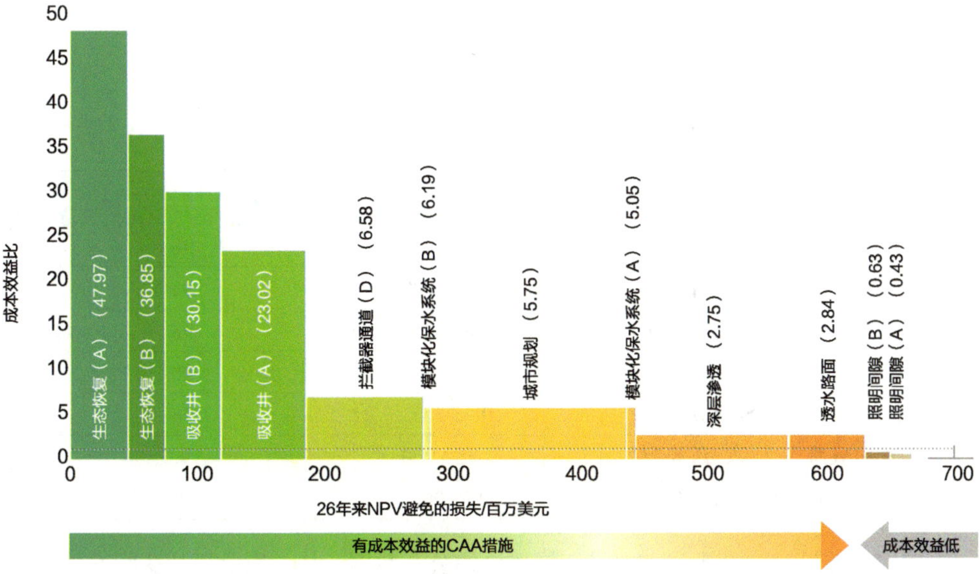

图5　洪水适应措施的成本效益比[6]

注：横轴描述了总的气候风险，并指出了每项措施避免的损失范围（列宽）。NPV代表净现值，CAA代表气候变化适应措施。

图6是对生态修复措施效益的空间说明。这张地图可为每一项措施而创建，可以强调在当前所处地区中，哪些区域正在积极响应某种类型的适应措施。

图6　阿塞胡特河流域生态修复措施的收益（美元）空间分布[6]

注：这是利益相关方参与的一个很好切入点。

（二）风和热带气旋应对措施

表3总结了MASS中UPA地区已确定的在住房方面所采取的7项适应措施。

表 3 UPA地区对抗风和热带气旋的适应措施一览表[7]

措施名称	总成本/美元	灾害影响/%
加强墙体锚固	1 050 000	98
加强屋顶锚固	1 050 000	96
用于抽吸和减压的设计	60 000	98
提供地基、柱和梁	21 875 000	80
重新造林（移除不抗风的树）	863 333	98
改善电网线路（电力、语音和数据）	8 750 000	99.5
改善区域输电线路	175 000	99.5

遗憾的是，缺少关于风和热带气旋措施的公开数据。从本质上说，这些方法与洪水应对方法一致。研究产出了根据减排效果和融资效率排序的适应措施列表。

（三）滑坡应对措施

表4总结了阿塞胡特河研究区为应对滑坡而采取的5种措施。

表 4 阿塞胡特河研究区滑坡财产损失应对措施汇总

措施名称	总成本/美元	灾害影响/%	地点
UPA中的边坡控制	4 000 200	90	UPA
边坡排水系统（山顶、山坡和山脚）	1 200 000	70	河床
水饱和度控制井	2 625 000	90	河床
重新定位	8 673 600	0	UPA
格宾笼（装满石头的篮子）	1 200 000	90	河床

遗憾的是，缺少关于滑坡措施的公开数据。从本质上说，以上这些应对洪水、风和热带气旋及滑坡的方法是一致的。在CLIMADA中采用了不同的参数（给定灾害的影响、位置与相关成本）来介绍措施。研究产出了根据减排效果和融资效率排序的适应措施列表。

三 融资策略

本案例展示了可以采取哪些行动来预防和减缓城市气候风险，并减少资金损失。2040年之前，通过在居住区实施2项最具成本效益的物理适应措施（在2个区域内重新造林[1] 和建设吸收井[2]），可以避免超过2 700万美元[3] 的洪灾潜在损失。德国复兴信贷银行和萨尔瓦多政府就MASS各项措施的联合融资战略达成一致，该战略设置了1：1的融资比例[4]。

在随后的研究中[9]，适应保险解决方案基金会（InsuResilience Solution Fund，ISF）对圣萨尔瓦多的气候风险保险进行了短期研究。其结果表明，气候风险保险可以覆盖剩余的未来预期损失，以便转移剩余风险。当严重灾害事件发生后，高达22万美元的快速保险赔付[5] 可为城市提供金融支持，以提高资金流动性，并服务于救援措施，助力基础设施、住房、企业的快速重建。据估计，若将适应措施与风险转移相结合，可将保险费降低35%。

四 利益相关方的参与方式

德国复兴信贷银行与德国GFA咨询集团、瑞士再保险签订合同，在圣萨尔瓦多执

---

[1] 重新造林可以帮助更好地排放雨水、减少径流，还能增加土地的稳定性。
[2] 吸收井是一种建筑成本低、径流减少率高的保水设施。
[3] 价值用当地贴现率折回当前美元。参照：https：//www.insuresilience-solutions-fund.org/content/5-publications/1-understanding-climate-risks/understanding-climate-risks-pdf.pdf（2020-06-29）。
[4] 出于保密原因，详细资料未在本案例中展示。
[5] 这种情况下为指数保险，允许快速支付。

行第一次大规模的ECA研究。当地的合作伙伴包括环境部、公共基础设施部、圣萨尔瓦多市政府和中美洲大学（UCA）。在德国复兴信贷银行和当地合作伙伴组织能力建设的过程中，中美洲大学起着至关重要的作用。能力建设活动聚焦ECA和CLIMADA的使用以及数据分析。这项ECA研究充分展示了利益相关方的角色和重要性，同时也突出了与该方法技术细节相关的挑战。与本地大学加强能力建设合作是将成果传达给各利益相关方的关键。此外，当地社区的参与表明可以将定量和定性方法结合起来，就项目组合的建立达成协议。该研究为德国复兴信贷银行展示了ECA框架的潜力和局限性，助力2019年更多研究项目的启动[1]。

五 成果与经验教训

（一）成果

圣萨尔瓦多的ECA研究产出了大量的成果。首先，德国复兴信贷银行与可能的利益相关方就适应措施的最佳投资选择进行了排序。这些措施既包括基础设施项目，也包括基于生态系统的适应（Ecosystem-Based Adaptation，EbA）措施，如重新造林和生态恢复。ECA研究共对超过50种措施的效益进行了评估，本案例展示了其中的23种。其次，圣萨尔瓦多的ECA研究表明，ECA框架和CLIMADA工具（附录1）不仅可以量化气候风险，还可以评估针对贫困和弱势人口的适应措施。最后，由于受到复杂方法和必需实施技能的很大限制，利益相关方必须特别重视能力建设。圣萨尔瓦多的中美洲大学、波恩的联合国大学环境与人类安全研究所等合作伙伴编制了若干课程、手册和指南来宣传这种方法。

2017年在波恩召开的第23次缔约方会议上，萨尔瓦多环境部部长波尔女士（Mrs.

---

1 目前，联合国大学环境与人类安全研究所和慕尼黑气候保险倡议组织正在与苏黎世联邦理工学院合作，在中亚区域经济合作（CAREC）地区、洪都拉斯、埃塞俄比亚、越南开展 ECA与CLIMADA研究。

Pohl）介绍了ECA框架及该国下一步的项目规划。目前，中美洲大学、苏黎世联邦理工学院（ETH Zürich）和联合国大学环境与人类安全研究所（UNU-EHS）仍在中美洲与其他国家开展ECA研究合作。

（二）经验教训

执行这项研究面临的一个主要挑战是，由再保险部门制定的ECA框架原则从未应用于贫穷和脆弱人口。气候风险货币化能否把握住对最脆弱但资产最少的人群的影响？如何量化那些价值非常边缘化的资产？ECA框架能否通过量化各种资产对不同灾害的影响来解锁气候资金？如何加强对一种需要先进建模和气候学技能的方法的所有权？

相关研究表明了ECA方法的优势（灵活性、基于事实的决策）和局限性（需要专家意见、预算），强调了能力发展，指出了利益相关方参与定量风险分析，特别是搭建分析和投资桥梁的必要性，体现了学术界（在该情况下，多学科方法涉及地理学家、建筑师和STEM学科专家）在发展中国家可以发挥的关键作用（表5）。大学通常可以提供现有技能套组以使各国能够采纳ECA方法，从而培养更可持续的发展方式。为了取得成功，气候分析需要嵌入当地的发展结构中。其系统和透明的方法可以建立信任，并发起利益相关方的跨部门深入讨论，有助于避免对特定部门或措施的草率限制。

表5　完成一项ECA研究所需的技能和专业知识水平

需要的专业知识	需要的技能水平 （+ 基础，++ 中等，+++高级）
多学科技能	+++
展示技能	+++
研讨会/会议组织	+++

续表

需要的专业知识	需要的技能水平 （+ 基础，++ 中等，+++高级）
经济学	++
GIS	++
灾害建模	++
跨文化技能	++
MATLAB®/Octave/Python	++
各部门专业知识	++
社会经济学方法	++
气候易变性和气候变化	++
适应	+
数据管理	+
工程	+
金融	+
保险/风险转移	+

参考文献

[1] The World Bank Group. Poverty Headcount Ratio at National Poverty Lines（% of Population），El Salvador[EB/OL]. [2020-06-18]. https：//data.worldbank.org/indicator/SI.POV.NAHC? locations=SV.

[2] USAID. Factsheet：Climate Change Risk Profile，El Salvador[EB/OL]. [2020-06-16]. https：//www.climatelinks.org/sites/default/files/asset/document/2017_USAID%20ATLAS_Climate%20Change%20Risk%20Profile_El%20Salvador.pdf.

[3] The World Bank Group. El Salvador Country Profile[EB/OL]. [2020-06-18].

https：//www.worldbank.org/en/country/elsalvador/overview.

[4] Germanwatch. Global Climate Risk Index 2019[EB/OL]. [2020-06-22]. https：//germanwatch.org/en/cri.

[5] Global Facility for Disaster Reduction and Recovery（GFDRR）. Country Profile El Salvador[EB/OL]. [2020-06-22]. https：//www.gfdrr.org/en/el-salvador.

[6] Souvignet M，Wieneke F，Mueller L，et al. Economics of Climate Adaptation（ECA）- Guidebook for Practitioners[R/OL]// A Climate Risk Assessment Approach Supporting Climate Adaptation Investments. [2016-11-06]. https：//collections.unu.edu/eserv/UNU：6181/Guidebook_Economics-of-Climate-Adaptation_EN__002_.pdf.

[7] Aznar-Siguan G，CLIMADA-project. Github repository[DB/OL]. [2020-06-29]. https：//github.com/CLIMADA-project/climada_python/tree/6d8d3172f2a40c3eb7d03ce778cd0975a785e68d/script/applications/eca_san_salvador.

[8] IPCC. Climate Change 2014：Synthesis Report[R]. Geneva：IPCC，2014.

[9] ISF，ETH Zürich，IDF. Understanding Climate Risks - What does it mean for San Salvador? [EB/OL]. [2020-06-23]. https：//www.insuresilience-solutions-fund.org/content/5-publications/5-understanding-climate-risks/understanding-climate-risks-pdf.pdf.

荷兰鹿特丹

提高城市水韧性

编　者：杨　秀（清华大学气候变化与可持续发展研究院）
关键词：海平面上升，海绵城市，鹿特丹，气候变化适应，工程措施

案例介绍：

荷兰约有1/4的国土低于海平面，海水倒灌、雨洪冲击等水患威胁着大部分地区，包括荷兰第二大城市鹿特丹。鹿特丹港区位于莱茵-马斯三角洲河口，由气候变化导致的海平面上升增加了三角洲及滨水区的洪水风险：一方面，来自上游的水量增加；另一方面，气候变化引起了海平面上升和海上来的风暴潮增多，进而导致土地每年以固定的速度下沉。

基于鹿特丹的环境规划蓝图《鹿特丹气候倡议》，城市适应性策略意味着应根据水资源的动态变化利用自然条件来适应变化，并在整个城市空间中寻找解决方案，以建设海绵城市，增强对气象灾害的防御能力。

一 背景与挑战

荷兰约有1/4的国土低于海平面，海水倒灌、雨洪冲击等水患威胁着大部分地区，包括荷兰第二大城市鹿特丹。1993—1995年，莱茵河流域的洪水比往年来得更大。受暴雨、融雪增加等影响，莱茵河及其支流水位高涨，沿线法国、德国、荷兰均有溃堤情况发生。荷兰意识到防洪面临着新挑战，传统加高堤防的做法不能保证绝对安全。虽然荷兰的河堤防洪标准很高，没有溃堤，但是在当时仍引起了很大的社会恐慌，约有25 000人撤离了堤防后的城市。这反映出传统水利工程随着防洪标准的不断提高，潜在风险也相应提高；一旦发生灾害，财产安全损失将比原来更多[1]。

根据《荷兰2120愿景：绿色发展应对灾害》，荷兰未来将面临海平面上升、降雨量增加、暴雨更加剧烈等挑战[2]。近年来，荷兰水管理政策方面发生了很大变化，从着眼于如何快速排水转换到重视创造更多的水资源空间。荷兰就此提出了城市适应性策略，大量研究如何在绿色空间或者城市空间里构筑新的增量容纳空间和具有韧性的水域空间，以期实现未来更多的洪水调蓄。

鹿特丹港区位于莱茵-马斯三角洲河口。气候变化导致的海平面上升增加了三角洲及滨水区的洪水风险，不仅上游的来水量增加，而且土地每年正以固定的速度下沉。为适应气候变化，应在整个城市空间中寻找解决方案，以建设“海绵城市”，增强对气象灾害的防御能力[3]。

二 主要做法

（一）通过圩田增加储水区域

荷兰三角洲的主体是占据了约一半国土面积的低地区域，主要由泥炭和湖床圩田组成。由于圩田的维护费用高昂，加之海平面上升及潮汐运动的影响，咸水向内陆圩田的渗透变得越来越远。从长远来看，部分标高较低的湖床圩田恢复成湖面似乎是不可避免的。农业会因此受到损失，但是低地区域的水平衡将得到极大改善，风景质量也将由此提升。通过对三角洲地区特有的圩田形态进行布置，荷兰预留出大量的缓冲用地，部分圩田被规划为滞洪区，雨季水通过运河系统流入标高较低的圩田，形成暂时性存储，旱季则从储存区进入圩田，用于灌溉。[4]

（二）还河流以空间

2007年，荷兰政府出资200多亿元提出了包含30多个试点城市的“还河流以空间”（Room for the River）工程（图1），其目标一为防洪安全、二为空间质量、三为生态保护。该工程与水生态是相互延续的，力求超越堤防加固的单一工程手段，打造一个全新的用河体系。其具体目标不光为提升安全，还希望提升整个滨水城市的环境空间质量。该工程已于2018年年底完成，共开展了30多个项目，形成了“保留、储

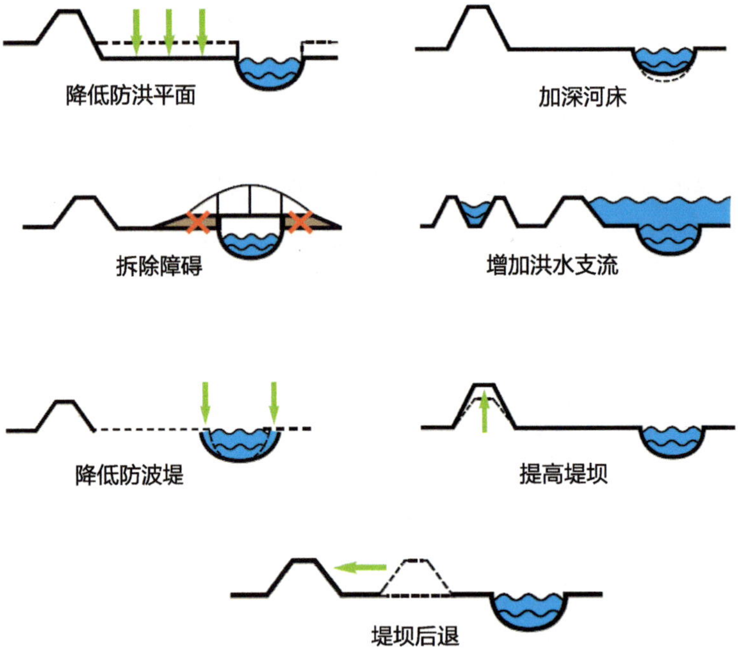

图1　“还河流以空间”工程采用的多种河道改造方式[6]

存、排水”三步策略的解决方案。其中，蓄水是最关键的环节，即通过改造河道形成河道对降水的韧性缓冲能力。这项措施也是基于自然的解决方案。[5]

（三）建设城市水上公共空间，兼备集水和休闲双重功能

鹿特丹城市水广场是世界上第一个由收集的雨水构成的城市水上公共空间，可以在不同的季节提供不同的功能空间：雨天时形成蓄水空间，待城市运河有足够空间容纳水流时，再将广场水池里的水排出，变身为城市公共空间。

水广场位于一个现代建筑群中央，被校舍、剧院、停车场环绕。广场的主体由3个作为巨型储水器的人造水池组成。为了方便雨水汇集，设计者打造了水沟、水井、水墙3条“通道”。水池间由浅浅的不锈钢排水沟相连，周边街道的雨水顺着水沟流入水池，路面就不会有积水。周边高楼屋顶的雨水通过排水管道连接到地下，再由水泵抽到略高于地面的石台上，最后顺着水沟流入水池。水墙设在深水池内，广场周边更远处的雨水从水墙中流出，形成瀑布，最终填充水池，由此形成完整的防涝和雨水利用系统。如果在雨天来到水广场，可以看到蜿蜒的“小溪”环绕着3个“池塘”，雨水在不同池塘间循环流动，不失为别样的景致。

一直以来，很多城市的雨水处理系统不仅建设工程庞大，而且花费资金巨大。特别是在降水量较多的城市，有关部门不得不在城市地底铺满各种管道及水池，以确保暴雨来临时能够得到疏导。鹿特丹的水广场设计使在暴雨时节降下的雨水不必疏导至地下排水系统，而是通过雨水过滤系统引至水池中；水池不仅可以作为蓄水池来使用，其所在的广场还可以作为人们聚会、玩耍、运动的场所。同时，现存的排水系统并不会因此而负担沉重，避免了污水直接流入护城河和运河里的现象发生。

再如，鹿特丹博物馆公园的地下停车场是荷兰最大的蓄水设施。停车场下面的雨水储存库可储水1万吨，大雨来临后半小时内就能将1 000万L的雨水引入储存库。雨停后只需10小时，储存的水就能全部被水泵抽干，再输送到下水系统，最终进入污水厂处理[7]。

（四）通过绿色屋顶智能有效地利用水资源

从高空俯瞰鹿特丹，可以看到很多绿色屋顶。它们不仅装点了城市的天空，更像一块块海绵吸收着雨水，缓解暴雨时的雨水排放压力。鹿特丹拥有14.5 km^2面积的屋顶，其在储水、生物多样性、可再生能源等方面具有巨大潜力。未来鹿特丹计划修建1万m^2、可安装1.25 MW可再生能源的黄色屋顶，以及8万m^2、可储水2 000 m^3水量的蓝色屋顶[3]。

鹿特丹霍夫普莱恩火车站停运后，火车站顶部被改造成“空中花园”。这里是荷兰最长的屋顶，上面铺满了草坪，种有果树、灌木和蔬菜，还有用草搭成的憨态可掬的“人造羊”，俨然是一个有机农场。平时市民可以在屋顶休闲放松，下雨时屋顶则是有效减缓雨水流速的临时蓄水设施。据统计，绿色屋顶可以截留60%～70%的降雨，这些雨水在雨后数小时就能逐步被植物吸收和蒸发[7]。

屋顶花园还安装了特殊的装置——“雨信”。据介绍，“雨信”是一个雨水缓冲水箱，可以收集未被截留的雨水，并能根据预测的天气情况智能调配储水。随着极端天气的增多，长时间干旱和短时间大量降雨交替发生，给下水道造成重大负担。有了“雨信”水箱，屋顶收集的雨水不会直接排入下水道，而是被引入“雨信”储存。“雨信”内置太阳能智能天气预报监控系统：在干旱期，水被精准地储存，以向周围绿地提供水源；一旦预报有大雨，水箱会自动排水，为即将到来的降雨腾出空间。

为了鼓励在私人建筑上修建绿色屋顶，自2008年起鹿特丹市政府按绿色屋顶面积向市民提供补贴，每年还根据屋顶的降水排放量征收不同的污水税，排放越少，税费越低。按照市政府制定的目标，到2030年全市至少要建成80万m^2的绿色屋顶。

参考文献

[1] Rijkswaterstaat. Ministry of infrastructure and Water Management[EB/OL]. [2019−07−20]. https：//www.rijkswaterstaat.nl/english/index.aspx.

[2] The Netherlands in 2120[EB/OL]. [2020−05−20]. https：//weblog.wur.eu/spotlight/the−netherlands−in−2120/.

[3] Rotterdam Climate Initiative，C40[EB/OL]. [2020−05−20]. https：//www.c40.org/case_studies/rotterdam−climate−initiative.

[4] 郭巍，侯晓蕾.荷兰三角洲地区防洪的弹性策略分析[J].风景园林，2016（1）：34−38.

[5] Room for the River Programme，Dutch Water Secto[EB/OL]. [2020−06−15]. https：//www.dutchwatersector.com/news/room−for−the−river−programme.

[6] Dutch Ministry of Transport，Public Works and Water Management. Spatial Planning Key Decision "Room for the River" [EB/OL]. [2019−08−21]. http：//www.swim−sm.eu/index.php/en/resources/category/33−study−tour−to−develop−the−capacity−of−prosecutors−and−investigators−the−netherlands? download=289：brochureroomfortheriver−1pdf.

[7] 国际经验|荷兰鹿特丹采用适应性策略精细管理城市水资源[EB/OL]. [2019−07−19]. http：//www.sohu.com/a/328007810_99899283.

英国赫尔市

城市气候风险研究

作　者：慕尼黑气候保险倡议组织（MCII）
译　者：朱正康
关键词：气候适应经济学，沿海城市，城市洪涝风险，洪水，风暴潮，风险评估

案例介绍：

赫尔市位于英格兰东部的北海海岸，地理位置低洼，是英国受洪灾威胁最严重的城市之一。本案例通过对赫尔市的研究，探究了多重气候灾害带来的风险及可能的应对措施。

经本研究估计，由于气候变化，赫尔市将在未来30年面临3个主要风险：更严重的风灾、更多的内陆洪涝、更高的风暴潮波高。同时，本研究还预测了赫尔市在2030年面对的3种气候情景——维持当今气候不变、中度变化、高度变化。结合赫尔市的社会经济状况，通过评估各个情景下赫尔市各类资产的预期损失、22项可能采取的应对措施，以及成本效益比分析，本案例列出了赫尔市可以采取的应对气候灾害最有效的措施，即增强防洪意识和进行海防工程建设，这些举措有望以较低的成本有效避免气候风险损失。

一 背景

英国赫尔河畔金斯敦市（以下简称赫尔市）位于英格兰东部的北海海岸，赫尔河在这里汇入亨伯河，亨伯河在大约40 km后流入北海。赫尔市有25万人，是约克郡和亨伯郡（540万居民）的一部分，其人均GDP总量为32 430美元（2019年），低于英国的平均水平。约克郡和亨伯郡的经济正在转型，从依赖大规模重工业、制造业、纺织业和农业转向更加多样化的市场，服务业在区域经济中占有重要地位。与其他地区相比，该区域负责分销、招待、制造和公共管理等业务的企业占很大比重。经济增长的主要部门为数字产业、环境技术、金融服务、建筑、零售、房地产和公共服务（集中在卫生和教育领域）。由于地理位置低洼，赫尔市容易遭受与气候有关的灾害，如热浪、风暴潮、由暴雨和海平面上升引发的洪水等[1]。该市曾多次经历洪水，最近的几次主要是2007年的地表洪水、2013年的潮涌及2018年的赫尔河堤被漫过[1]。在2010—2020年的气候变化战略中，赫尔市议会将气候变化与其对自然环境的威胁视为该市面临的最大挑战[2]。赫尔市是英国受洪灾威胁最严重的城市之一。2007年的洪水给不得不搬离家园的人们造成了数亿英镑的损失。据预测，在未来的100年里，洪水将与热浪等极端天气事件一起频繁发生。预计气候将持续更长的高温期，这可能会对老年人和脆弱人群产生重大影响[2]。2010—2020年，赫尔市的气候变化战略集中在5个关键领域，即能源安全和效率（增加可再生能源、提高能源效率）、社区参与（在气候变化问题上增强意识、增进支持）、经济发展（进行培训、发展低碳产业、促进可持续发展）、资源管理（基于生态系统的适应性、绿色走廊、浪费效率）、生活质量（减少洪涝影响、减少排放、优化卫生部门）。表1展示了赫尔市议会为这5个关键领域所规划的适应措施。

---

1 历史记载显示，自2002年起英国经历了1884年以来最暖的10年。2019年的温度居于英国1884年以来的第12位，居于英格兰中部自1659年以来的第24位。对于降水而言，英国在1862年以来最潮湿的10年中，有6年于1998年之后出现。更多信息参见：Kendon，et al. State of the UK Climate 2019[J]. International Journal of Climatology，2019，40：0899-8418.

表1　赫尔市在关键规划领域采取的措施举例

措施举例	关键领域				
	能源安全和效率	社区参与	经济发展	资源管理	生活质量
建立赫尔市碳排放汇报机制	—	×	—	—	×
开发适应风险评估工具并明确关键评估领域	—	×	—	×	×
为城市设计适应战略及行动规划	—	×	—	×	×
举行可持续型订货会以共享最佳实践	—	×	×	—	×
进行可持续型交通规划	—	—	—	—	×
组织城市居民交流活动	×	×	—	×	×
依据《可持续型住宅规范》开发新住宅	×	×	×	—	×
举办工作人员增强意识活动	×	×	—	×	—
减少工作旅行中的排放	—	—	—	—	×
保证学校建筑有良好的热量效果	×	—	×	—	—
增进市中心企业对气候变化威胁与挑战的理解	—	×	×	×	×
建立有效蓄水空间以保护城区	—	×	×	×	×
洪涝减缓与投资计划	—	×	×	×	×

注：×代表发挥作用。

关于赫尔市的案例研究旨在探究多重灾害带来的风险[3]。其中，气候变化情景主要基于英国气候影响计划（UKCIP2）模型，通过对更多文献进行回顾得出了有关未来20年风险发展的3个假设：①年降雨量的增加会提高极端降水事件的频率和严重程度，从而增加淡水泛滥的风险；②北海的风暴增加预计将导致更高的风暴潮波高；③由于海平面逐渐上升，沿海洪水风险会上升，从而潜在地增加了发生更高风暴潮的风险。

在社会经济情境下，通过与赫尔市议会密切合作，本案例评估了风险资产的空间分布，并将其划分为住宅、商业和工业及公共资产。虽然人类生命也处于风险之中，但此种风险在历史上并未发挥决定性影响，因此本案例将其忽略。在与市议会的密切合作下，本案例首先对目前的经济状况进行了评估，然后对赫尔市的经济发展进行了预测。

为了分析气候变化带来的未来成本，本案例根据2030年3种不同的气候情景对当前的预期年度损失总额进行了评估，以反映未来排放和全球变暖的不确定性，以及气候变量对当地的影响：①现在的气候，预期气候不会发生变化，以历史事件作为基准；②中度变化，预计风暴潮高度增加16～26 cm，极端降水增加3.3%，且每个回归周期均有参数变化；③高度变化，灾害模型中的最坏情况假设，风暴潮高度增加31～42 cm，极端降水增加8.3%。

在此基础上，结合资产风险地图，研究计算出了预期损失（图1、图2）。住宅、商业和公共资产按照邮政区划进行低、中、高风险评估。赫尔市的研究重点是受特定灾害威胁的资产价值。为了评估风险资产的空间分布，在研究中依赖于赫尔市现有的数据。在所有情景中，即使是最严重的情景，尽管2008—2030年的预期损失增加了

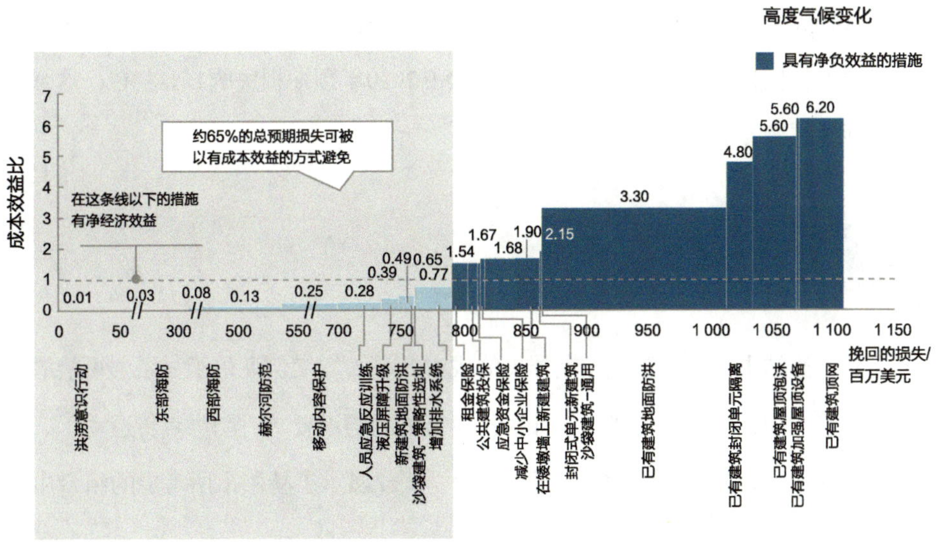

图1　最初的反应组合以成本有效的方式避免了大部分预期损失[3]

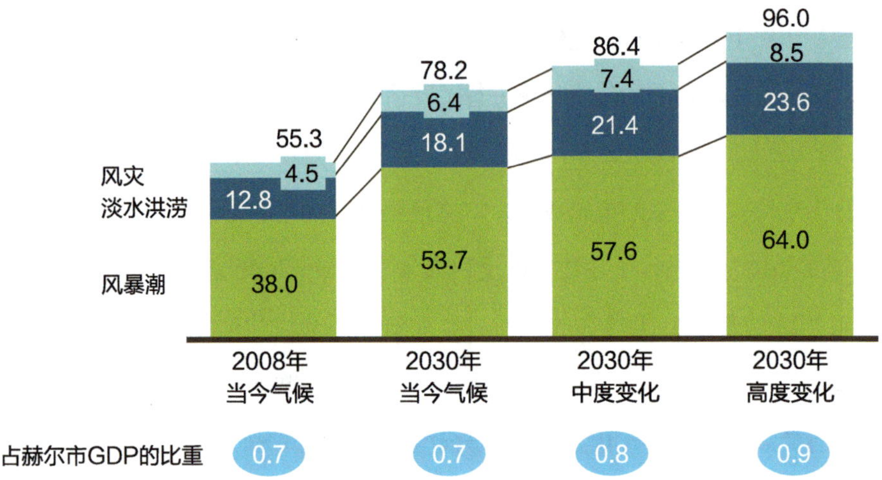

图2　2008—2030年多重灾害带来的预期年度损失（百万美元）[3]

71%（从5 600万美元到9 600万美元），但仍然低于GDP[1]的1%。大多数损失可以从风暴潮的增加中预计出来，如图2所示。基于相对有限的预期损失，即低于城市GDP的1%，我们有理由认为赫尔市已经达到了相当高的弹性水平。

此外，本案例还评估了哪些类型的资产会造成预期损失。在上述3种气候情景下，大部分损失来自2008年已有资产的损失。经济增长将是损失的第二个驱动因素。在高度变化的气候情景下，气候变化的影响仅占2030年预期损失的15%左右，这强调了现有的弹性基础。

二 适应策略

考虑到上述结果，针对避免预期损失的成本效益，本案例评估了一系列可能的适应措施，共有22项，包括政策措施（如对新建筑物的防洪要求、防洪宣传运动）、海防等工程措施以及风险转移措施（包括保险）。表2展示了赫尔市所考虑的组合中最有效的措施。

[1] 177亿美元（官方估计2016）。2005年，赫尔市创造了75亿美元的总附加值（UK 2001 Census； ONS； Regional GVA 2006）。

表2　赫尔市采取的最有效措施

应对洪水的措施		成本效益比	有效性
成本有效手段	洪涝意识行动	0.01	高
	东部海防	0.03	高
	西部海防	0.08	高
	赫尔河防护	0.13	高
	移动内容保护	0.25	中
	紧急反应职员培训	0.28	中
	水力屏障升级	0.39	中
	地面防洪（新建筑）	0.49	中
	沙袋建筑（关键位置）	0.65	中
	增加排水系统	0.77	中
其他（摘选）	租金保险	1.54	非成本有效
	公共建筑保险	1.54	非成本有效
	后备资金保险	1.67	非成本有效

评估结果显示，在最严重的高度变化情景下，约65%的预期损失可以用成本有效的方式避免，也就是说，净收益为正。最有效的措施首先是增强防洪意识[1]，其次是对东部和西部进行海防[2]（二者在以较低成本避免损失方面都有很大潜力），并对赫尔河进行防护。培训应急工作人员和基础设施措施等虽不太有效，但仍具有成本效

1 增强防洪意识行动是一系列专门针对处于危险地区受众的措施。大多数有效方法可以区分不同受威胁人群的需求。

2 海防是指海堤和堤防等工程结构，这是保护沿海发达城镇的一种典型做法。加强海岸的沉积过程也有助于防止海岸洪水，像防波堤和人工岬角这样的结构会促进沉积物在海滩上的沉积，当波浪的能量被用来移动沉积物时，有助于缓冲风暴和巨浪。

益。在研究中也考虑了若干保险选择[4]，如租金保险[1]、后备资金[2] 保险和公共建筑保险，但如前所述，研究发现其净收益为负。净负收益意味着为了涵盖中风险和高频率的事件，保费预期较高。在这种情况下，混合方法（基础设施+保险）可以将保险产品定位于应对高风险、低频率事件，从而降低保费。另一个有趣的现象是，所有与改善现有建筑相关的措施均被认为不具有成本效益。

三 融资策略

本案例相关文献并未提及融资策略。赫尔市在环境和气候变化问题上采取的积极战略主要集中在城市责任与尽量减少对气候变化的影响方面，如减少生态足迹和碳足迹、促进自然资源的可持续利用等[5]。有些战略是在ECA研究之后起草的，并未直接参考ECA研究或其成果。尽管如此，赫尔市还是起草了一份有雄心的2020年行动计划，包括监测和评估、碳排放报告、风险适应计划、当地气候影响项目、能源战略的实施和居民宣传活动（包括增强意识行动）等[2]。研究人员希望与赫尔市议会气候变化小组就ECA研究、结果、教训和基于该研究的可能干预措施（包括融资战略）进行交流，但若干类似请求尚未得到答复[3]。

四 利益相关方的参与方式

本案例研究是在气候适应经济学工作组的指导下进行的。项目组由ClimateWorks基金会、全球环境设施、欧洲委员会、麦肯锡公司、洛克菲勒基金会、渣打银行和瑞士再保险组成。所有成员都以某种方式参与——可能是金融支持或实物/服务贡献。

---

1 英国1985年的《房东与租客法案》要求房东将出租的房屋维持在合理的修缮状态，其中包括对洪水造成的房屋损坏进行修缮。除一般的建筑保险外，保险公司可以提供一种具体的洪水保险政策，其中行李货车可以被包含在租金之内。

2 后备资金是一种金融覆盖手段，其支付行为由某个门槛（如城市水位）触发。

3 项目组原定于2020年7月1日与马丁·巴德先生会面，但被取消。如果可能，市议会方面将会进一步更新。

此外，研究小组还在评估经济和资产基础现状及其未来发展方面与城市官员密切合作。项目组根据赫尔市的现有数据分析了风险资产的价值，并评估了一系列措施。一些最有效的措施，如宣传运动，已被纳入城市适应计划。关于气候情景，项目主要关注文献综述和与英国气候影响计划的合作，并由此确定了3个重点领域：适应决策、交流知识和想法、创造性适应。

五 总结

赫尔市的案例研究以自上而下的方式执行，是ECA方法的早期测试案例，特别关注多重灾害。该研究确定并强调了一些具体且成本效益高的适应战略，特别是在意识和能力建设以及基础设施方面。一些保险选项显示净收益为负，但其应用细节有限。然而，这些结果似乎并未在市议会的后续干预、战略或计划中再次被采纳，至少未能为感兴趣的公众所知。总体而言，赫尔市的案例研究似乎是一次相当理论化的尝试，利益相关方的参与比所宣传的要少，只是用非常大略的方法来展示ECA框架和CLIMADA工具应对不同风险的能力。

参考文献

[1] Recorded Flood Outlines. Dataset Provided by the Department of Environment，Food and Rural Affairs[EB/OL]. [2020-06-19]. https：//environment.data.gov.uk/DefraDataDownload/? mapService=EA/RecordedFloodOutlines&Mode=spatial.

[2] Hull City Council. Kingston upon Hull Climate change 2010—2020—A low carbon framework for Hull[R]. 2010.

[3] Haas J，Merkl A，Kennes W，et al. Shaping Climate-Resilient Development：A Framework for Decision-Making—A Report of the Economics of Climate

Adaptation Working Group[R]. 2009.

[4] Bresch D，Spiegel A. Economics of Climate Adaptation（ECA）—Shaping Climate-Resilient Development[R]. 2011.

[5] Kendon，et al. State of the UK Climate 2019[J]. International Journal of Climatology，2019，40：0899-8418.

洪水地图

最新科技助力洪水风险解决方案

作　者：赵乔彬（瑞士再保险）

关键词：洪水地图，洪水，保险，次生灾害

案例介绍：

近年来连续的超强台风、降雨及地震灾害暴露出全球存在巨大的保障缺口，亚洲地区的保障缺口主要集中在风暴和洪水方面。由于投保的逆选择性，商业洪水保险难以获取且价格高昂。本文以美国国家洪水保险计划、英国Flood Re互助洪水保险为例，介绍了国际上一些政府与保险公司合作的洪水解决方案。运用最新科技手段——高精度洪水地图，保险公司可以有效识别洪水淹没区域、量化标的物洪水风险大小、参考制定核保政策等。以瑞士再保险（Swiss Re）洪水地图为例，本文从技术角度详细介绍了以地形学方法为基础的建模方法、洪水地图的特点及其主要应用场景，供业内交流。

一 背景综述

2018年，全球由自然灾害和人为灾害带来的保险损失金额共计850亿美金，为历史上年保险损失额排名第四的年份，其中由自然灾害带来的保险损失约为760亿美元。近年来，世界上许多地区都遭受了严重的天气灾害和地震，其中北美洲的保险损失约为530亿美元，主要来自森林火灾、雷暴和飓风，而亚洲，尤其是日本则连续经历了超强降雨、台风及地震灾害，共造成了170亿美元的保险损失。2019年，台风海贝斯和法茜袭击日本，造成150亿美元的保险损失，为全球同期最高。

尽管市场资本充裕，但在极端灾害发生的年份，自然灾害的保障缺口依然巨大。在各类灾害损失中，亚洲地区的保障缺口主要集中在风暴和洪水方面。

相较于那些会对保险行业造成严重损失的主要灾害类别，如热带气旋、地震、欧洲冬季风暴，次生灾害通常没有被成熟的（再）保险市场监控，也没有单独建立的巨灾模型。其中，既包含独立发生的次生灾害，如河流洪水、骤发洪水、暴雨、滑坡、森林火灾等，也包含由原生灾害带来的次生灾害，如飓风引发的降雨、风暴潮、海啸等。

受全球气候变暖的影响，越来越多的保险损失来自次生灾害。2018年，在自然灾害引起的保险赔付中，有60%用于救助受次生灾害影响的受灾人口。其中，降雨导致的损失达到了创纪录水平，如2018年飓风佛罗伦萨给南卡罗来纳州和北卡罗来纳州带来了创纪录的降雨量，并引发了洪水。与此同时，日益加速的城市化进程进一步减少了排水渠道，在短时暴雨来临时加重了洪水暴发的可能性。

虽然洪水这种自然灾害频发，但是因洪水风险而带来的保障缺口依然很大。由于洪水保险投保存在逆选择性，通常只有居住在洪水高风险地区或者遭受过洪水损失的居民才愿意投保，纯商业保险形式不能有效分散风险，且保险公司的承保政策谨慎、费率很高。下面以美国和英国的经验为例介绍洪水保险的一些运行模式。

二 美国：国家洪水保险计划

20世纪60年代，美国密西西比河流域洪水泛滥，联邦政府通过财政支付大量资金用于灾后救助。对于处于洪水泛滥平原、需要洪水保险的居民来说，单纯依靠商业保险获得的洪水保险价格高昂、经济上不可持续。为此在1968年，美国国会建立了国家洪水保险计划（NFIP），面向居民按自愿投保的方式向个人提供洪水保险。其目的主要有2个：①通过将一部分财产损失风险转移给联邦政府的方式，实现商业洪水保险的可获得性；②通过要求投保社区合作开发和采用洪水地图，制定和实施基于洪水地图的洪水泛滥平原管理标准，规避和降低国家整体的洪水风险。在具体操作上，只有采纳和执行了上述洪水地图和管理标准的地区居民才能购买该洪水保险，从而实现了上述2个目的的达成。

作为洪水泛滥平原管理标准的一部分，NFIP的管理机构面向公众提供了全国性洪水地图。由于历史数据的完整性和精确度不同，各地区的洪水地图有所差异，最早的地区自20世纪80年代开始开发并使用洪水地图，多数地区也已使用了15～20年。该地图标注了100年回归期，即每年1%及以上损失频率的特殊洪水区域范围（Special Flood Hazard Area，SFHA），通过地址查询可获取每个定位点的洪水风险等级，并可以此为依据选择相应的洪水保险产品。

参加NFIP且位于SFHA区域的居民必须购买洪水保险才能申请获得联邦抵押贷款，没有参加NFIP的居民将面临无法获得联邦灾后救助、难以取得联邦抵押贷款的困境。

截至2018年10月，NFIP提供了510万张洪水保单，总保额超过1.3万亿美元，年保费约36亿美元，每年估计可减少洪水损失18.7亿美元。瑞士再保险作为NFIP再保险合约首席再保人为其提供承保能力支持。

三 英国：Flood Re

洪水灾害一直给英国带来严重的经济和社会问题，如2015年年末至2016年年初发生于英格兰北部和苏格兰地区的洪水就对当地社区和居民造成了毁灭性的影响。自2000年起，英国政府通过与保险公司合作寻求为民众提供可获得且价格可承受的洪水保险方式。2013年，互助再保险公司Flood Re成立，旨在为保险公司提供按固定费率补贴的洪水再保险保障，其本身每年的承保经营结果预期是亏损的，因此通过向所有提供家财险的保险公司每年征收1.8亿英镑税费的方式来获得财务支持。

Flood Re洪水保险项目自2016年开始启动，每一个提供家财险的保险公司可以选择将家财险保单中的洪水风险按固定价格再保险分出给Flood Re。Flood Re设计项目期限为25年，计划在2039年实现建立按实际风险定价且价格可承受的洪水保险市场的目标。Flood Re洪水保险营运至今，已有25万套居民房产从中获益，如消费者可从更多渠道挑选更多种类的洪水保险，曾经无法获得洪水保障的居民如今可以购买到洪水保险，曾经遭受过洪水损失的居民可以从更多的保险公司获得报价，洪水保险保费整体降低，对过往洪水赔付案保单续保限制保费涨幅，等等。截至2019年年底，Flood Re实现年销售保单16万张。

与此同时，Flood Re将其承保的洪水风险再保险分出，购买了年损失赔偿限额21亿英镑的再保险保障。自Flood Re筹备之初，瑞士再保险提供了包括洪水地图、瑞士再保险自有巨灾定价模型、理赔管理等在内的全方位深度技术服务，并作为主要再保险人提供再保险承保能力支持。

四 瑞士再保险洪水地图

相较于台风、地震风险，洪水风险的局地性更强，且易受具体地势、距离、上游集水区等多种因素的影响，有效的洪水风险识别必须依赖高精度洪水地图。

瑞士再保险于2012年率先在行业内推出了全球洪水地图（GFZ1），随后在2014年对主要河流区域的精度进行关键性提升，在2018年再次更新后采用了以30 m×30 m精度的数字表面模型（Digital Surface Model，DSM）为风险暴露计算基础的最新全球洪水地图（GFZ3）。在美国和欧洲地区，该地图精度已达到商业使用中的最高精度5 m×5 m。

GFZ3以商业使用可获得的最准确高程数据为基础，将高精度的激光雷达（LiDAR）数据融合到全球范围统一的30 m精度数据，显著提高了数据质量和地图精度，并对GFZ1进行了重新计算。GFZ3已覆盖除亚马孙流域、刚果河流域、西伯利亚、新西兰、南北纬60° 以上地区外的全球所有其他区域，进而能对全球几乎任意地址进行详细的洪水灾害分析，并提供洪水保险解决方案。

GFZ3主要有3个特点：①更高的地图精度和分辨率。GFZ3采用世界先进的Intermap's NEXTMapWorld数字表面模型，支持全球范围内30 m×30 m的高精度分辨率，能够更加准确地描绘河流位置及可淹没洪水区域；在美国和欧洲地区可达到更高的5 m×5 m基础分辨率；拥有基于垂直距离、水平距离及上游集水区的地形学方法的洪水风险模型。②全面的质量保证。GFZ3将河流分布图与卫星图像进行校正，确保了河流位置的准确性。③纳入高分辨率的全球水平面图层。GFZ3实现了永久性水灾地区均位于50年洪水回归期区域。

如前文所述，由于洪水保险投保的逆选择性和洪水风险难以评估，保险行业对洪水保险承保持相对谨慎的态度。但借助洪水地图，保险公司可以对洪水风险实现几个方面的有效管理：①识别全球范围内承保标的的洪水风险，特别是对位于中国境外的风险标的进行保前查勘；②量化洪水风险大小，以损失回归期的形式实现直观图像显示；③以30 m×30 m高精度地图作为支撑，精确统计区域范围的洪水风险暴露情况；④为保险公司制定核保政策中有关洪水风险的部分提供参考；⑤查看全球历史洪水事件的损失情况。

此外，结合全球洪水定价模型，保险公司还可以按特定需求设计各类定制化的洪水保险产品和解决方案。

参考文献

[1] Diane P Horn. Introduction to the National Flood Insurance Program（NFIP）[R]. Washington D. C.：Congressional Research Service，2019.

[2] Flood Re Website[EB/OL]. [2021-06-21]. https：//www.floodre.co.uk/.

[3] Jerome Jean Haegeli. Natural Catastrophes in Times of Economic Accumulation and Climate Change[R]. Zurich：Swiss Re Institute，2020.

[4] Jerome Jean Haegeli. Natural Catastrophes and Man-made Disasters in 2018："Secondary" Perils on the Frontline[R]. Zurich：Swiss Re Institute，2019.

附录1　ECA框架和CLIMADA工具

气候适应经济学（Economics of Climate Adaptation，ECA）框架在将风险评估、适应措施与风险转移相结合方面提供了独特贡献，它可以为各项目及各部门灵活展示具有成本效益的气候适应措施。ECA由一个独特的开源建模软件CLIMADA驱动，用于评估当前和潜在的气候变化成本，并讨论如何通过确定某地点的总气候风险（结合当前气候风险、气候变化和未来经济发展价值进行计算）来加以预防。

ECA尤其强调以下问题：

● 未来几十年中，与气候有关的潜在损失是什么？

● 在这些损失中，有多少可以避免，应通过哪种气候变化适应（CCA）措施来避免？

● 为这些措施提供资金需要哪些投资？这些投资的收益是否可以超过成本？

更多信息参见《ECA从业者指南》（*ECA Guidebook for Practitioners*，UNU-EHS & KfW，2016，https：//eca-network.org/wp-content/uploads/2020/04/Guidebook_Economics-of-Climate-Adaptation_EN__002_.pdf）。

ECA与以下方面相关：

● 长期投资规划：ECA允许在某一国家或某一部门扩大投资组合。根据投资数量对CCA措施进行详细研究是有意义的。

● 开发国家适应规划：很多政府都在尝试开发本国的国家适应规划（National Adaptation Plans，NAP）。ECA支持各国形成详细的NAP，并在决策制定过程中对其提供帮助，以便后续实施。NAP的详细程度由项目的体量和CCA措施的投资前景决定。

● 风险转移：在某些情况下，政府或企业可能对完成现存的CCA措施、寻找低频率灾害的风险转移潜力感兴趣。

● 战略规划：ECA对确定区域内最适合某些条件的措施提供前瞻性评估。评估地区层面时可采取高等详细度，超过国家层面时可采取中等详细度。

● 预估可行性：为了明确措施的有效性及最具风险的区域，ECA提供前瞻性的CCA评估。其措施如果被认为有意义，就会被嵌入迭代评估前景中。

CLIMADA是一种实现ECA方法论中定量建模和仿真部分的工具。 它代表气候适应，是一种自然灾害破坏的概率模型。

获得气候风险的准确可靠的数据变得越来越重要。CLIMADA对适应措施的成本收益提供了有力分析，并推动对适应和减少灾害风险的理性抵御能力的投资。 CLIMADA是ECA用来进行风险评估的开源定量建模工具。它是一种用两种不同的脚本语言（MATLAB®和Python）编写的数学模型。

CLIMADA提供了一种系统、灵活和透明的手段，主要基于4个部分：

● 灾害：CLIMADA能够进行灾害预测和模拟，并结合历史损失和遥感数据来制作灾害地图。

● 人员和资产：CLIMADA确定了不同资产（如人员、住房、公共基础设施和生态系统等）的地理分布和货币价值，这些资产可以按部门分组。

● 损失函数：CLIMADA评估损失函数，捕捉事件的强度与其对关键资产（如人员、建筑、公共基础设施等）的经济影响之间的关系。

● 适应措施：CLIMADA根据成本效益标准提出了不同的适应措施，并根据效率对它们进行排名。CLIMADA可以参照现有的、规划中的、建议的适应措施来分析建设和维护成本、位置以及对关键资产的影响。

更多信息参见《CLIMADA 手册》（https：//usermanual.wiki/Pdf/climadamanual.629012874/html）、苏黎世联邦理工学院CLIMADA（https：//wcr.ethz.ch/research/climada.html）。

附录2 部分缩略语表

AFOK	柏林适应气候变化影响研究
BBSR	联邦建筑、城市和空间研究所
BEK	柏林能源环境和气候保护计划
BOT	建设-运营-移交
BWB	柏林水务公司
CCA	气候变化适应
CCC	太平洋海岸加州沿海委员会
CCC	气候变化委员会
CCRAs	气候变化风险评估
CLA	维持当前气候适应水平
CLIMADA	气候适应概率风险工具
CPC	旧金山投资计划委员会
CSLC	加利福尼亚州土地委员会
EAD	预期年度损失
EbA	基于生态系统的适应
ECA	气候适应经济学
ESMT	欧洲管理技术学院
EWS	强化整体系统
FEMA	美国联邦应急管理局
GDP	国内生产总值
GFZ	全球洪水地图
GHG	温室气体
IPCC	联合国政府间气候变化专门委员会

KfW	德国复兴信贷银行
MASS	圣萨尔瓦多都市圈
MCII	慕尼黑气候保险倡议组织
NASA	美国国家航空航天局
NFIP	国家洪水保险计划
NOAA	美国国家海洋和大气管理局
NRC	美国国家研究委员会
OCII	旧金山社区投资与基础设施建设办公室
OEWD	旧金山经济与劳动力办公室
PPP	政府和社会资本合作
RASP	战略规划风险评估
RWQCB	旧金山湾区域水质控制委员会
RWS	简化整体系统
SEA	战略环境评估
SF Planning	旧金山城市规划办公室
SFHA	特殊洪水区域范围
StEK	城市发展概念
STEM	科学、技术、工程和数学
SUD	特殊用途区域
UCA	中美洲大学
UKCIP2	英国气候影响计划
UNU-EHS	联合国大学环境与人类安全研究所
UPA	城市贫困地区